KB274913

해양학 개론

INTRODUCING OCEANOGRAPHY

바다와 지구를 이해하는 첫걸음

해양학개론

지음 데이비드 N. 토머스
데이비드 G. 보어스

옮김 배진호　　박소예나

감수 목정임

국립해양과학관
NATIONAL OCEAN SCIENCE MUSEUM

위북

|

몇 해 동안 우리는 사라 존스 박사(1962~2008)와 함께 뱅거대학교에서
대륙붕 해양학 강좌를 가르치는 특권을 누렸다.
사라는 우리 둘뿐만 아니라 학생들에게도 많은 영감을 주었다.
이 책을 그녀에게 바친다.

|

목 차

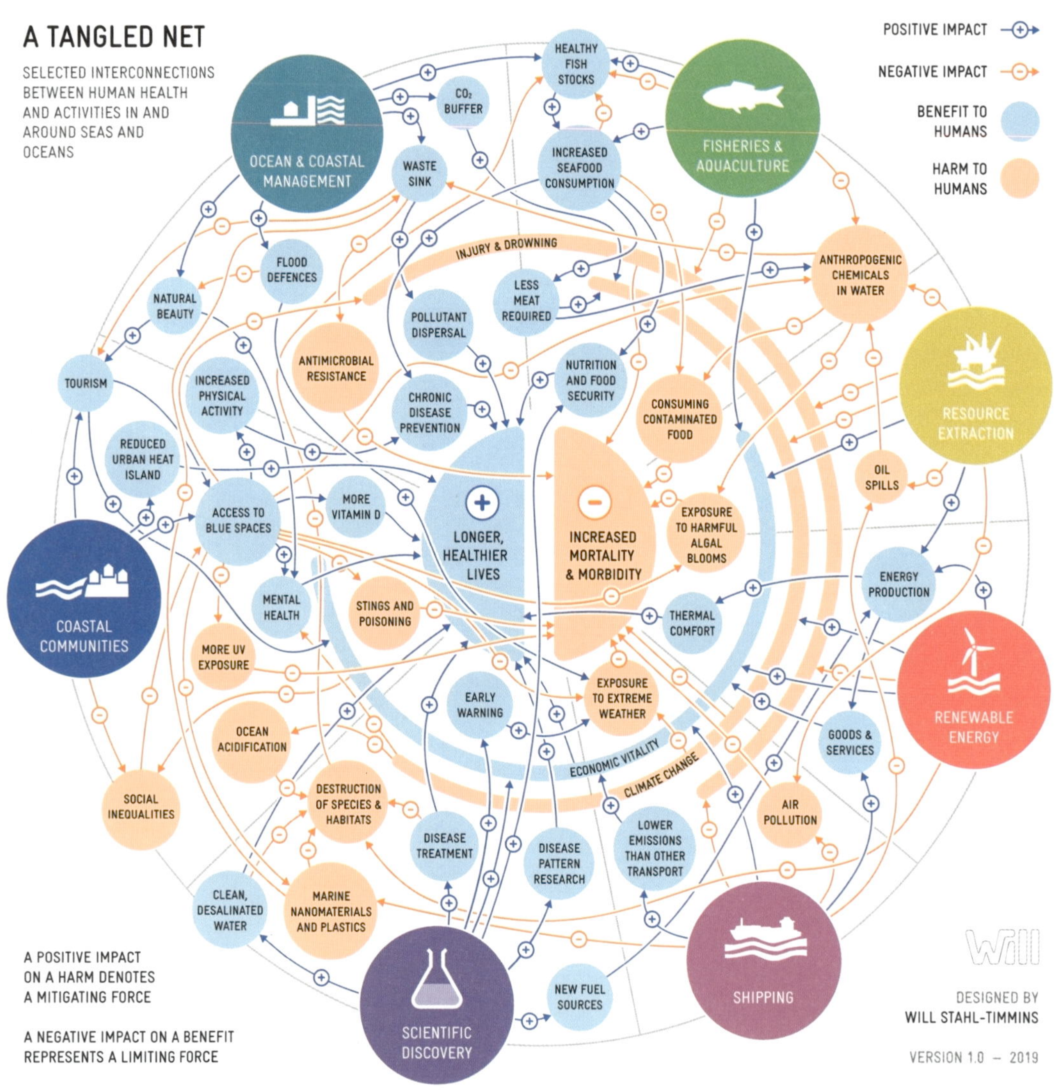

| 그림 i_i | 인간의 건강과 바다 안팎에서 이루어지는 활동들 간의 상호작용을 도식화한 망 구조.

8

서문

해양학(oceanography) 혹은 해양에 대한 연구는 지구상의 모든 인류에게 매우 중요한 학문이다. 전 세계 195개국 중 완전히 내륙에 위치한 국가는 단 44개국에 불과하다. 그러나 해양으로부터 단절된 지역에 사는 사람들조차도 상품과 서비스를 운송하기 위해 해운업에 의존한다. 해양생물은 수십억 인류에게 풍부한 식량 자원이 된다. 지구상 어느 지역도 해양이 기후에 미치는 영향으로부터 자유로울 수 없으며, 나아가 생명 유지에 필수적인 물, 산소, 이산화탄소, 질소 및

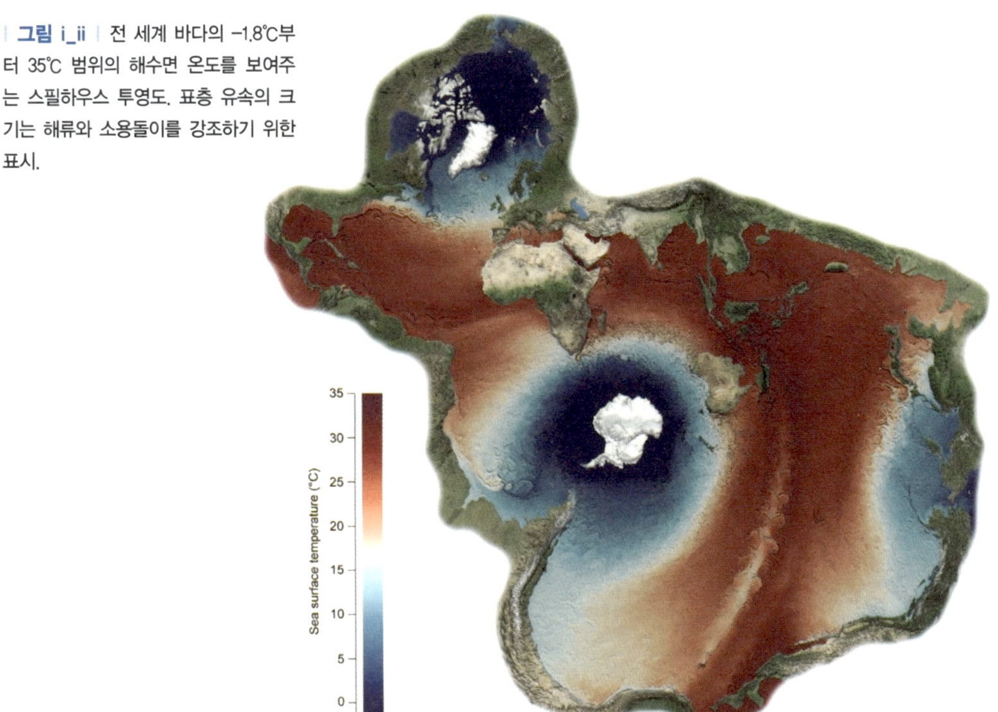

| 그림 i_ii | 전 세계 바다의 −1.8℃부터 35℃ 범위의 해수면 온도를 보여주는 스필하우스 투영도. 표층 유속의 크기는 해류와 소용돌이를 강조하기 위한 표시.

기타 원소들의 주요 순환을 주도하는 데 있어 해양의 역할은 절대적이다. 우리는 이제 '지속가능한 발전을 위한 유엔 해양의 10년(2021-2030)'이라는 새로운 시대로 진입했다. 이 시기 동안 해양은 전과 비교할 수 없을 정도로 전 세계적인 주목을 받을 것이다. 17개 유엔 지속가능발전목표(SDGs)의 틀 안에서 인간 활동과 연안 및 대양 간의 복잡한 상호작용은 세계 지도자들과 이해당사자들에게 중대한 과제를 던질 것이며, 미래 사회가 해양과 관계를 맺는 방식을 근본적으로 변화시킬 것이다.

인간의 건강, 복지, 그리고 해양과 그 주변에서 이루어지는 활동들 간의 상호작용이 얼마나 복잡한지에 대해서는 의심의 여지가 없다(그림 i_i). 이러한 복잡성을 해명하는 일이야말로 앞으로의 도전이자 해양학계 공동체 모두의 막중한 책임이다. 우리가 바다를 생각할 때, 대체로 우리 삶에 직접적인 영향을 미치는 대양이나 바다를 떠올리기 마련이다. 그러나 대규모 해류 운동을 통해 전 세계 해양이 서로 연결되어 있다

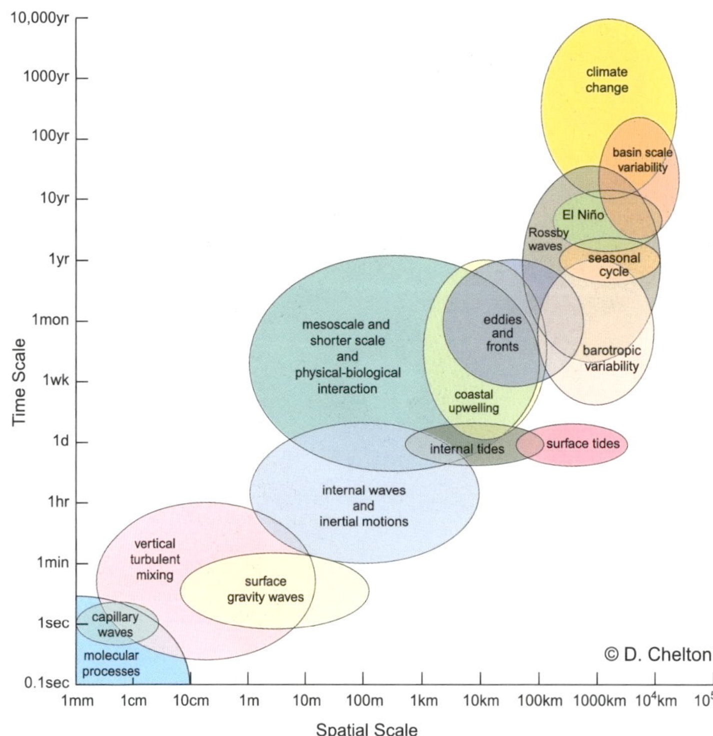

| **그림 i_iii** | 해양 연구는 박테리아 또는 세포 크기의 소규모 물리학부터 수만 년에 걸친 전 지구적 대양 순환 패턴에 이르기까지 다양하다.

고 생각하면 많은 것을 깨달을 수 있다. 그림 i_ii에 제시된 놀라운 스필하우스 도법(Spilhaus projection)은 이 개념을 매우 훌륭하게 시각화해 준다. 지구의 어느 한 지역에서 어떤 일이 일어 나면, 그 여파가 해양의 다른 지역에 어떻게 파 급되는지를 한눈에 이해할 수 있다.

지구와 인류 모두에게 해양이 지닌 중요성은 과소평가될 수 없다. 해양은 과거에도, 현재도, 그리고 미래에도 우리의 생존과 직결되어 있다. 지구상의 생명은 바다에서 시작되었다. 해양은 상대적으로 안정된 환경 조건과 물이 제공하는 부력을 통해 생명의 기원을 가능하게 했다. 데 본기(약 4억 2천만 년 전에서 3억 6천만 년 전) 동안 일부 동물들은 점차 바다를 떠나 육상 생활을 시도한 것으로 추정된다. 조수 간만의 차로 인 해 몇 시간 동안 바다 밖에 머물렀다가 다음 밀 물에 의해 다시 구출되는 과정을 반복하면서, 그들은 점차 육상 환경에 적응할 수 있었을 것 이다. 해양은 지구의 기후 조절 체계의 핵심 요 소로서, 태양의 열을 저위도에서 고위도로 분산 시키고, 인간이 배출하는 이산화탄소의 약 절반 을 흡수한다. 화석연료 없는 미래를 바라볼 때, 해양은 조력·파력·저장된 열에너지 형태로 사 실상 무한한 재생에너지원이 될 수 있다.

따라서 해양을 연구하고 그 작동 원리를 이해 하는 것은 피할 수 없는 과제이다. 해양학자들

에게 이렇게 중요하고 흥미진진한 연구 분야에 서 일할 수 있다는 것은 특권이다. 그림 i_iii에서 볼 수 있듯이, 해양에서 일어나는 과정들은 수 밀리미터, 수 초에 불과한 규모에서부터, 수만 년에 걸쳐 지속되며 수백만 제곱킬로미터에 영 향을 미치는 것에 이르기까지 매우 다양한 시공 간 규모를 아우른다. 어떤 개인도 해양학의 모 든 측면을 혼자 연구할 수는 없다. 해양은 복잡 한 화학적 혼합물이며, 생물 다양성과 개체 수 는 방대하다. 수많은 물리적인 움직임과 변화 들이 해수의 이동 경로와 이동 원인을 결정하는 핵심 요소이다.

해양은 극지에서 열대까지 모든 기후대를 포 함한다. 따라서 해양학자에는 물리학자, 화학 자, 생물학자, 지질학자, 수학적 모델링 전문가, 대기과학자, 위성을 다루는 우주과학자 등이 포 함된다. 심지어 외계 생명체의 가능성을 연구하 는 과학자들조차 해양을 지구 밖 생명의 유사 사례(proxies)로 탐구한다. 이러한 다양한 분야 의 연구자들이 개별적으로 얻은 측정값을 해석 하려면, 서로 협력하여 연구 결과를 종합함으로 써 전체적인 그림을 이해하는 것이 필수적이다.

해양학은 바다에 직접 나가지 않고도 연구할 수 있다. 지구 궤도를 도는 인공위성은 해양 표 면을 관측할 수 있고, 자율 무인잠수정은 심해 를 측정하고 촬영할 수 있다. 자동화된 계측기

들은 해수면과 조위를 측정하며, 생물학자와 화학자는 해상에서 채집된 시료를 실험실에서 분석한다. 컴퓨터 모델은 점점 더 강력해지고 있으며, 현재 해양에서 일어나는 현상을 모사하고 미래의 모습을 예측할 수 있다. 이러한 첨단 기술을 통해 멀리서 해양을 관측할 수 있음에도 불구하고, 해양을 진정으로 이해하는 유일한 방법은 종종 연구선에 올라 바다로 나아가는 것이다. 이러한 해양탐사 항해(oceanographic cruise)는 발견의 여정이자 흥미진진한 기회이다. 그 과정은 고된 노동이며 수개월에 걸칠 수도 있고, 어떤 경우에는 몇 시간 혹은 며칠에 불과하기도 하다. 연구선은 바람과 파도가 협력하여 선상 생활을 극도로 어렵게 만드는 지역으로 향할 수도 있다. 반면, 잔잔한 열대 해양의 수평선 위로 해가 지거나 떠오르는 장면을 바라보는 경험은 경이롭고도 겸허하게 만든다.

이 짧은 개론에서는 해양학이 어떤 분야인지 개략적으로 보여드리고자 한다. 물론 여기서 다루는 주제는 일부에 불과하지만, 독자들로 하여금 해양학에 대해 더 알고 싶은 동기를 부여하는 데 충분하기를 바란다.

감수의 글

이 책은 해양을 알고자 하는 비전공자나 해양학의 입문서로서 현존하는 그 어떤 해양학 개론서보다 탁월하다고 확신합니다.

저자가 서문에서 밝힌 바와 같이, 제가 이 책을 처음 접했을 때 느꼈던 감동은 상당했습니다.
해양의 모든 분야를 쉽게 풀어 설명하여 독자가 해양에 대한 지속적인 흥미를 느끼고 더 깊이 알고자 하는 동기를 유발시키는 데 이보다 더 적합한 책은 없을 것입니다.

이 훌륭한 번역서가 널리 읽혀 해양과학을 많은 사람들에게 알리는 데 크게 기여하기를 진심으로 바랍니다.

목정임

1_ 해 수

해양학은 해양과 바닷속에 사는 생물들을 과학적으로 연구하는 학문이다. 지구 표면의 약 70%가 물로 덮여 있으며, 그중 대부분은 해수이고, 일부만이 담수 호수나 강이다. 그런데 처음에 바다 영역이 어떻게 물로 채워지게 되었는지는 명확하지 않다. 물의 기원은 지구 밖에서 왔을 가능성도 있다. 예를 들어 지구가 혜성의 꼬리를 통과하면서 얼음이 지구에 떨어졌을 수도 있다. 이런 가능성 때문에 최근 우주 탐사에서 혜성 착륙에 관심이 집중된 것이며, 혜성 꼬리의 얼음 성분이 우리의 해수와 일치하는지 확인하는 것이 목적이다. 또 다른 가능성은 지구가 냉각되는 과정에서 암석 속의 물이 스며 나왔을 수도 있다는 것이다. 물론 이러한 이론들은 서로 대립하지 않으며, 해양은 두 가지 요인이 결합되어 형성되었을 수도 있다.

지구는 우리가 아는 한, 표면에 액체 상태의 해양을 가진 유일한 곳이다. 태양계에서 내행

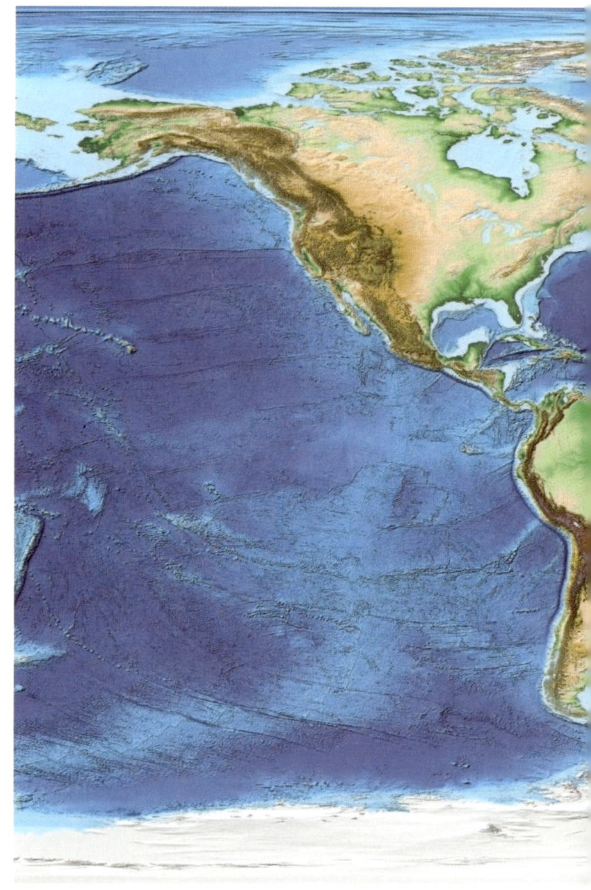

그림 1_1 전 세계 해양 수심 분포도.

성인 수성과 금성은 물이 액체 상태로 존재하기에는 너무 뜨겁고, 외행성인 화성에서 해왕성까지는 너무 차갑다. 태양계 너머의 행성에서 해양을 찾으려면, 그 행성이 태양 주위를 도는 궤도가 흔히 '골디락스 존'이라고 불리는 영역, 즉 액체 상태의 물이 존재하기에 적절한 온도 범위의 궤도 구역 안에 있는지를 확인해야 한다.

해양학 연구를 시작하는 좋은 방법은 해양의 크기를 고려하는 것이다. 우주에서 바라본 지구는 표면의 물 때문에 푸른 행성처럼 보이지만, 실제로 해양은 수평적 범위에 비해 그리 깊

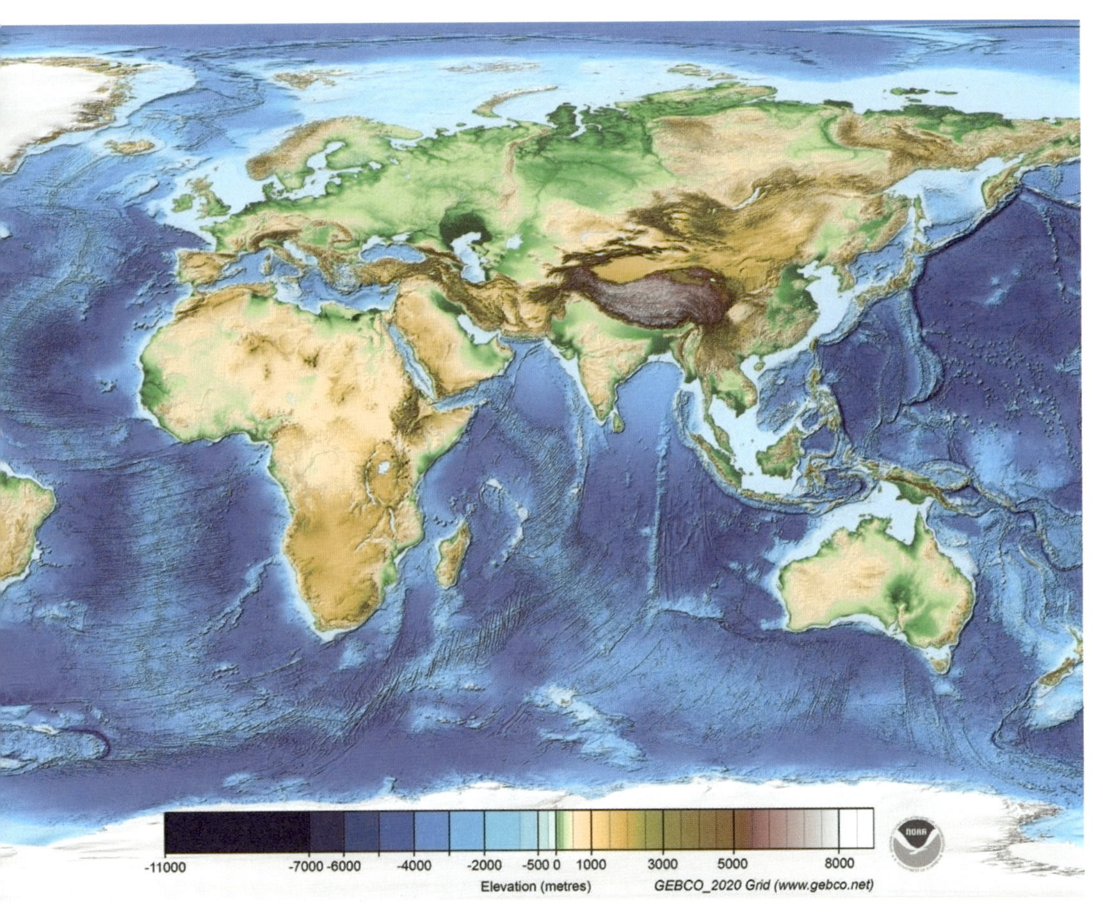

지 않다.

그림 1_1은 전 세계 해양의 수심 분포를 보여준다. 해저에도 육지와 마찬가지로 산과 계곡이 존재하지만, 모든 해양의 평균 깊이는 약 4km이다. 이에 비해 수평적 크기, 즉 해양의 폭은 대략 10,000km 정도이다. 따라서 폭과 깊이의 비율(이를 종횡비라고 한다)은 10,000:4, 즉 2,500:1 정도가 된다. 해양은 폭에 비해 매우 얇지만, 깊이에 따른 변화는 매우 중요하다. 이 장에서 살펴보겠지만, 예를 들어 적도에서 해양 표면에서 해저까지 몇 킬로미터 내려가는 동안 해수 온도 변화는, 적도에서 극지까지 수천 킬로미터를 따라 이동할 때의 변화와 비슷할 정도로 클 수 있다.

해양의 주변부에는 대륙붕 해역(shelf sea)이라고 불리는 얕은 수역이 있다. 이들은 수평적 범위가 훨씬 작고(약 250km) 깊이도 얕으며(보통 100m), 해양과 비슷한 종횡비를 가진다. 대륙붕 해역으로는 유럽의 북해(North Sea)와 아시아의 황해(Yellow Sea)가 있다.

1_1 해수의 염분과 온도

해수와 수돗물의 가장 뚜렷한 차이는 해수가 염분을 포함하고 있다는 점이다. 그러나 이 염분이 어디서 오는지는 명확하지 않다. 하천에서 해양으로 흘러 들어오는 물은 겉보기에는 완전히 담수이며 음용 가능한 물처럼 보인다. 이 주제는 9장에서 다시 다루겠지만, 여기서 말할 수 있는 것은 염분이 하천수에 의해(매우 낮은 농도로) 해수에 공급되며, 수중 화산활동에 의해(훨씬 높은 농도로) 추가된다는 점이다. 또한 염분은 해저로의 침전, 생물학적 활동 등 다양한 과정에

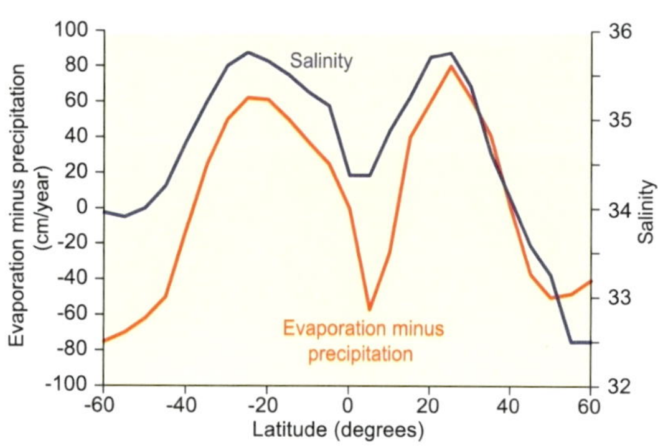

| 그림 1_2 | 표층 해수의 위도에 따른 염분 변화(파란 선). 적도 남쪽 위도는 음수로 표시하였다. 최대 염분은 북위와 남위 약 30°의 아열대 건조대에서 나타난다. 빨간 선은 연간 증발량과 강수량의 차이를 나타낸다. 표층 염분이 높은 지역은 강수에 비해 증발이 많은 지역과 일치한다.

의해 해수에서 지속적으로 제거된다. 현재까지의 관측으로 볼 때, 해수의 염분량은 일정하며, 따라서 염분이 추가되는 속도와 제거되는 속도가 정확히 균형을 이루어 안정 상태를 유지하고 있는 것으로 보인다.

모든 해수의 평균 염분(Salinity) 함량은 물 1kg당 약 35g, 즉 질량 기준으로 35‰(퍼밀, 천분율) 정도이다. 1978년 이후, 과학자들은 염분을 표현할 때 실용 염분 단위(Practical Salinity Unit, PSU)를 사용하고 있다. PSU는 비율이므로 단위가 없다. 대부분의 경우, PSU 척도의 염분값은 ‰ 단위와 거의 일치한다.

증발은 해수 표면에서 담수를 제거하므로, 남아 있는 해수의 염분을 증가시킨다. 얼음 형성도 이와 유사한 작용을 한다. 빙산은 대부분 담수로 이루어져 있어 녹이면 음용이 가능하다. 개방 해역의 표층 염분은 약 32에서 36 사이로 변하며, 최댓값은 적도에서 북위와 남위 약 30°의 사막 위도에서 나타난다. 이 지역은 증발량이 강수량을 가장 크게 초과하는 곳이다(그림 1_2와 그림 9_1 참조). 영국-아일랜드 출신 물리학자 로버트 보일(Robert Boyle)은 해수 염분과 증발 및 담수 공급 간의 연관성을 최초

로 관찰하였다. 부분적으로 폐쇄된 해역에서는 염분 변화가 훨씬 크게 나타날 수 있으며, 담수 유입이 많은 반폐쇄 해역인 발트해에서는 10 이하로 떨어질 수 있고, 증발이 많은 해역인 홍해에서는 40 이상으로 상승할 수 있다.

염분의 수직적 변화는 CTD(전기전도도-온도-수심)라는 장비를 해수에 내려서 측정할 수 있다(그림 1_3). 이 장비와 기타 해양학적 장비에 대한 자세한 내용은 14장에서 다룬다. 북동 대서양의 수문 관측소에서 깊이에 따른 염분 변화를 나타낸 것이 그림 1_4A이다. 표층에서 시작하여 염분이 감소하다가 깊이 약 1,000m를 중심으로 최댓값에 도달한다. 이 고염분층은 북대서양의 많은 지역에서 관측되며, 지브롤터 해협을 통해 흘러나오는 따뜻하고 염분이 높은 지중해 해수(Mediterranean Water, 지중해수)에 의해 형성된다. 이 층 아래에서는 염분이 해저를 향해 서서히 감소한다. 깊이에 따른 염분 감소는 대서양 해수의 특징이며, 태평양과 인도양에서는 관찰되지 않는다.

해수는 표층에서 태양에 의해 가열된다. 표층 온도는 적도에서 가장 높고, 극지방으로 갈수록 약 1° 위도당 1/3℃(약 0.003℃/km)의

| 그림 1_3 | (A) 중앙에 보이는 흰색 장비 CTD가 해수로 투하되고 있다. (B) 그러나 일반적으로 CTD는 여러 개의 채수병 중앙에 위치하여 잘 보이지 않는다(14장 참조).

기울기로 감소한다. 태양은 수십 미터 깊이의 표층만을 가열하며, 이 층 아래로는 깊이에 따라 온도가 처음에는 급격히, 그다음에는 점차 느리게 감소한다(그림 1_4B). 온도가 변화하는 이 영역을 해양의 주요 수온약층(thermocline)이라고 한다. 이곳에서 수직 온도 기울기는 10℃/km에 달할 수 있으며, 해수의 온도와 기타 물리적 성질 변화는 일반적으로 수평 변화보다 수직 변화가 훨씬 크다. 모든 해양의 해저에서는 적도라 하더라도 해수가 매우 차갑다. 이 사실은 초기 해양학자들을 당혹스럽게 했다. 만약 해수가 정지해 있다면, 태양열은 서서히 해저까지 확산되어 위에서 아래까지 거의 균일한 온도를 가진 해양이 형성되

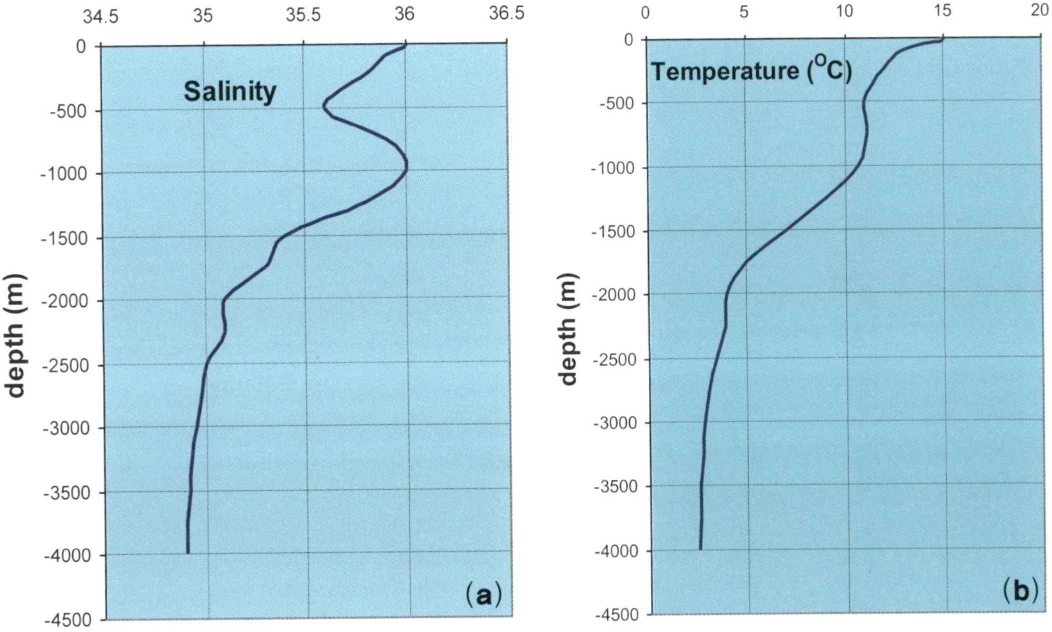

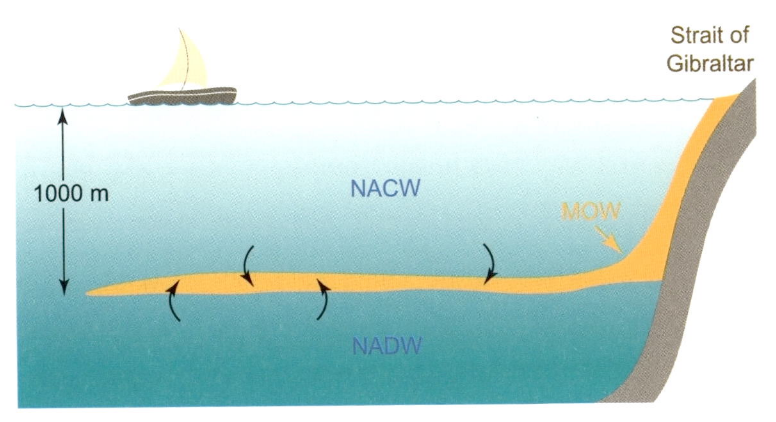

| 그림 1_4 | 북위 40° 대서양의 수심에 따른 (A) 염분과 (B) 온도의 수직 분포. 깊이 약 1,000m의 염분 최댓값과 심층에서 저온 해수에 주목하라.

| 그림 1_5 | 북위 40°에서 대서양을 통과하는 수직 단면 개략도. 지중해 유출수(MOW)가 수심 약 1,000m에서 확산하며, 상부의 북대서양 중층수(NACW)와 하부의 북대서양 심층수(NADW) 사이를 흐른다. 지중해 유출수는 확산 과정에서 이 두 수괴와 혼합되며, 지브롤터 해협에서 멀어질수록 원래의 특성을 점차 잃는다.

었을 것이다. 그러나 해저 해수가 극도로 차갑다는 발견은, 현재 열염순환(thermo-haline circulation)이라고 불리는 해수의 느린 심층 이동이 존재한다는 최초의 단서를 제공했다.

1_2 수괴와 혼합

위성 관측과 심해 부표가 사용되기 전, 해수 이동에 대한 초기 지식의 대부분은 수괴 분석(water mass analysis)이라는 기법으로 얻었다. 수괴란 해양 내 특정 장소에서 형성되며, 그 장소와 관련된 특유의 온도와 염분값을 가지는 해수 집단을 말한다. 이미 언급한 수괴의 예로는 지브롤터 해협을 통해 대서양으로 유입되는 지중해수가 있다. 해수가 해양을 흐를 때, 수괴는 상하 및 측면의 다른 수괴와 혼합된다. 그 결과, 수괴는 점차 원래의 특성을 잃게 된다. 그러나 이러한 과정이 완전히 일어나기 전에, 수괴는 수천 킬로미터에 걸쳐 추적될 수 있으며, 심층 해수 순환의 작동 방식을 그림으로 나타낼 수 있다. 지중해 유출수의 경우 깊이 약 1,000m에서 북대서양을 통해 확산되며, 상하로 대서양수와 혼합된다(그림 1_5).

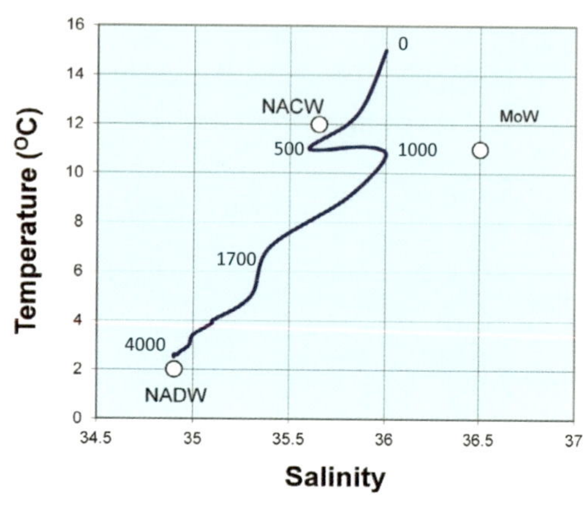

| 그림 1_6 | 그림 1_4의 자료를 이용한 T–S 다이어그램(수온–염분도). 염분에 대한 온도의 관계를 표시하였으며, 일부 관측값에는 수심이 함께 표시되어 있다. 도표에는 세 수괴—지중해 유출수, 북대서양 중층수(북위 40°), 북대서양 심층수—의 대표적인 온도와 염분값이 표시되어 있다.

해수의 온도와 염분 관측치는 T-S(Temperature-Salinity) 다이어그램으로 나타낼 수 있다. 이 도표는 특정 깊이의 온도를 동일 깊이의 염분에 대해 그래프로 나타낸 것이다. 그림 1_6은 그림 1_4의 온도와 염분 데이터를 이러한 방식으로 도식화한 것이다. 측정 깊이의 세부 정보는 사라졌지만, 그림에서 일부 점에 주석을 달아 추가할 수 있다. 특정 온도와 염분을 가진 수괴는 T-S 다이어그램에서 하나의 점으로 표시할 수 있다. 예를 들어 지브롤터 해협을 막 벗어난 지중해수의 특성값은 T=11℃, S=36.5이며, 그

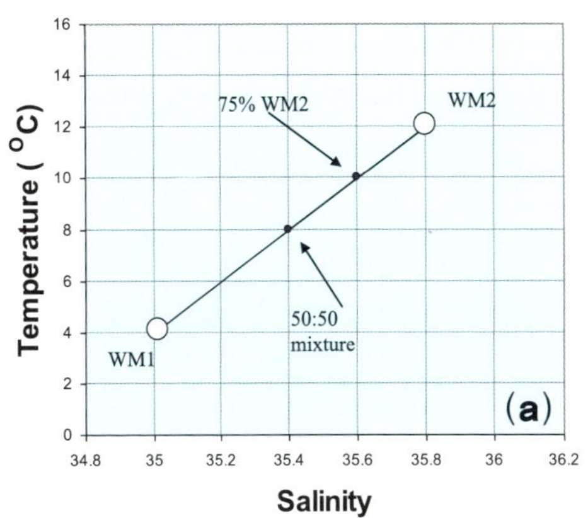

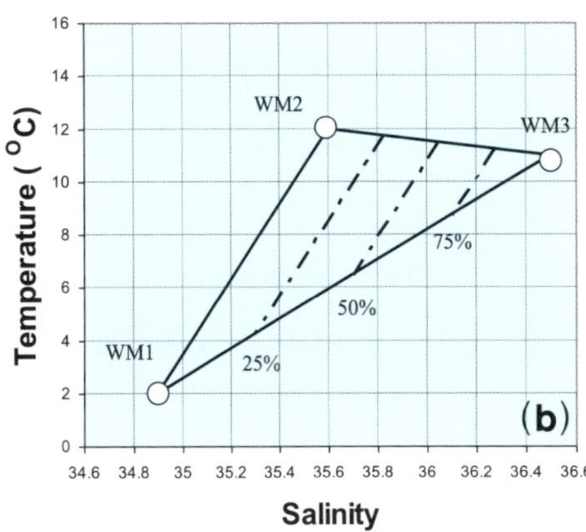

| 그림 1_7 | 수괴 간의 혼합은 T-S 다이어그램에서 정량적으로 나타낼 수 있다. (A) 두 수괴(WM1과 WM2)가 서로 혼합되는 경우, 혼합수의 온도와 염분은 WM1과 WM2를 연결하는 직선상에 위치한다. (B) 세 수괴가 혼합되는 경우, 혼합수의 온도와 염분은 세 수괴를 꼭짓점으로 하는 혼합 삼각형 내부에 위치한다. 점선은 혼합수 내에서 WM3의 비율이 달라짐에 따라 나타나는 변화를 보여준다.

림 1_6에서 MoW(Mediterranean outflow Water) 로 표시하였다. 대서양에서 관측된 데이터(지브

롤터 해협에서 1,000km 떨어진 지점)는 이 점에 접근하지만, 대서양수와 혼합되기 때문에 완전히 도달하지는 않는다. 또한 지중해 유출수 상하부의 대서양수 특성도 이 도표에 표시하였다. 이 수괴들은 북대서양 중층수(North Atlantic Central Water, NACW)와 북대서양 심층수(North Atlantic Deep, NADW)라고 불린다.

T-S 다이어그램의 유용한 특징 중 하나는, 두 수괴가 혼합될 경우 혼합된 해수의 온도와 염분이 도표에서 두 수괴를 연결하는 직선 위에 놓인다는 점이다.

그림 1_7A에서는 두 수괴, WM1과 WM2의 혼합을 보여주고 있다. 예를 들어 WM1 25%와 WM2 75%의 혼합수는 WM1과 WM2를 연결하는 선상에서 WM1에서 WM2 방향으로 3/4 지점에 위치하게 된다. 혼합수에서 WM2의 비율이 클수록 이 점은 WM2에 더 가까워진다.

수괴가 두 개 이상의 다른 수괴와 혼합될 경우(지중해 유출수) 혼합수는 삼각형 내부에 위치하게 된다(그림 1_7B). 세 수괴는 각각 삼각형의 꼭짓점에 자리하며, 혼합수는 온도와 염분값이 삼각형 안에 위치하게 된다.

예를 들어 그림 1_7B에는 WM3의 다양한 혼

합 비율을 나타내는 선들이 표시되어 있다. 이러한 방식으로, 해상에서 채취한 해수 시료의 조성을 분석할 때, 그 해수가 어떤 수괴들의 혼합으로 형성되었는지를 알고 있다면 각 수괴가 차지하는 비율을 계산할 수 있다.

그림 1_8은 북대서양 관측소의 데이터를 대상으로 혼합 삼각형(mixing triangle) 기법을 적용한 예시를 보여준다. 여기서 세 수괴—지중해 유출수(MoW), 북대서양 중층수(NACW), 북대서양 심층수(NADW)—사이의 혼합 삼각형을 완성하고, 삼각형 내부에서 MoW의 비율을 표시하였다. 이를 통해 해당 관측소의 수심 약

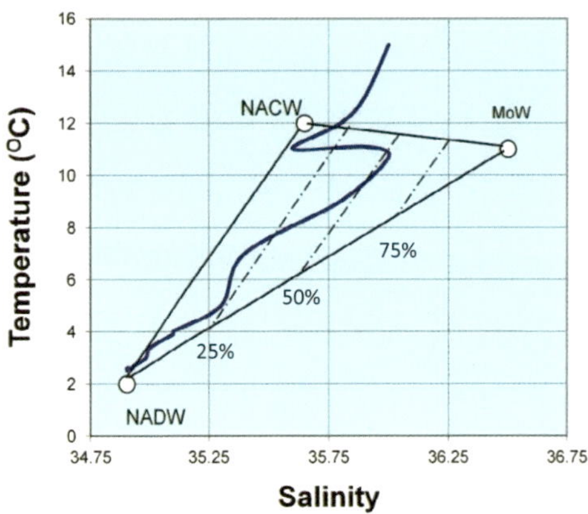

| **그림 1_8** | 북대서양 관측 자료에 혼합 삼각형 개념을 적용한 예이다. 이 관측점에서 수심 약 1,000m의 해수는 가장 염분이 높은 층으로, 지중해 유출수가 전체의 약 50% 이상을 차지한다.

1,000m에서 관측된 고염분 '코어(core) 영역'이 약 50% 이상의 지중해 유출수를 포함하고 있음을 확인할 수 있다.

지브롤터 해협으로부터 약 1,000km를 이동하는 동안, 유출수는 상하부의 대서양수와 혼합되며 약 절반 정도 희석되었다. 약간의 추가 분석을 통해, 이러한 방법으로 해양 내에서 혼합이 일어나는 속도를 산출하는 것도 가능하다('해수의 혼합' 참조).

수괴 분석은 여전히 해양학에서 유용한 도구로 사용되고 있으며, 최근에는 흥미로운 응용 사례들도 보고되고 있다. 예를 들어 심해 해면동물(심해 산맥의 사면과 정상 부근에 서식하는 생물)은 특정 수괴, 혹은 두 수괴의 혼합층을 선택하여 서식하는 것으로 보인다.

1_3 해양의 심층 순환

수괴 개념의 가장 큰 가치는 해양 순환의 기술적 구조를 구축하는 데 있다. 해양 심층의 해류는 매우 느리고, 시공간적 변동성이 커서 직접 관측만으로 평균적인 흐름의 형태를 규명하기 어렵다. 수괴 분석을 이용하면, 해류의 속도는 알 수 없지

만 그 흐름의 깊이와 방향을 추정할 수 있다. 해류의 속도를 추정하기 위해서는 온도와 염분에 더해 다른 변수(예를 들어 해양생물이 호흡 과정에서 일정한 속도로 소비하는 용존산소 농도)를 함께 측정해야 한다.

해양의 심층 순환 구조를 이해하기 위해, 우리는 남쪽에서 북쪽으로 이어지는 대서양의 수직 단면을 살펴볼 것이다. 해양의 표면은 태양복사에 의해 가열된다. 따뜻한 물은 부력을 가지므로, 저위도와 온대 지역에서는 따뜻한 표층이 형성된다. 이 점에서 해양은 대기와 본질적으로 다르다. 대기는 지구 표면의 열에 의해 아래쪽부터 가열되어, 따뜻한 공기가 상승함으로써 대기 순환이 일어난다. 반면, 해양에서는 태양에 의한 표면 가열만으로는 이러한 형태의 순환을 만들 수 없다. 따뜻한 물은 단지 표면에 머물 뿐이다. 대신 해양에서는 표면 냉각이 수직 운동을 일으키는 중요한 과정이다. 고위도 지역에서는 해양이 태양으로부터 얻는 열보다 대기로 방출하는 열이 더 많기 때

해수의 혼합

해양에서 서로 접촉하는 수괴들은 물덩어리의 교환을 통해 서로 혼합되며, 이러한 형태의 혼합을 난류 혼합이라 부르며 해양에서 매우 흔하게 발생한다. 지중해 유출수가 대서양으로 확산되는 경우, 이 혼합은 유출수의 상하부에 위치한 일부 대서양 해수가 확산하는 지중해수에 섞여들면서 일어난다(그림 1_5에 개략적으로 제시된 바와 같다). 이 과정을 "대서양수가 확산하는 지중해수에 혼입된다"고 한다. 혼입(Entrainment)은 한 방향으로 일어나는 혼합의 한 형태로, 이동하는 유체층이 인접한 유체를 끌어들여 함께 이동시키는 과정이다.

이러한 혼입 현상은 굴뚝에서 피어오르는 연기를 보면 쉽게 이해할 수 있다. 연기 기둥은 상승하면서 양쪽에서 깨끗한 공기를 혼입하여 점차 부피가 커진다. 대서양수가 지중해 유출층에 혼입되는 비율은 지중해 해수의 표면적(상부와 하부 표면의 합)에 대서양수가 그 층으로 유입되는 수직 속도를 곱한 값과 같다. 이 수직 속도를 혼입속도(entrainment velocity)라고 한다. 따라서 혼입률은 $\pi R^2 e$로 표현되며, 여기서 e는 혼입속도이고 πR^2는 지브롤터 해협으로부터 거리 R만큼 확산되었을 때 반원형 층의 표면적이다. 지중해수는 초당 Q m³/s의 속도로 지브롤터 해협을 빠져나가 대서양으로 흘러들어간다. 지브롤터 해협에서 약 1,000km 떨어진 지점에서는 지중해수와 대서양수가 거의 같은 비율로 존재한다. 이 지점에서 두 수괴의 부피가 동일하다고 가정하면 $\pi R^2 e = Q$가 된다. 3장에서 보겠지만, Q는 약 3.7×10^6 m³/s이며 R = 1,000km를 대입하면 혼입속도 e는 약 하루에 4cm로 추정된다.

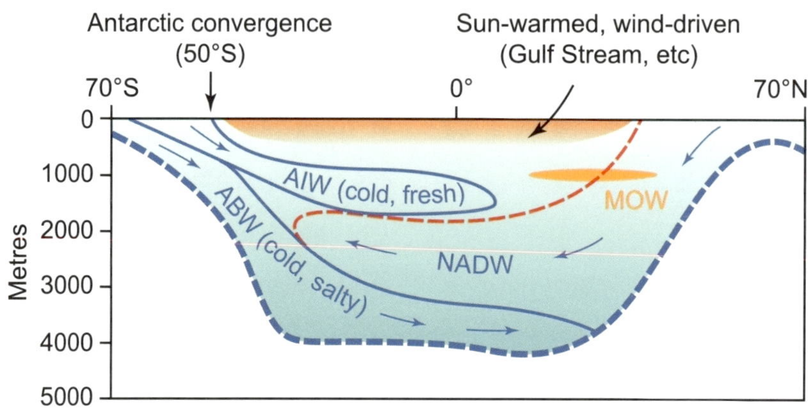

| 그림 1_9 | 남위 70°에서 북위 70°까지 대서양의 수직 단면도는 온도와 염분 특성에 따라 구분된 주요 수괴들을 보여준다. 이 단면에서 가장 밀도가 높은 수괴는 남극 주변에서 겨울철에 형성되는 남극 저층수로, 남북 대서양의 심해 분지를 채운다. 남극 중층수는 여름철에 형성되어 밀도가 더 낮으며, 북극에서 형성된 북대서양 심층수 위에 위치한다. 지중해 유출수는 북대서양 대부분 지역에서 약 수심 1,000m 부근에 뚜렷한 코어 영역을 형성한다.

문에, 표층수는 순열 손실로 인해 냉각된다. 냉각된 물은 가라앉아 해저를 따라 확산되며, 저위도 지역에서 관측되는 심층 냉수를 형성한다(그림 1_9). 이것이 해양의 저층수가 매우 차가운 이유이다. 적도 지역의 차가운 심층수는 본래 극지방에서 기원한 것이다. 이러한 냉수의 침강은 북극과 남극의 극해 중 일부 국지적인 지역에서만 일어난다.

고위도 지역에서 물이 가라앉는 현상은 해양의 다른 지역에서의 물 상승, 즉 용승(upwelling)에 의해 균형을 이룬다. 해양의 나머지 대부분 지역에서는 느린 상승류가 일어나는 것으로 보인다. 따라서 물은 소수의 국지적인 구역에서만 침강하고, 해양 전역에서 서서히 표면으로 되돌아온 뒤, 표층 해류를 따라 극지방 방향으로 이동하면서 순환의 고리를 완성한다. 이와 같은 해양의 대규모 순환은 열염순환이라 불리며, 이는 온도와 염분의 차이에 의해 구동된다. 그러나 표면의 가열과 냉각만으로는 이러한 순환을 유지하기에 충분하지 않으며, 추가적인 에너지의 공급이 필요하다. 가라앉는 물은 운동에너지를 지니지만, 해저에 도달할 때 대부분의 에너지가 소산된다. 따라서 깊은 냉수를 다시 표면으로 끌어 올리기 위해서는 더 많은 에너지가 요구되며, 이러한 개념은 현재 샌드스트룀의 정리(Sandström's theorem)로 알려져 있다. 열염순환을 지속시키는 데 필요한 에너지는 해양의 주요 수온약층 내부에서 발생하는 조석 흐름에 의해 공급되는 것으로 추정된다.

남극의 빙연으로부터 북극해 연안에 이르는 대서양의 온도와 염분 단면은, 해양의 심층 순환이 T–S(수온–염분) 다이어그램을 통해 어떻게 해석될 수 있는지를 보여준다(그림 1_9). 단면의 남쪽 끝에서 시작하면, 겨울철 웨델해(Weddell Sea)에서 형성된 가장 차가운 물이 해저로 가라앉아, 매우 차갑고 비교적 염분이 높은 남극 저층수(Antarctic Bottom Water, ABW)로서 북쪽으로 확산된다. 얼음이 형성되는 동안 소금이 해수에 남게 되어 물의 밀도가 증가하면서 침강이 가능해진다. 한편, 여름철 남극 대륙 주변에서 형성된 표층수는 차갑지만, 해빙의 융해로 인해 염분이 낮다. 이 물은 북쪽으로 뻗어나가 약 남위 50° 부근의 남극 수렴대에서 가라앉아 남극 중층수(Antarctic Intermediate Water, AIW)를 형성한다.

이 두 수괴 사이로는 북대서양 심층수가 남쪽으로 흐른다. 북대서양 최북단에서 형성된 북대서양 심층수는 차가운 물이 약 3,000m 깊이까지 가라앉아 남극을 향해 이동하는 흐름으로, 전 지구 심층 순환의 핵심적 구성 요소이다. 또한 중위도 지역의 약 1,000m 깊이에서는 지중해 유출수(MoW)의 뚜렷한 코어 영역이 관찰된다.

심층 순환은 해양생태계에서 매우 중요하다. 이는 산소를 해저의 가장 깊은 곳까지 운반하기 때문이다. 만약 이러한 순환이 없다면, 심층의 산소는 호흡을 하는 생물들에 의해 모두 소모될 것이다. 심해에서 채취한 용존산소 시료들은, 표층에서 심층수가 침강한 지역으로부터 멀어질수록 산소 농도가 점차 감소함을 보여준다. 한편, 심층수가 다시 표면으로 상승할 때는 해양의 햇빛이 비치는 수층(표층)까지 조류(algae)가 성장하는 데 필요한 영양염류를 함께 운반한다.

태평양에는 북대서양 심층수의 침강에 상응하는 과정이 존재하지 않는다. 북태평양의 표층수는 동일한 위도의 대서양보다 다소 차갑다. 이러한 온도 차이는 증발률을 낮추며, 그 결과 북태평양의 해수는 대서양보다 염분이 낮다. 다음 장에서 보게 되겠지만, 해수의 밀도는 염분 변화에 특히 민감하다. 북태평양의 낮은 염분은 해수가 충분히 높은 밀도를 얻어 해저까지 침강하는 것을 방해한다.

2 _ 밀도와 밀도류

물체나 유체의 한 부분이 가지는 밀도(Density)는 그 질량을 부피로 나눈 값에 해당한다. 해수의 밀도는 해양학에서 매우 중요한 개념인데, 밀도가 큰 물은 밀도가 작은 물 아래로 가라앉기 때문에 해양 내에서 해류와 층상 구조가 형성된다.

섭씨 15도에서 담수의 밀도는 약 1,000kg/m³이다. 같은 온도에서 해수는 담수보다 약간 더 높은 밀도를 가지는데, 이에 대해서는 곧 살펴볼 것이다. 인체는 대부분 물로 구성되어 있으므로, 우리 몸의 밀도 또한 이와 비슷할 것으로 예상할 수 있다. 실제로 인체의 평균 밀도는 약 950kg/m³로 물보다 낮기 때문에 대부분의 사람은 물 위에 뜬다. 이러한 상태를 부력이 있다고 표현한다.

2_1 아르키메데스의 원리

아르키메데스의 원리는 물이나 다른 유체 속에 잠긴 물체가 받는 부력(Buoyancy) 현상과 관련된 법칙이다. 물체는 공기 중에 있을 때보다 물속에서 더 가볍게 느껴진다. 이는 물체가 자신이 밀어낸 물의 무게와 같은 크기의 상승력을 받기 때문이다. 즉, 물체는 자신이 치환한 물이 받던 것과 동일한 방식으로 주위의 물에 의해 지탱된다는 것이다.

질량이 m인 물체는 공기 중에서 mg의 무게를 가지며, 여기서 g는 중력가속도(약 9.81m s⁻²)이다. 같은 물체가 물속에 있을 때의 무게는 mg'가 되며, 이때의 g'는 '환원중력(reduced gravity)'이라 부른다(그림 2_1). 환원중력 g'는 다음 식으로 계산할 수 있다.

$$g' = g\frac{d_2 - d_1}{d_2}$$

여기서 d_2는 잠긴 물체의 밀도, d_1은 물의 밀도를 의미한다. 예를 들어 물보다 세 배 높은 밀도를 가진 모래알의 경우, 해수 속에 떠 있을

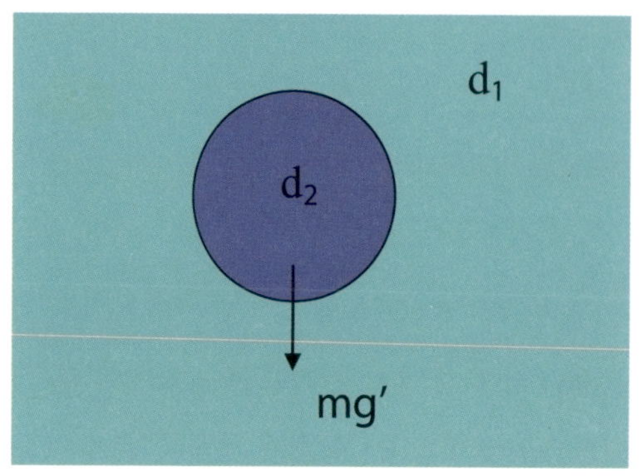

| 그림 2_1 | 환원중력의 개념을 나타낸 그림. 질량 m과 밀도 d_2를 가진 물체가 밀도 d_1의 물속에 놓일 때, 그 물체의 무게는 mg'이며, 여기서 g'(본문의 식 참고)를 환원중력이라고 한다. ※환원중력(reduced gravity): 서로 다른 밀도를 가진 유체가 접촉할 경우 부력으로 인하여 유체에 작용하는 중력가속도의 변화.

때 환원중력은 $(2/3)g$ 가 된다. 따라서 그 물체가 물속에서 느끼는 무게는 공기 중 무게의 3분의 2가 된다. 만약 d_2가 d_1보다 작다면, 환원중력은 음수가 된다. 그 경우에는 중력이 위쪽으로 작용함을 의미하며, 물속의 기포처럼 물체가 떠오르게 된다.

아르키메데스의 원리의 특별한 경우는 물체가 물 위에 떠 있을 때 적용된다. 이때 원리는 다음과 같이 표현할 수 있다. "떠 있는 물체는 자기 자신의 무게와 같은 양의 물을 밀어낸다." 여기서 '밀어낸다(displaces)'는 말은 '자리를 차지하고 있던 물을 밀어내서 그 자리를 대

신한다'는 뜻이다. 따라서 어떤 물체가 수면 위에 떠 있을 때, 그 물체는 자기 자신의 무게와 같은 무게의 물을 밀어내게 된다.

예를 들어 무게가 1톤(1,000kg)인 빙산의 경우를 생각해보자. 얼음의 밀도는 약 $920kg/m^3$이므로, 밀도 = 질량/부피 관계로부터 이 빙산의 부피는 약 $1,087m^3$임을 알 수 있다. 이 빙산

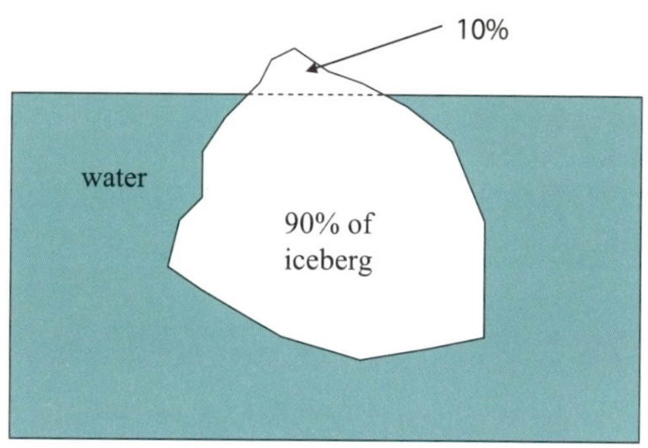

| 그림 2_2 | 떠 있는 빙산은 자신의 무게만큼의 물을 밀어낸다. 밀려난 물의 부피는 빙산 부피의 약 90%이며, 나머지 10%만이 해수면 위로 드러난다. 사진은 떠 있는 빙산의 꼭대기 부분을 보여준다.

을 바다에 띄우면, 얼음이 물보다 밀도가 작기 때문에 뜨게 되며, 자신의 무게인 1,000kg에 해당하는 양의 물을 정확히 밀어낸다.

1,000kg의 해수는 약 976m³의 부피를 차지하므로, 빙산의 일부는 물 위로 솟아오르게 된다. 약 90%에 해당하는 976m³의 부피는 수면 아래에 잠기고, 나머지 약 111m³(전체의 약 10%)만이 수면 위로 드러난다. 따라서 바다에서 떠 있는 빙산을 볼 때 우리는 빙산의 '일부', 즉 '빙산의 일각'만을 보게 되는 것이다(그림 2_2).

그렇다면 만약 지구 온난화로 인해 바다 위의 모든 빙산이 녹는다면 어떻게 될까? 앞서의 1톤짜리 빙산을 생각해보면, 이 빙산은 1,000kg의 물을 밀어내면서 물의 수위를 그만큼 상승시켰다. 빙산이 녹으면 더 이상 물을 밀어내지 않지만, 대신 녹은 얼음의 질량만큼, 즉 1,000kg의 물이 바다에 더해진다. 질량은 녹는 과정에서 변하지 않기 때문에, 두 효과는 서로 상쇄되어 결과적으로 해수면의 변화는 거의 없다.

이 개념은 그림 2_3에 제시된 간단한 실험으로도 확인할 수 있다. 첫 번째 사진(a)은 담수를 채운 수조를 보여준다. 두 번째 사진(b)에서는 수조에 얼음 조각을 띄운 상태를 볼 수 있는데, 떠 있는 얼음이 자기 무게만큼의 물을 밀어내기 때문에 수면이 약간 상승한다. 얼음의 대부분은 물속에 잠겨 있고, 수면 위로는 작은 부분만 드러나 있다. 세 번째 사진(c)에서는 얼음이 완전히 녹았는데, 수면 높이는 (b)와 동일하다. 이는 얼음이 녹으면서 생긴 물의 양이 떠 있을 때 밀어낸 물의 양과 동일하기 때문이다.

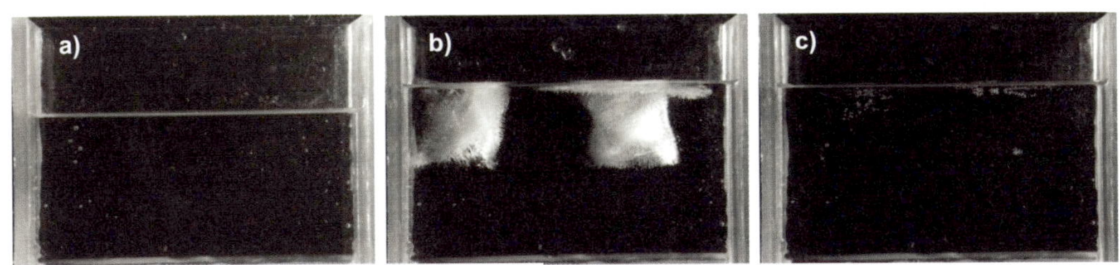

| **그림 2_3** | (A, B) 플라스크에 얼음을 넣으면, 떠 있는 얼음을 지탱하기 위해 물이 밀려 올라가서 수위가 상승한다. (C) 얼음이 녹으면, 녹은 물의 질량이 밀려난 물의 질량과 같기 때문에 수위는 거의 변화가 없다.

따라서 지구 온난화로 인해 바다 위의 부빙(浮氷)이 녹더라도 해수면 상승에는 큰 영향을 미치지 않는다. 그러나 육상 빙하의 경우는 전혀 다르다. 그린란드나 남극 대륙과 같은 육상 빙하는 현재 바닷물에 직접 닿아 있지 않기 때문에, 이들이 녹을 경우 새로운 물이 바다로 유입되어 해수면을 상승시킨다. 모든 육상 빙하가 녹을 경우, 해수면은 약 80미터 상승할 것으로 추정된다.

2_2 물의 밀도

물의 밀도는 대략 1,000kg/m³ 정도이며, 이는 온도, 염분, 그리고 압력(압력의 영향은 비교적 작다)에 따라 달라진다. 담수의 경우, 섭씨 4°C에서 최대 밀도를 가지며, 이러한 성질은 겨울철에 연못이나 호수가 완전히 얼어붙지 않는 중요한 요인이다. 표층수가 4°C까지 냉각되면 밀도가 증가하여 호수의 바닥으로 가라앉는다. 이후 표면이 더 냉각되면 4°C보다 온도가 낮은 물은 오히려 밀도가 감소하므로, 이 물은 4°C의 물 위에 떠 있게 된다. 표면의 물은 결국 더 냉각되어 얼음으로 변할 수 있지만, 호수의 바닥에는 여전히 액체 상태의 물이 존재하기 때문에, 담수호의 동식물은 겨울철에도 생존할 수 있다.

해양에서는 이러한 현상이 일어나지 않는다. 바닷물에 포함된 염분이 물의 물리적 거동을 변화시키기 때문이다. 염분이 존재하면 온도가 0도까지 내려가더라도 밀도는 계속 증가한다. 또한 염분 농도 자체도 해수 밀도에 중요한 영향을 미치며, 염분이 높을수록 밀도도 증가한다. 따라서 같은 온도에서 해수는 담수보다 약간 더 높은 밀도를 가진다. 일반적으로 해수의 밀도는 1,020~1,030kg/m³ 범위에 분포한다.

해양학자들은 해수의 밀도가 기준 밀도인 1,000kg/m³와 얼마나 다른지를 나타내기 위해 시그마-티(sigma-t)를 사용하며, 기호 σ_T로 표시한다. 예를 들어 어떤 해수의 밀도가 1,022.5kg/m³라면 시그마-티(σ_T) 값은 22.5가 된다.

2_3 T-S 다이어그램에서 시그마-티

해수의 밀도는 주로 온도와 염분에 의해 결정되므로, T-S 다이어그램에 일정한 밀도를 나타내는 선, 즉 등밀도선을 표시할 수 있다. 그림 2_4는 이러한 관계를 보여준다. 예를 들어 온도 6℃, 염분 35의 해수는 시그마-티(σ_T) 값이 27.5이며, 이에 해당하는 밀도는 1,027.5kg/m³이다.

낮은 온도 영역에서는 시그마-티 등밀도선이 상당히 굽어지는 경향이 있다. 이러한 곡률은 고위도 지역에서 조밀한 수괴가 형성되는 데 중요한 역할을 하는 것으로 여겨지는 '등밀도혼합(cabelling)'이라 불리는 현상을 유발할 수 있다. 그림 2_4에서 두 수괴 A와 B는 동일한 밀도를 가진다. 두 수괴가 혼합되면, 혼합수는 A와 B를 연결하는 직선상에 위치하게 된다. 그러나 등밀도선이 곡선 형태이기 때문에, 혼합된 물의 밀도는 A나 B보다 더 커지며, 그 결과 혼합수는 자신을 형성한 두 수괴 아래로 가라앉는다.

이는 매우 흥미로운 현상이다. 동일한 밀도를 가진 두 수괴를 혼합했는데, 그 혼합물이 오히려 더 높은 밀도를 갖게 된다는 것은 직관적으로 놀라운 일이다. 질량은 반드시 보존되어야 하므로, 이 과정에서는 분자적 수준의 상호작용에 의해 부피가 약간 줄어드는 현상이 일어나야만 한다.

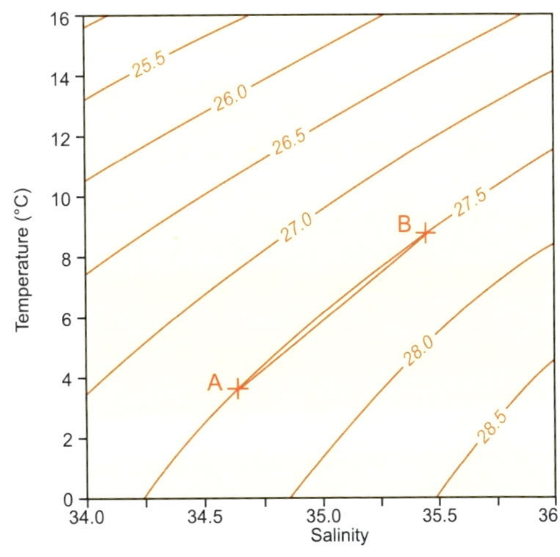

| 그림 2_4 | 등밀도선(σ_T)이 추가된 T-S 다이어그램. 낮은 온도에서는 등밀도선이 휘어져 있는 것을 주목하라. 만약 같은 밀도를 가진 두 수괴 A와 B가 혼합되면, 혼합수는 더 큰 밀도를 가지게 된다. 이러한 현상은 등밀도혼합(cabelling)이라고 하며, 해양에서 가장 밀도가 높은 저층수 형성에 중요한 역할을 하는 것으로 여겨진다.

2_4 해수의 층상 구조

모든 물, 즉 해수를 포함한 유체는 스스로의 밀도 차이에 따라 안정된 층상 구조를 형성하려는 성질을 가진다. 가장 밀도가 높은 물은 바닥에, 밀도가 덜 높은 물은 그 위에 자리하게 되며, 이러한 층상 구조를 성층(stratification)이라고 한다. 성층은 해수의 물리적 특성이며, 생물학적·화학적으로 매우 중요한 결과를 초래한다.

앞서 살펴본 바와 같이, 해양에서 중요한 형태의 성층 중 하나는 주요 수온약층이다. 수 킬로미터 두께에 이르는 이 층은 태양에 의해 가열된 표층수와 깊고 차가운 심층수를 구분한다. 또 다른 형태의 성층은 하구나 연안 지역에서 나타난다. 강에서 유입된 담수가 만들어 내는 염분이 낮은 층이 염분이 높은 바닷물 위에 얹히게 되며, 이러한 두 층 사이의 경계면을 염분약층(halocline)이라고 부른다. 따라서 해수의 성층은 염분과 온도에 의해, 또는 이 두 요인이 함께 작용함으로써 형성될 수 있다. 안정적인 성층이 유지되기 위해서는 항상 가장 밀도가 높은 물이 아래에 존재해야 한다. 서로 다른 밀도를 가진 수괴 사이의 경계면은 밀도약층(pycnocline)이라고 한다.

물이 강하게 성층된 경우, 서로 다른 밀도의 층 사이의 경계면에서 내부파(내파, internal waves)라고 불리는 파동이 형성될 수 있다. 내부파는 일반적으로 수면 위에서는 직접 관찰할 수 없지만, 일정 깊이에서 온도와 염분을 측정하는 장비를 이용하면 그 영향을 감지할 수 있다. 내부파와 관련된 수직 운동은 수십 미터

에 달할 수 있으며, 이는 표면파보다 훨씬 크고 느리다. 특정 깊이(즉, 일정 밀도층)에 부력을 맞춘 잠수함은 내부파의 상승·하강 운동에 따라 위아래로 이동하게 된다. 피오르(fjord)와 같이 성층이 강한 해역에서는 '정수(dead water)'라 불리는 현상이 나타날 수 있다. 이 경우 선박의 프로펠러에서 발생한 에너지가 선박의 전진 운동이 아니라 내부파를 형성하는데 소모되어, 배가 제대로 앞으로 나아가지 못한다(그림 2_5).

내부파에 대한 초기 관측 중 일부는 덴마크와 스웨덴 사이의 카테가트 해협에서 이루어졌

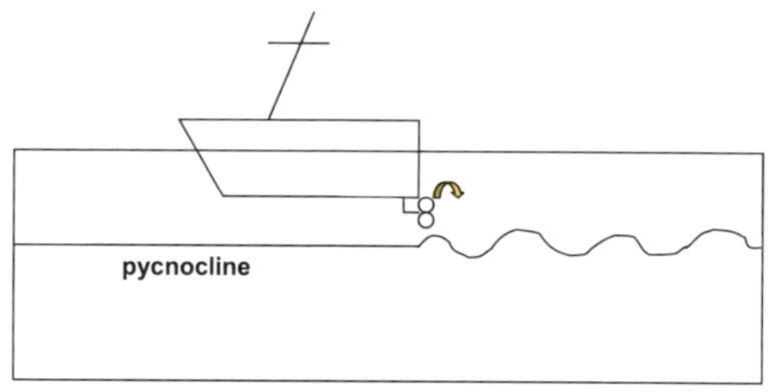

| 그림 2_5 | 정수(靜水) 현상을 나타낸 그림. 밀도가 높은 심층수와 가벼운 표층수가 밀도약층으로 구분된 바다에서, 모터보트의 프로펠러는 밀도 경계층에 내부파를 발생시킨다. 이때 보트 엔진의 에너지는 보트 추진에 사용되지 않고 내부파 생성에 소모된다.

※정수 현상: 항적와류(航跡渦流), 사수(死水). 해수면 가까이 발생한 내부파에 의하여 선박의 진행이 방해받는 경우를 일컬어 항해자들이 써왔던 용어.(출처: 해양과학용어사전)

그림 2_6 | MODIS 위성 이미지로 관측한 내부파가 필리핀과 말레이시아 사이의 술루해, 팔라완섬 방향으로 이동하는 모습. 비록 이 파동들은 해수면 아래를 이동하지만, 내부파가 생성하는 해류가 생물 군집을 모이게 하고, 해수면의 미세한 요동을 만들어 우주에서도 관측할 수 있다.(출처: NASA, GSFC)

다. 이곳에서는 발트해의 담수가 염분이 높은 북해의 해수 위에 놓여 있다. 스웨덴의 해양학자 오토 페테르손(Otto Pettersson)은 표층수를 통과할 만큼 무겁지만 심층으로는 가라앉지 않을 정도로 가벼운 부표를 고안하였다. 이 부표는 두 층의 경계면 위에 떠 있었고, 여기에 부착된 가느다란 막대가 수면 위로 돌출되었다. 내부파가 경계면을 따라 이동할 때, 막대의 끝부분이 상하로 최대 5m까지 움직이는 것이 관찰되었다.

내부파의 전파 속도는 경계면 위아래의 수층 두께와 층간 밀도 차이에 따라 달라진다. 예를 들어 두께 10m의 담수층이 그 아래의 해수층 위에 놓여 있을 때, 경계면을 따라 전파되는 내부파의 속도는 약 시속 6km, 즉 빠른 보행 속도 정도이다. 파동이 이동하면서 표층수에 작은 변화를 일으키며, 이로 인해 수면에 미세한 띠 모양의 흔적이 나타날 수 있다. 때때로 이러한 내부파의 흔적은 바다 표면에서 태양빛의 반사 패턴 변화를 통해 관찰되기도 한다. 그림 2_6은 술루해(Sulu Sea)의 위성사진으로, 해수 표면에서 태양광 반사 형태의 미묘한 변화로 내부파의 진행을 확인할 수 있다.

술루해에서는 조류가 해저 능선을 넘어 흐를 때 내부파가 형성된다. 조석 흐름이 능선을 넘어가면, 해수 내 밀도층의 경계면이 위로 밀려 올라가게 된다. 이후 조류가 느려지는 정조기가 되면 경계면이 다시 아래로 내려가며, 이때 내부파가 생성되어 연못에 돌을 던졌을 때처럼 능선을 중심으로 원형의 파동이 바깥으로 퍼져 나간다. 이러한 내부파는 수일 동안 지속적으로 이동할 수 있으며, 이후의 조석 작용으로 새로 형성된 내부파 군(群)에 의해 뒤따라잡히기도 한다.

2_5 밀도류

밀도가 서로 다른 두 수괴가 나란히 존재할 때, 밀도가 더 높은 수괴는 밀도가 낮은 수괴 아래로 흐르는 경향을 보이며, 반대로 밀도가 낮은 수괴는 위로 이동하려 한다. 이러한 상호작용으로 형성되는 순환 흐름을 밀도류(density current)라고 한다. 밀도류는 중력류(gravity current)라고도 불리며, 해양에서 다양한 형태로 발생한다. 예를 들어 1장에서 다룬 열염순환은 본질적으로 대규모의 밀도류다. 하구에서는 염분이 높은 바닷물이 밀도가 낮은 강물 아래로 침투해 흐를 수 있으며, 또 다른 형태로는 물속에 부유한 입자들이 전체 밀도를 증가시켜 발생하는 탁류(turbidity current)가 있다. 대기에서도 이와 유사한 현상이 나타나는데, 눈이 공기 중에 부유하면서 공기의 밀도를 높여 발생하는 눈사태 역시 일종의 밀도류다.

밀도류는 실험으로도 재현할 수 있으며, 이를 관찰하기 위한 대표적인 실험이 수문(lock gate) 실험이다(그림 2_7). 실험 수조의 한쪽 끝에는 염수가, 다른 쪽 끝에는 담수가 채워지고, 두 수역은 제거 가능한 수문으로 구분되어 있

| **그림 2.7** | 수문 실험. 염수(파랑색)는 담수와 수문으로 구분되어 있다. 수문이 제거되면, 염수는 밀도류라고 불리는 흐름을 형성하며 담수 아래로 이동한다. 흐르는 염수와 그 위의 담수 사이 경계면에서의 마찰로 인해 경계면에 내부파가 발생한다.

다. 흐름의 모습을 쉽게 관찰하기 위해 염수나 담수에 염료를 첨가하기도 한다. 수문을 제거하면, 염수는 밀도가 높기 때문에 수조 바닥을 따라 담수 아래로 흐르고, 담수는 반대 방향으로 염수 위를 따라 이동한다. 해수의 일반적인 염분 조건에서는 이러한 흐름의 속도가 매우 느리며, 깊이 20cm의 수조에서는 초당 몇 센티미터에 불과하다.

물리적으로 볼 때, 염수가 담수 아래로 가라앉는 과정에서 위치에너지가 감소하며, 이 손실된 위치에너지가 유동의 운동에너지로 전환되어 밀도류를 형성한다. 위치에너지(Potential energy)의 감소량과 운동에너지의 증가량을 일치시켜 계산하면, 결과적으로 밀도류의 속도는 두 가지 요인에 의해서만 결정됨을 알 수 있다. 즉, 염수와 담수의 밀도 차이, 그리고 수조 내 수심의 깊이다. 이에 따라 밀도류의 속도 S는 다음의 관계식으로 표현된다.

$$S = C\sqrt{g'h}$$

여기서 g'는 환원중력이며(그림 2_1 참조), h는 밀도류의 두께를 의미한다. 계수 C는 수조의 기하학적 형태에 따라 달라지는 값으로, 대략 1 정도이지만 일반적으로는 실험을 통해 정확히 결정해야 한다. 그림 2_1에서는 감소된 중력을 물속에 잠긴 물체의 경우로 정의했으나, 이는 밀도가 서로 다른 두 액체의 경우에도 적용할 수 있다. 예를 들어 그림 2_7의 실험에서 염수의 밀도는 1,020kg/m³, 담수의 밀도는 1,000kg/m³이었다. 이때 감소된 중력은 다음과 같이 계산된다. g' = 9.81 × (1,020-1,000) / 1,000 = 0.19m s². 그림 2_7에서 밀도류의 깊이는 5cm(0.05m)이며, 관측된 유속은 0.07m/s였다. 위의 관계식에 이 값을 대입하면 계수 C는 약 0.5로 계산된다.

2_6 밀도와 압력

해양의 한 표면에서의 압력(pressure)은 그 위에 놓인 물의 무게와 같으며, 이는 단위면적당 작용하는 힘으로 표현된다. 물의 무게는 물의 평균 밀도에 그 부피와 중력가속도를 곱한 값으로 계산된다. 해수는 공기에 비해 약 1,000배나 밀도가 높기 때문에 해양의 압력은 대기압보다 훨씬 크다.

일반적인 경험 법칙에 따르면, 수심이 10m

증가할 때마다 해양의 압력은 약 1기압씩 증가한다. 1기압은 해수면에서의 대기압과 같으며, 1바(bar)라고도 한다. 따라서 수심 1,000m에서의 압력은 해수면의 1기압에 비해 101기압이 된다. 수심이 1m 증가할 때마다 압력은 약 0.1바, 즉 1데시바(decibar)씩 증가한다.

유체의 압력은 한 점에서 모든 방향으로 동일하게 작용한다는 특징을 가진다. 예를 들어 파이프를 바닷속으로 1,000m 깊이까지 넣는다고 가정하자. 이때 파이프의 상단, 즉 수면 부근의 압력은 약 1바이며, 하단의 압력은 약 101바가 된다. 이 압력 차는 파이프 내부의 물기둥이 가지는 무게와 정확히 균형을 이룬다.

이제 파이프 내부의 물을 위쪽으로 밀어 올린다고 상상해보자. 예를 들어 파이프 상단에서 흡입력을 가하여 물을 약간 들어 올릴 수 있다. 우리가 있는 장소가 수심이 깊어질수록 온도가 낮아지고(일반적인 해양의 구조), 염분 또한 깊이에 따라 감소하는 곳(예를 들어 대서양)이라고 가정하자. 이런 환경에서는 파이프 안으로 주위의 물보다 더 차갑고 염분이 낮은, 즉 상대적으로 밀도가 높은 물이 빨려 들어오게 된다(그림 2_8).

이 물이 다시 가라앉기 전에, 파이프의 벽을

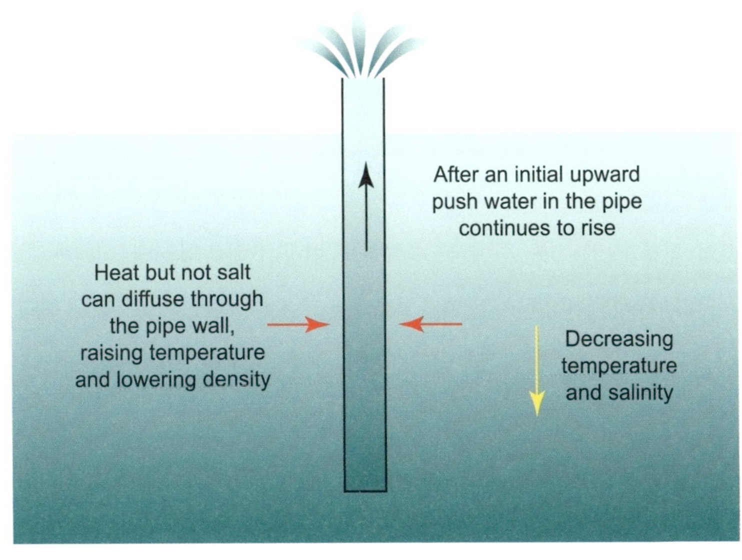

| 그림 2_8 | 염분분수. 파이프 상단에서 초기 흡입을 가하면, 물이 지속적으로 위쪽으로 흐르는 현상이 발생한다. 이 흐름의 에너지는 해양의 수직 온도·염분 구배에서 비롯된다.

통해 열이 유입되어 내부의 물 온도가 점차 상승하게 된다. 그러나 소금은 파이프 벽을 통과할 수 없으므로, 파이프 안의 물은 여전히 주변보다 염분이 낮은 상태로 남는다. 그 결과, 파이프 내부의 물은 주변 해수보다 밀도가 낮아지고, 따라서 무게가 가벼워진다. 이때 파이프 안의 물기둥의 무게는 더 이상 파이프 양끝의 압력 차를 상쇄하지 못하고, 그 결과 물은 위쪽으로 밀려 올라가며 연속적인 흐름이 형성된다.

이와 같은 현상은 미국의 해양학자 헨리 스톰멜(Henry Stommel)이 처음 제안한 것으로, 염분분수(salt fountain)라고 불린다. 이는 해양 내 염분과 온도의 수직 분포를 이용해 에너지를 생성할 수 있는 잠재적 메커니즘으로 주목받았다.

염분분수의 소규모 형태는 실험실 수조에서도 재현할 수 있다. 수조의 윗부분에는 따뜻하고 염분이 높은 물을, 아랫부분에는 차갑고 염분이 낮은 물을 채운다. 두 층의 온도 차이는 하층의 밀도를 더 높이는 데 충분하므로, 처음에는 이러한 층상 구조가 안정적으로 유지된다.

그러나 두 층의 경계면에서는 분자적 확산에 의해 염분과 열이 서로 확산된다. 열의 분자 확산은 염분의 확산보다 훨씬 빠르기 때문에, 상층의 따뜻한 물이 식는 속도는 염분이 희석되는 속도보다 빠르다. 반대로 하층의 차가운 물은 염분이 짙어지는 속도보다 더 빠르게 가열된다. 이로 인해 밀도가 큰 물이 상대적으로 밀도가 작은 물 위에 놓이는 국지적 불안정이 발생한다.

그 결과, 수직으로 길게 뻗은 작은 기둥 모양의 물 흐름이 형성되는데, 이를 염지(salt fingers)라고 한다. 이 염지는 위아래로 모두 형성되며, 옆으로의 염분 확산에 의해 밀도 차이가 사라질 때까지만 유지된다. 이러한 과정은 해양 내부에 온도와 염분의 경계가 뚜렷이 구분되는 층상 구조를 형성하는 데 기여한다. 실제로 해양에서는 깊이에 따라 온도가 계단식으로 변화하는 현상이 관측되는데, 이러한 수온계단구조(temperature staircases)는 바로 이러한 염지 메커니즘에 의해 생성되는 것으로 추정된다.

그림 2_7의 수문 실험으로 돌아가서, 물이 실제로 움직이는 원인은 무엇일까? 실험 수조

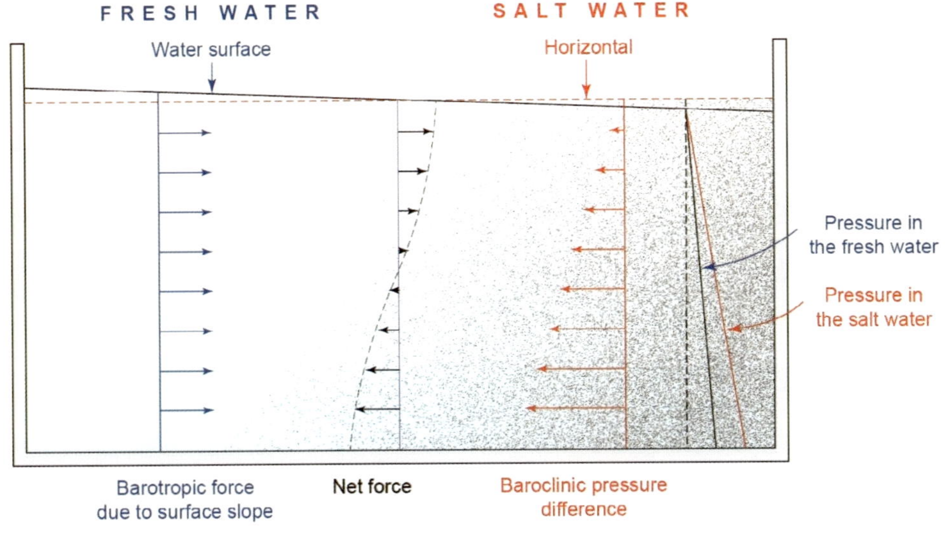

| 그림 2_9 | 밀도 차이에 의해 발생하는 경압력과 수면 경사에 의해 발생하는 순압력.

의 양쪽 절반 모두에서 수심이 깊어질수록 압력은 증가하지만, 염수가 담수보다 밀도가 높기 때문에 염수 쪽에서는 압력이 더 빠르게 증가한다. 따라서 수면 아래의 동일한 깊이에서, 염수 쪽의 압력이 담수 쪽보다 더 크며, 깊이가 깊어질수록 압력 차는 점점 커진다(그림 2_9). 이러한 깊이에 따라 변화하는 수평 방향의 밀도 차이에 의해 발생하는 힘을 경압력(baroclinic)이라고 한다. 수문이 제거되면, 이 경압력이 모든 깊이에서 물을 담수 쪽으로 이동시키며, 이로 인해 수조의 담수 쪽 끝에 물이 약간 쌓이게 되어 수면에 미세한 기울기가 형성된다.

이제 기울어진 수면은 또 다른 형태의 힘을 만들어낸다. 수면이 높아진 쪽의 아래에서는, 동일한 수평면에서의 압력이 더 크게 작용한다. 이러한 수면 경사에 의해 모든 깊이에서 동일하게 작용하는 수평 방향의 힘을 순압력(barotropic)이라고 부른다.

결국 수조 내의 순환을 일으키는 총압력은

경압력 성분과 순압력 성분의 합으로 구성되며, 표층에서는 한쪽 방향으로, 바닥 부근에서는 반대 방향으로 작용하여 수조에서 관찰되는 2중 흐름을 형성한다.

이러한 압력 차이에 의해 생성된 유동은, 동시에 수조의 벽면과 반대 방향으로 흐르는 물 사이에서 발생하는 마찰력에 의해 저항을 받는다. 이러한 마찰력은 수조의 물리적 경계뿐 아니라, 서로 다른 속도로 움직이는 해수층 사이의 내부 마찰에 의해서도 발생한다. 그러나 이러한 마찰력의 형성과 작용 메커니즘은 매우 복잡하며 아직 완전히 이해되지 않았다. 해류의 흐름을 모형화하고 실제로 이해하려는 해양학자들에게, 이러한 내부 마찰을 현실적으로 표현하는 것은 여전히 가장 큰 도전 과제 중 하나로 남아 있다.

3_ 해 류

해양의 가장 흥미로운 특성 중 하나는 끊임없이 움직이는 듯 보인다는 점이다. 이러한 대규모 움직임이 멕시코만류와 같은 주요 해류를 통해 관찰된다. 그러나 해양에 존재하는 운동에너지의 대부분은 더 작은 규모, 즉 수십 킬로미터 이하의 크기를 가진 순환성 소용돌이와 같은 중·소규모 운동에서 나타난다. 이러한 해양 운동을 구동하는 근본적인 에너지원은 결국 태양으로부터 받는 열과 지구의 자전에 의해 제공된다.

3_1 해수의 흐름 형성

대규모 해양 표층 해류, 예를 들어 북대서양의 멕시코만류와 북태평양의 쿠로시오 해류는 주로 바람에 의해 구동된다. 대서양과 태평양의 양 반구에서 부는 바람은 일반적으로 적도 부근에서는 서쪽을 향해 불며(무역풍), 중위도 이상에서는 동쪽을 향해 분다(편서풍, 그림 3_1). 이러한 바람의 구조는 북대서양과 북태평양의 표층수에서 시계 방향의 순환을, 그리고 두 해양의 남반구

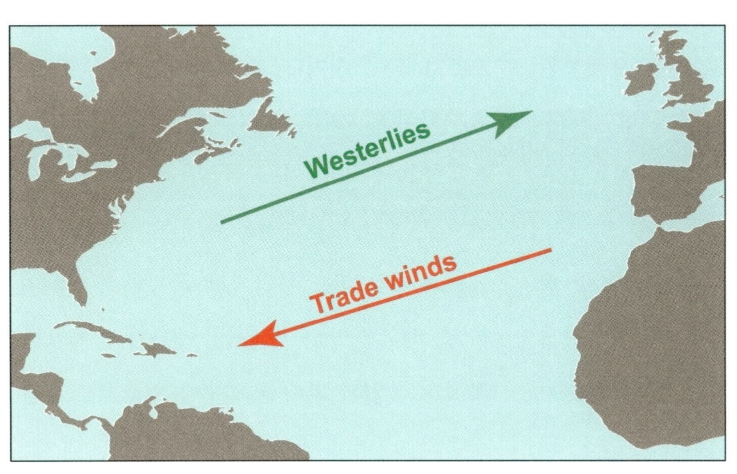

| **그림 3_1** | 북대서양의 우세한 바람 패턴은 표층 해수의 흐름에 큰 영향을 미치며, 이로 인해 표층 해류는 주로 시계 방향으로 순환한다.

에서는 반시계 방향의 순환을 형성한다. 인도양은 다소 다르게 나타나며, 계절풍에 따른 바람 방향의 변화에 대응하여 계절적으로 변동하는 해류를 가진다. 실제로 해양학자들이 표층 해류가 주로 바람에 의해 구동된다는 사실을 확신하게 된 계기 또한 인도양이 계절풍에 반응하는 양상을 관찰한 결과였다.

그러나 대서양과 태평양의 바람에 의해 형성된 순환은 대칭적이지 않다. 이러한 해류 구조에서 서쪽 경계에 위치한 해류는 동쪽 경계의 해류보다 훨씬 빠르고 강하다. 예를 들어 북대서양에서는 서쪽의 멕시코만류가 뚜렷한 반면, 유럽과 북아프리카 연안을 따라 남하하는 완만한 흐름은 상대적으로 약하게 나타난다. 이러한 비대칭성의 원인은 오랫동안 해양학자들에게 수수께끼로 남아 있었으나, 1948년 미국의 해양학자 헨리 스톰멜이 그 해답을 제시하였다.

그는 해류의 서안강화가, 해수가 극지방 방향으로 이동할 때 발생하는 각운동량의 변화에 의해 설명될 수 있음을 보여주었다('멕시코만류가 존재하는 이유' 참조).

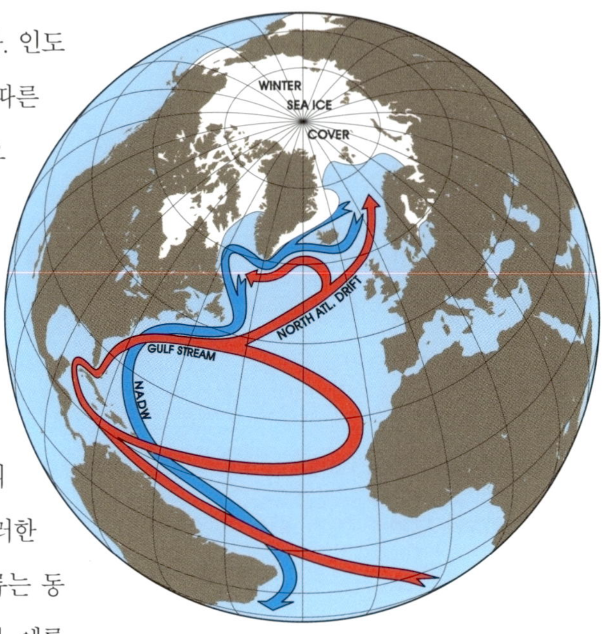

| **그림 3_2** | 북대서양의 해수 순환. 표층 해류는 빨간색, 심층 흐름은 파란색으로 표시되어 있다.

그림 3_2는 북대서양의 주요 해류를 개략적으로 나타낸 것이다. 표층 해류는 빨간색으로 표시되어 있으며, 이들은 멕시코만류가 미국 동부 해안을 따라 북상한 뒤, 동쪽 방향 대서양으로 흘러가는 과정을 보여준다. 흐름은 스페인과 같은 위도 부근에서 두 갈래로 나뉘며, 이 중 비교적 약한 북대서양 해류가 남쪽과 서쪽에서 유입된 따뜻한 해수를 영국제도로 운반한다. 나머지 멕시코만류의 해수는 대서양

전체를 시계 방향으로 거대한 환류를 이루며 그 순환을 완성한다.

흔히 멕시코만류가 영국제도를 직접적으로 따뜻하게 만든다고 말하지만, 이는 엄밀히 말해 사실이 아니다. 우선 실제로 이러한 위도에 도달하는 것은 멕시코만류의 지류인 북대

멕시코만류가 존재하는 이유

태평양과 대서양(북반구와 남반구 모두)에서는 해양의 서쪽 경계부를 따라 흐르는 해류가 다른 어떤 지역보다 훨씬 빠르고 강하다. 그 대표적인 예가 바로 멕시코만류다. 이 현상의 원인은 다소 복잡하지만, 여기서는 멕시코만류를 중심으로 가능한 단순하게 설명해보자.

지구 표면의 한 수직 기둥은 지구의 자전에 의해 각운동량을 갖는다. 해양학자들은 종종 이 개념을 소용돌이도(Vorticity)라고 부르지만, 여기서는 보다 익숙한 용어인 각운동량(Angular momentum)을 사용하겠다. 각운동량의 크기는 위도에 따라 달라지는데, 극지방에서 가장 크고, 적도에서는 0이다. 지구가 하루에 한 바퀴를 회전하므로, 극지방의 수직 기둥은 하루 동안 온전한 회전을 하지만, 적도에서는 회전축으로부터 거리가 가장 멀기 때문에 상대적인 각운동량이 거의 없다.

따라서 멕시코만류가 북쪽으로, 즉 미국 동부 해안을 따라 극지방 쪽으로 흐를 때는 점점 커지는 지구 자전의 영향을 따라잡기 위해 반시계 방향의 각운동량을 새로 획득해야 한다. 그러나 이때 바람은 도움이 되지 않는다. 대서양의 지배적인 편서풍은 해양에 시계 방향의 운동량을 부여하며, 이것이 바로 환류를 구동하는 원인이기 때문이다.

멕시코만류는 필요한 반시계 방향의 각운동량을 마찰을 통해 획득한다. 해류가 미국 동부 연안에 부딪히면서 연안을 따라 반시계 방향의 소용돌이를 형성하는데, 이 소용돌이들이 필요한 각운동량을 공급하는 것이다. 위도가 높아질수록 필요한 각운동량의 변화가 커지고, 바람에 의해 부여된 시계 방향 운동량을 상쇄해야 하므로, 멕시코만류는 강한 마찰을 만들어낼 수 있는 빠르고 좁은 해류 형태를 띠게 된다.

반면, 해양의 동쪽 경계부를 따라 남하하는 해류(북대서양의 카나리아 해류)는 상황이 반대이다. 이 해류는 반시계 방향의 운동량을 잃어야 하며, 바람의 시계 방향 운동량이 이 과정을 돕는다. 따라서 이 구역에서는 마찰이 필요하지 않으며, 오히려 마찰은 불필요한 반시계 방향 운동량을 추가하게 되어 방해가 된다. 그 결과, 동쪽 경계 해류는 넓고 느린 흐름을 형성하여 마찰 효과를 최소화한다.

정리하자면, 해류의 각운동량을 보존하기 위해 극지방 방향으로 흐르는 해류는 대륙 경계와의 강한 마찰을 필요로 하며, 반대로 적도 방향으로 흐르는 해류는 그렇지 않다. 바로 이러한 이유로, 서쪽 경계 해류는 빠르고 좁으며 강력한 흐름을, 동쪽 경계 해류는 완만하고 느린 흐름을 형성한다.

서양 해류이기 때문이다. 그러나 보다 근본적인 이유는, 대규모 해류가 심해로부터 북서 유럽을 둘러싼 대륙붕으로 쉽게 이동할 수 없기 때문이다. 이 현상은 테일러-프라우드먼 정리(Taylor-Proudman theorem)라 불리는 기본적인 물리 법칙으로 설명된다. 이 정리에 따르면, 해저의 영향을 받는 해류는 바닥의 등심선(contour)을 따라 흐르며, 이를 가로질러 이동할 수 없다.

따라서 북대서양 해류의 따뜻한 해수가 직접 대륙붕으로 유입되지는 못하지만, 남서쪽에서 불어오는 바람이 해양 표면으로부터 열을 흡수하여 북서 유럽으로 전달한다. 이로 인해 북서 유럽은 같은 위도의 북미 동해안 지역에 비해 훨씬 온화한 기후를 유지하게 된다.

해양을 움직이는 두 번째 주요 요인은 밀도의 차이다. 고위도 지역에서 냉각에 의해 형성된 고밀도의 해수는 가라앉아 열염순환에 기여하며, 그림 3_2에서 파란색으로 표시된 부분이 그 일부를 나타낸다. 이 순환은 북대서양 심층수의 남하 흐름을 형성하며, 이는 대서양 서쪽 경계를 따라 남쪽으로 이동한다.

1장에서 살펴본 바와 같이, 이러한 순환을 유지하기 위해서는 외부의 에너지원이 필요하다. 해양 내부에서 발생하는 조석에너지가 바로 그 역할을 하는 것으로 여겨진다. 실제로 조석력은 해양의 흐름을 구동하는 세 번째 주요 힘이며, 이에 대해서는 5장에서 자세히 다룰 것이다.

3_2 해류의 관측

해양학자들은 해류를 직접 관측하는 데 두 가지 주요 방법을 사용한다. 첫 번째는 고정된 지점에서 유속계를 이용하는 방법이다. 가장 단순한 형태의 유속계는 해류 속에서 회전하는 프로펠러를 가지고 있으며, 일정 시간 동안 프로펠러가 회전한 횟수를 측정함으로써 해류의 속도를 계산한다. 이러한 유속계는 일반적으로 해저에 설치된 계류장치에 부착된다. 이처럼 고정된 지점에서 해류를 측정하는 방식을 오일러 관측(Eulerian observation)이라고 부른다.

일반적인 해류의 속도는 강한 멕시코만류의 경우 초당 약 200cm 정도이며, 심해에서는 초당 1cm 미만으로 매우 느리다. 천해(shallow water)에서는 음향 도플러 기법(Acoustic Doppler technique, 자세한 내용은 14장 참조)을 사용하여 오일러 관측이 가능하다.

해류를 측정하는 두 번째 방법은 위성으로 추적 가능한 표류부이를 이용하는 것이다. 표류부이는 해류를 따라 이동하며, 고정된 지점에 머물지 않는다. 이러한 방식으로 얻은 해류 관측값을 라그랑주 관측(Lagrangian observation)이라고 한다.

가장 성공적인 국제 협력 프로그램 중 하나는 아르고(Argo) 프로젝트로, 수천 개에 달하는 소형 표류 탐침을 이용하여 전 지구의 해류를 관측한다. 이 탐침들은 최대 2km 깊이까지 잠수하여 해류를 따라 이동하다가, 주기적으로 표면으로 상승하여 해수의 온도와 염분 데이터를 전송한다. 이렇게 수집된 자료는 인터넷을 통해 누구나 자유롭게 이용할 수 있으며, 그림 3_3은 이러한 시스템의 개념을 보여준다.

해류의 세기는 일정 시간 동안 운반되는 해수의 부피로 표현할 수 있다. 해류의 체적수송량(Volume transport)은 유속과 해류의 단면적을 곱한 값이다. 주요 해류들은 초당 수백만 세제곱미터의 물을 운반하며, 이를 표현하기 위해 특별한 단위가 사용된다. 이 단위는

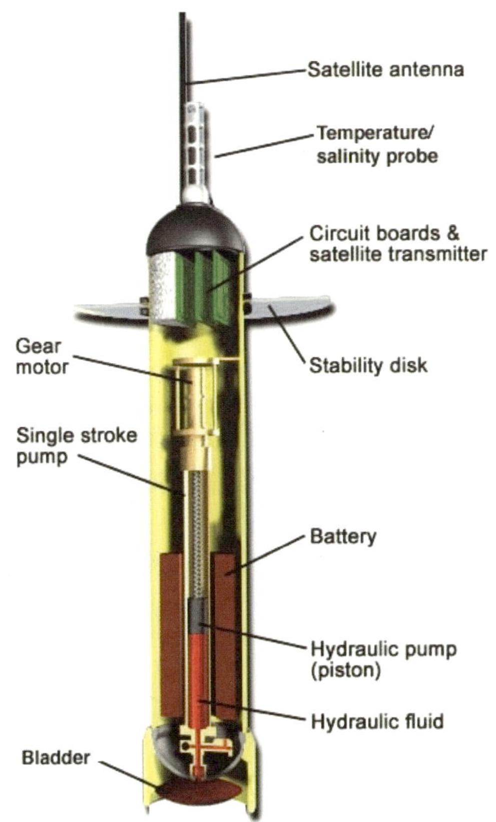

| 그림 3_3 | 자유롭게 떠다니며 해양 관측을 수행하는 장비 아르고 부표의 단면도.

노르웨이의 해양학자 하랄드 스베르드루프(Harald Sverdrup)의 이름을 따서 스베르드루프(Sverdrup, 기호 Sv)라 하며, 1스베르드루프는 초당 100만 m³(1Sv = 1 × 10⁶m³/s)를 의미한다.

일부 대표적인 해류들의 체적수송량은 표

	체적수송량(Sv)
멕시코만류(해터러스곶 연안)	85
쿠로시오 해류(일본)	40
남극순환해류	110

| **표 3_1** | 일부 주요 해류가 이동시키는 물의 수송량

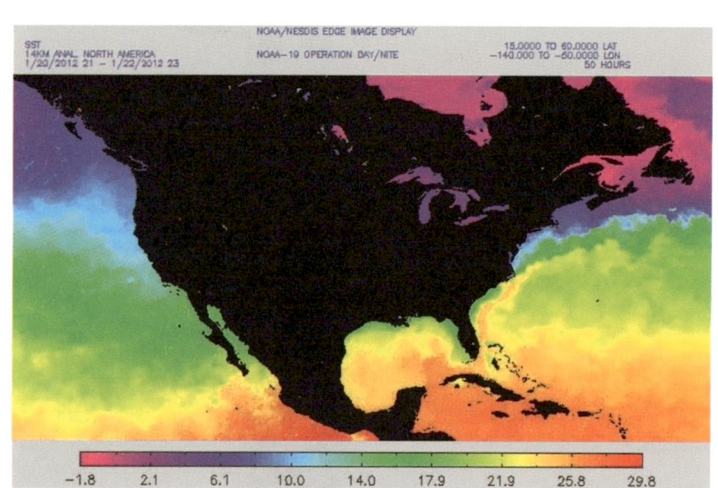

| **그림 3_4** | 북서 대서양의 적외선 위성 이미지(IR). 해수면 온도(SST)를 보여주며, 멕시코만류가 미국 해안을 떠나 동쪽과 북쪽으로 유럽을 향해 이동하는 경로를 확인할 수 있다.(출처: NOAA)

3_1에 제시되어 있다. 비교를 위해 언급하자면, 전 세계 모든 강의 유량을 합한 값이 약 1Sv 정도에 불과하다.

표층 해류의 영향은 해수면 온도 분포에서도 뚜렷하게 드러난다. 저위도에서 고위도로 흐르는 해류는 따뜻한 해수를 운반하며, 위성의 적외선 영상에서 멕시코만류의 따뜻한 수괴가 뚜렷이 관찰된다(그림 3_4). 이러한 영상은 또한 멕시코만류의 일부가 본류를 벗어나 주변 해역으로 소용돌이치는 구조를 확인하는 데 도움을 주었다. 이와 같이 본류에서 분리되어 시계 방향 또는 반시계 방향으로 회전하는 고립된 소용돌이는 멕시코만류(환류)라고 부른다.

3_3 연속의 원리

해류를 항상 직접 측정할 필요는 없다. 때로는 해류의 중요한 특성인 체적수송량(volume transport)을 연속의 원리를 적용하여 추정할 수 있다. 이 원리는 본질적으로 "들어오는 것은 반드시 나가야 한다"는 개념을 바탕으로 한다. 이 원리를 설명하기 위해, 지중해와 지브롤터 해협을 통한 해수의 유입과 유출을 예로 들어보자.

지중해는 위도 약 30°N 부근에 걸쳐 있으며, 이 지역에서는 일반적으로 해수면에서의 증발이 강수와 하천 유입보다 크다. 해수가 증발할 때, 주로 담수 성분만 대기 중으로 이동하고 염분은 남게 된다. 따라서 지중해에서는 담수의 순손실이 발생한다. 증발률은 연간 약 1m 정도이며, 이는 지중해 연안의 수영장 물이 하루 약 3mm씩 줄어드는 것과 같다.

지중해의 표면적은 약 250만 km^2(2.5 × 10^{6}km^2)이다. 따라서 1년 동안 증발로 손실되는 물의 부피는 다음과 같이 계산된다.

$$2.5 \times 10^6 \text{km}^2 \times 1\text{m/year} = 2.5 \times 10^{12} \text{m}^3/\text{year}$$

이는 초당 약 100,000 m^3/s, 즉 0.1 스베르드루프(Sv)에 해당한다.

이렇게 손실된 물은 반드시 보충되어야 하며, 그렇지 않으면 지중해는 결국 말라버릴 것이다(하지만 그런 징후는 전혀 없다). 지중해와 전 세계 해양을 연결하는 주요 통로는 지브롤터 해협이다. 따라서 증발로 손실된 담수는 지브롤터 해협을 통해 대서양으로부터 유입되는 해류로 보충되어야 하며, 그 유입량은 약 0.1 Sv로 계산된다.

지브롤터 해협은 가장 좁고 얕은 구간이 폭 약 10km, 깊이 약 250m로, 단면적은 약 2,500,000m^{2}에 해당한다. 이 단면적을 통과하는 0.1Sv(100,000m^3/s)의 유량은 다음과 같은 평균 유속으로 나타난다.

$$100,000/2,500,000 = 0.04\text{m/s}^{-1} = 4\text{cm/s}^{-1}$$

즉, 예상되는 흐름은 비교적 느린 속도이다. 그러나 실제 상황은 이보다 훨씬 복잡하다. 지브롤터 해협을 통해 유입되는 해수는 대서양에서 들어오며 염분이 높지만, 증발로 손실된 물은 담수 성분이기 때문이다.

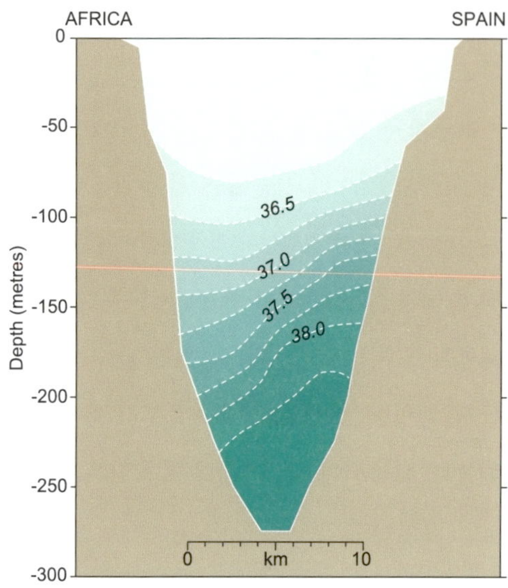

| **그림 3_5** | 북아프리카에서 스페인까지 지브롤터 해협 염분 단면도. 해협 바닥의 고염수는 지중해 유출수로, 지중해로 흘러드는 염분이 낮은 대서양 해수층 아래를 따라 대서양 방향으로 흐른다.

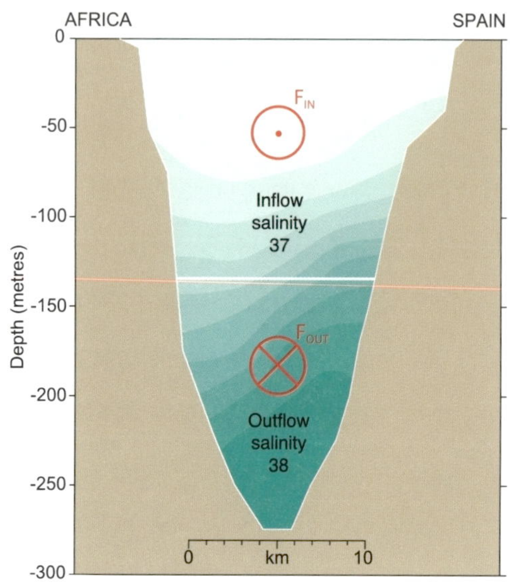

| **그림 3_6** | 지브롤터 해협에서 해수의 흐름. 표층의 염분이 약 37인 대서양 해수는 관찰자 쪽으로 흐르며(중앙에 점이 있는 원), 염분이 약 38인 지중해 해수는 관찰자 반대 방향으로 흐른다(중앙에 십자가가 있는 원).

만약 지중해에서 손실된 담수가 염분이 높은 해수로 보충된다면, 시간이 지날수록 지중해의 염분은 점점 높아질 것이다. 그러나 실제로 그러한 변화는 관측되지 않는다. 따라서 지중해가 일정한 염분을 유지하려면, 염분을 바다 밖으로 배출하는 메커니즘이 존재해야 한다. 그 역할을 하는 것이 바로 지브롤터 해협을 통한 고염분 심층수의 유출 흐름이다.

지브롤터 해협의 가장 좁은 구간에서 이루어진 관측 결과(그림 3_5)에 따르면, 표층수는 염분이 37 미만으로 비교적 낮으며 대서양으로부터 유입되는 흐름을 이룬다. 그 아래층에는 염분 약 38의 더 짠 해수가 존재하며, 이는 반대로 지중해에서 대서양 방향으로 유출된다. 일정 염분선을 나타내는 등염선(isohalines)은 스페인 해안 쪽으로 기울어져 있는데, 이에 대한 원인은 뒤에서 살펴볼 것이다.

연속의 원리는 물뿐만 아니라 염분에도 적

용할 수 있다. 이를 통해 지중해의 유입수와 유출수를 각각 나타내는 두 개의 연립방정식 을 세울 수 있다. 하나는 물의 부피 보존을, 다른 하나는 염분의 평형을 나타낸다. 이 두 식

연속의 원리를 이용하여
지브롤터 해협의 유량을 계산하기

염분과 해수의 보존 원리를 이용해 해류의 유량을 계산하는 방정식은 덴마크의 물리학자 마르틴 크누센(Martin Knudsen)의 이름을 따서 크누센 방정식(Knudsen's equations)이라고 부른다. 이 방정식이 어떻게 작동하는지 이해하기 위해 간단한 사례를 살펴보자.

지중해로 유입되는 해류의 체적 유량을 F_{IN}(m³/s), 지중해에서 유출되는 해류의 체적 유량을 F_{OUT}(m³/s)라고 하자. 그렇다면 두 유량의 차이는 증발로 인해 손실된 물의 양을 나타내야 한다. 즉, 유입 유량은 유출 유량보다 약간 더 커야 한다. 앞서 살펴본 바와 같이, 증발에 의한 손실은 약 0.1Sv이므로, 물의 부피 평형에 대한 식은 다음과 같다.

$$F_{IN} - F_{OUT} = 0.1 \text{ Sv(물의 평형)}$$

이제 염분의 평형을 고려하자. 염분이 약 37인 해수가 F_{IN} m³/s의 속도로 유입된다면, 이 해수는 초당 37× F_{IN} kg/s의 염을 운반하게 된다.(염분은 1m³의 해수에 포함된 염의 킬로그램 수이므로 단위 변환이 가능하다.) 염분 평형을 유지하려면, 유입되는 염의 양과 유출되는 염의 양이 같아야 한다. 따라서 다음과 같은 관계식이 성립한다.

$$37 \times F_{IN} - 38 \times F_{OUT} = 0 \text{(염분의 평형)}$$

이 두 식은 F_{IN}과 F_{OUT}에 대한 연립방정식이 된다. 두 번째 식 전체를 37로 나눈 뒤, 이를 첫 번째 식에서 빼면 다음과 같은 해를 얻을 수 있다.

$$F_{OUT} = 3.7\text{Sv}$$

$$F_{IN} = 3.8\text{Sv}$$

즉, 지중해로 유입되는 해류의 유량은 약 3.8Sv, 유출되는 해류의 유량은 약 3.7Sv이며, 두 흐름의 차이인 0.1Sv가 지중해의 증발로 손실되는 담수를 보충하는 것이다.

을 풀면(세부 내용은 '연속의 원리를 이용하여 지브롤터 해협의 유량을 계산하기'와 그림 3_6 참조), 지중해의 염분과 수량이 일정하게 유지되기 위해서는 유입 유량이 약 3.8Sv, 유출 유량이 약 3.7Sv여야 함을 알 수 있다.

이처럼 염분 평형을 유지해야 하므로, 실제 유량은 이전에 계산한 값보다 훨씬 커진다. 실제로 유입량은 38배나 많아진다. 또한 이번에는 흐름이 해협 전체 단면이 아니라 절반의 단면적을 차지하기 때문에(나머지 절반은 유출층이 차지), 유속은 70배 이상 빨라진다. 즉, 유속은 약 초당 3m(3m/s), 즉 약 6kn(knots)에 이른다. 이러한 빠른 해류는 왜 예전의 범선들이 지중해에서 대서양으로 나가기 위해 순풍을 기다려야 했는지를 잘 설명해준다.

이와 같이 보존의 원리를 적용하는 것은, 직접 측정하기 어려운 정보를 단순한 관측값과 논리적 추론을 통해 도출할 수 있게 해주는 매우 강력한 도구이다. 그러나 여기에는 하나의 중요한 전제가 존재한다. 그것은 지중해의 염분과 수량이 일정하게 유지된다는 가정이다. 이러한 가정을 정상 상태 가정(steady-state assumption)이라고 부른다. 이 가정은 장기적으로는 타당하지만, 단기적으로는 기상 조건이나 다른 환경 요인의 변화에 의해 지중해가 일시적으로 정상 상태에서 벗어날 수 있다.

지브롤터 해협은 남쪽의 아프리카와 북쪽의 유럽 대륙을 가르는 경계에 위치하며, 이곳에서의 관측 결과는 대서양의 해수가 실제로 지중해로 유입되고, 그 아래층에서는 더 짠 지중해수가 대서양으로 유출되고 있음을 보여준다. 그러나 두 수괴의 경계면은 수평이 아니라 북쪽, 즉 유럽 해안 방향으로 기울어져 있다(그림 3_5). 이러한 기울기는 해류가 지구 자전의 영향을 받기 때문이며, 이로 인해 발생하는 현상을 코리올리 효과(Coriolis effect)라고 부른다.

3_4 코리올리 효과

기압계를 발명한 직후, 기상학자들은 놀라운 사실 하나를 발견했다. 바람은 단순히 고기압 지역에서 저기압 지역으로 곧바로 불지 않고, 등압선, 즉 같은 기압을 가진 선을 따라 흐르는 경향을 보였던 것이다. 북반구에서 바람을 향해 마주 서면, 고기압은 왼쪽, 저기압은 오른쪽에 위치하게 된다. 이러한 현상은 지구가 자전하기 때문으로, 이를 코리올리 효과(Coriolis effect)라고 부른다. 바람은 원래 고기압에서 저기압으로 불기 시작하지만, 지구의 자전에 의해 북반구에서는 오른쪽으로, 남반구에서는 왼쪽으로 휘어지게 된다. 다시 말해, 코리올리 힘(Coriolis force)이라는 가상의 힘이 작용하여, 북반구에서는 운동하는 물체를 오른쪽으로, 남반구에서는 왼쪽으로 편향시키는 것이다.

코리올리 효과는 지구 표면이 위도에 따라 서로 다른 속도로 회전하기 때문에 발생한다. 이를 가장 이해하기 쉬운 방법은 북극 상공에서 지구를 내려다본다고 상상하는 것이다. 이때 지구는 관찰자 아래에서 반시계 방향으로 회전하고 있다. 적도상의 한 지점은 동쪽을 향해 시속 약 1,610km로 움직이고 있다. 반면, 북위 60도(예를 들어 셰틀랜드 제도)에 위치한 지점은 하루 동안 돌아야 하는 원의 둘레가 더 작기 때문에, 동쪽 방향의 속도가 시속 약 805km로 절반 정도에 불과하다. 북극의 한 점은 회전의 중심축 위에 있으므로, 동쪽으로 이동하지 않고 단지 제자리에서 회전하며 방향만 바뀐다.

이제 적도에서 북극 쪽으로 이동하는 상황을 상상해보자. 적도에서 출발할 때 당신은 이미 동쪽으로 시속 1,610km의 속도를 가지고 있다. 만약 당신과 지구 표면 사이에 마찰이 거의 없다면, 이동하는 동안 그 초기 속도를 그대로 유지하게 될 것이다. 실제로 이러한 마찰이 거의 없는 조건은 표층 해류나 상층 대기의 바람에서도 성립한다.

당신이 북쪽으로 이동할수록, 지표의 동쪽 방향 속도는 점점 느려진다. 그러나 당신은 여전히 적도에서 출발한 높은 속도를 유지하고 있으므로, 지표에 비해 동쪽으로 편향된 것처럼 보이게 된다. 예를 들어 셰틀랜드 제도의 위도에 도달했을 때, 지표에 정지한 관찰자의 시각에서는 당신이 시속 805km의 속도로 동쪽으로 이동하는 것처럼 보일 것이다. 이와 같이, 코리올리 효과는 단순히 "물체가 오른쪽(또는 왼쪽)으로 휘어진다"는 현상 그 이상으로, 지구의 자전과 위도에 따른 선속도 차이에 의해 발생하는 근본적인 물리적 결과이다.

지구의 자전이 작은 규모의 현상, 예를 들어 세면대나 싱크대에서 물이 배수구로 빠져나갈 때 생기는 소용돌이에 영향을 준다는 속설이 있다. 그러나 이는 사실이 아니다. 어떤 흐름이 지구 자전의 영향을 받으려면, 지구가 회전하는 동안 그 흐름이 충분히 오랜 시간 동안 지속되어야 한다. 세면대의 물은 그렇게 오랫동안 흐르지 않기 때문에, 지구의 자전은 아무런 영향을 미치지 않는다. 배수구에서 보이는 나선형 회전은 지구의 회전이 아니라, 물을 채울 때 수도꼭지의 사용 방향으로 인해 남게 된 잔여 각운동량 때문이며, 이는 간단한 실험을 통해 직접 확인할 수 있다.

그러나 해류는 다르다. 해류는 대양 분지를 횡단하는 데 매우 긴 시간이 걸리므로, 지구의 자전으로 인한 코리올리 효과를 분명히 느낀다. 그 결과, 해류의 흐름은 지구 자전에 의해 편향된다. 지금까지 설명한 예는 북쪽으로 이동하는 해류를 기준으로 했지만, 실제로는 어떤 방향으로 움직이든 동일한 원리가 적용된다. 즉, 북반구에서는 항상 오른쪽으로, 남반구에서는 항상 왼쪽으로 편향된다. 이는 지구상의 고정된 관점에서 본 모든 운동체에 공통적으로 적용된다.

많은 해류와 바람은 기압 차(Pressure differences)에 의해 발생한다. 바람이나 해류는 일반적으로 고기압에서 저기압 방향으로 이동한다. 그러나 지구의 자전에 의해 이 흐름은 북반구에서는 오른쪽으로 휘어지며, 그 결과 실제로는 저기압 중심에 도달하지 못하고 고기압을 중심으로 회전하는 형태를 띤다. 이러한 현상은 대기에서 특히 잘 알려져 있는데, 북반구에서는 바람이 고기압을 중심으로 시계 방향으로 순환한다.

이때 바람은 지형류 평형(geostrophic balance)에 있다고 한다. 즉, 바람이 고기압 주위를 돌 때, 기압 경도력은 바람의 진행 방향 기준 왼쪽(바깥쪽)을 향해 작용하고, 코리올리 힘은 오른쪽(안쪽)을 향해 작용한다. 이 두 힘이 정확히

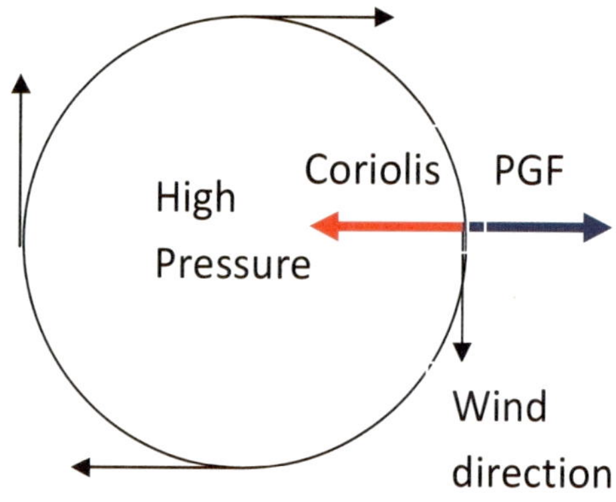

| **그림 3_7** | 북반구의 고기압계 주변에서 순환하는 바람의 힘의 균형을 나타낸 그림. 바람은 고기압 주위를 시계 방향으로 흐르며, 기압 경도력은 고기압에서 저기압 방향 바깥쪽으로 작용하고, 코리올리 힘은 바람의 진행 방향 오른쪽으로 작용하여 이를 상쇄한다. 이와 같은 기압 경도력과 지구 자전 효과 간의 균형은 기상학과 해양학에서 중요한 개념으로 지형류 평형이라고 한다.

균형을 이루면, 바람은 일정한 속도와 방향으로 안정된 상태로 불 수 있다.

이때 중요한 점은, "힘이 0이라는 것이 곧 운동이 0이라는 뜻은 아니다"라는 것이다. 뉴턴의 운동법칙에 따르면, 힘은 가속을 만들어내는 요인이다. 힘이 없다면 가속도는 0이 되지만, 일정한 속도의 운동은 그대로 유지될 수 있다. 따라서 지형류 평형 상태의 바람은 외력이 없는 정지 상태가 아니라, 힘의 평형 상태에서 일정한 속도로 유지되는 운동이다.

지형류 평형 상태에서는 마찰력을 무시하며, 이 관계는 그림 3_7에 도식적으로 나타나 있다. 해수가 좁은 해협을 따라 흐를 때, 코리올리 효과는 물을 한쪽 해안 쪽으로 밀어 올리는 경향을 보인다. 북반구의 경우 흐름 방향을 따라 바라보았을 때 오른쪽에 위치한 해안으로 물이 쌓이게 된다.

지브롤터 해협의 흐름은 이러한 현상을 잘 보여주는 예이다. 지중해로 유입되는 대서양 해수는 오른쪽, 즉 남쪽의 아프리카 해안을 향해 작용하는 코리올리 힘을 받는다. 이 힘으로 인해 대서양 해수가 아프리카 연안을 따라 쌓이게 되며, 그 결과 이쪽 해안에서는 수압이

높아진다. 이에 따라 표층에서는 아프리카 연안에서 유럽 방향(북쪽)으로 작용하는 기압 차가 생기며, 이 압력 차는 반대 방향으로 작용하는 코리올리 힘과 정확히 평형을 이룬다. 이로 인해 해수면에는 매우 완만한 기울기가 형성되며, 해협의 양쪽 해안 간 해수면 차는 약 10cm 정도이다. 이러한 경사는 눈으로는 식별할 수 없을 정도로 미세하다.

반면 하층에서는 흐름의 방향이 정반대이다. 지중해의 고염분수가 대서양으로 유출되며, 이 흐름 역시 오른쪽(북쪽, 유럽 연안)을 향한 코리올리 힘의 영향을 받는다. 따라서 하층의 지중해 유출수는 유럽(스페인) 해안 쪽으로 쌓이게 되어, 그쪽 해안의 하층에서 높은 압력이 형성된다. 그 결과, 두 층 사이의 경계면(염분약층 또는 밀도약층)은 유럽 쪽으로 기울어진다. 실제로 그림 3_5의 관측 결과에서도 이러한 경사가 확인된다.

하층에서 이러한 압력 차가 유지되기 위해서는, 스페인 연안 쪽에 충분한 두께의 고밀도수가 존재해야 한다. 그래야만 표층의 수면 경사로 인한 압력 효과를 상쇄하고, 동시에 스페인에서 아프리카 방향으로 작용하는 새로

운 압력 차를 만들어낼 수 있다. 이러한 요구 조건 때문에, 층간 경계면의 경사는 수면의 경사보다 훨씬 크며, 서로 다른 깊이에서 염분을 측정함으로써 그 경사를 명확히 관찰할 수 있다. 이와 같은 흐름과 힘의 관계는 그림 3_8에 제시된 지브롤터 해협의 단면 구조로 잘 나타나 있다.

지중해수가 지브롤터 해협을 빠져나와 대서양으로 들어서면, 경사진 해저면을 따라 아래로 흘러내리기 시작한다. 이때 지중해수는 자신보다 덜 짠(염분이 낮고 밀도가 작은) 대서양의 차가운 해수를 통과하면서 하강한다. 지중해 유출수가 해저면을 따라 낙하하면서 흐를 때, 상층의 대서양 해수와 혼합되어 점차 염분이 낮아지고 그 결과 밀도 또한 감소한다.

이 하강류는 수심 약 1,000m에 도달하면, 그 깊이의 대서양 해수가 지중해수보다 더 차가워져 오히려 더 높은 밀도를 가지게 된다. 이 지점에서 지중해 유출수는 더 이상 해저면을 따라 가라앉지 않고, 해저를 떠나 대서양 중층에서 수평 방향으로 퍼져나간다.

이렇게 형성된 따뜻하고 염분이 높은 지중해수의 층은 약 1,000m 깊이에 위치하며, 지브롤터 해협에서 멀리 떨어진 북대서양 전역에서도 탐지된다. 이 지중해 유출수의 존재는 1장에서 살펴본 바와 같이, 대서양의 열염순환과 수괴 구조를 이해하는 데 중요한 역할을 한다.

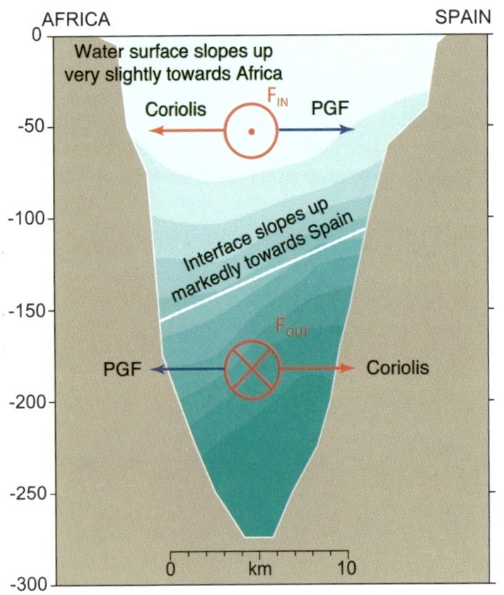

| **그림 3_8** | 지브롤터 해협에서 지형류 평형 개념도. 지중해 유출수에 작용하는 코리올리 힘은 흐름의 오른쪽, 즉 스페인 측으로 작용하여, 유출수가 스페인 쪽으로 치우치고 경계면이 그 방향으로 경사를 이룬다. 이에 대응하는 기압 경도력(PGF)이 하층에서 코리올리 힘을 상쇄한다. 상층에서는 코리올리 힘이 흐름을 아프리카 연안 방향으로 밀어 해수면에 완만한 경사를 형성하고, 이로 인해 기압 경도력은 아프리카에서 스페인 방향으로 작용한다. 상층의 해수면 경사는 약 10만 분의 1(1:100,000) 수준으로 매우 미세하지만, 두 층 간 밀도 차가 작기 때문에 계면 경사는 이보다 훨씬 크게 형성된다.

3_5 에크만 나선과 용승

노르웨이의 탐험가이자 과학자인 프리드요프 난센(Fridtjof Nansen)은 북극해 항해 중 흥미로운 현상을 관찰했다. 그는 부유하는 빙산이 바람의 방향보다 오른쪽으로 치우쳐 이동한다는 사실을 알아차렸다. 난센은 이 현상이 코리올리 효과 때문이라고 생각했고, 제자였던 V. W. 에크만에게 그 원인을 연구해보라고 요청했다. 에크만은 해양 표층에서 바람에 의해 발생하는 해류의 수직 구조를 수학적으로 설명하는 데 성공했으며, 그의 우아한 해답은 오늘날 에크만 나선(Ekman spiral)이라고 불린다. 이 이론의 구조를 이해하기 위해, 표층 해수에 작용하는 두 가지 주요 힘인 층간 마찰력과 코리올리 힘을 고려해보자.

바람이 해양 표면을 가로질러 불면, 표층의 물은 바람의 방향으로 힘을 받는다(그림 3_9). 처음에는 이 표층수가 바람의 방향으로 이동하지만, 곧 북반구에서는 오른쪽으로 작용하는 코리올리 힘의 영향을 받기 시작한다. 동시에 표층수는 바로 아래층의 물로부터 항력을 받는데, 이 힘은 표층수의 이동 방향과 반대 방향으로 작용한다.

이 세 가지 힘, 즉 바람에 의한 추진력, 코리올리 힘, 그리고 마찰 항력이 서로 균형을 이루면, 표층수는 일정한 속도로, 바람 방향에서 약 오른쪽으로 45도 기울어진 방향으로 이동하는 정상 상태에 도달한다. 이를 비유하자면, 세 개의 고무줄을 서로 다른 방향으로 당겨서 결과적으

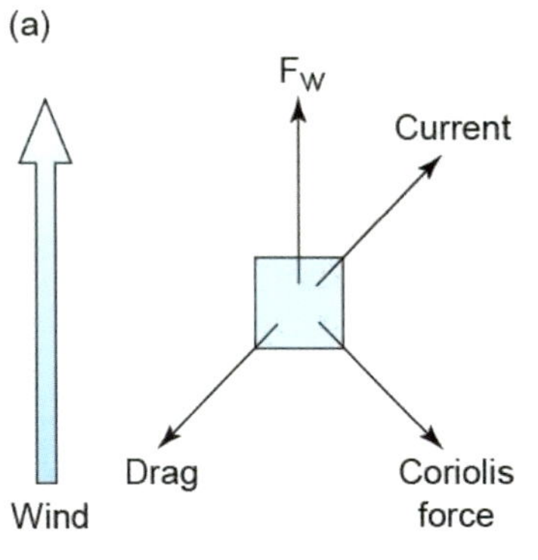

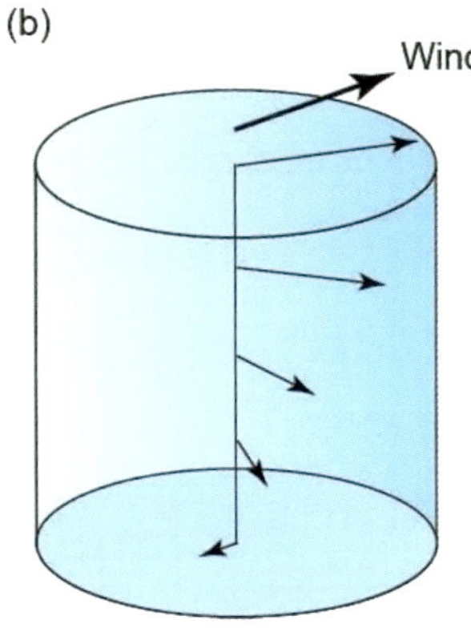

| 그림 3_9 | (A) 바람이 주도하는 해양 표층 흐름에서 작용하는 주요 힘은 바람의 힘(Fw), 코리올리 힘, 표층 아래 물과의 마찰력이다. 이 세 힘이 균형을 이루면, 표층 해류는 바람 방향보다 오른쪽으로 기울어진 방향으로 흐른다. (B) 깊이가 증가함에 따라 북반구에서 해류는 시계 방향으로 점차 회전하고 속도는 감소하며, 이로 인해 에크만 나선이라는 특유의 흐름 구조가 형성된다.

로 힘의 합(그리고 가속도)이 0이 된 상태와 같다.

표층 바로 아래층의 물 역시 비슷한 세 가지 힘의 작용을 받지만, 그 흐름은 표층수의 흐름보다 더 오른쪽으로 편향되고 속도는 느려진다. 수심이 깊어질수록 흐름의 속도는 점차 약해지고, 흐름의 방향은 시계 방향으로 점점 회전한다. 이는 북반구의 전형적인 에크만 나선 구조를 형성하며, 깊이에 따라 해류의 방향이 점차 변하는 독특한 패턴을 만든다.

표층 흐름과 반대 방향으로 이동하는 해류가 존재하는 깊이는, 일반적으로 바람에 의해 구동되는 해양층의 두께로 간주된다. 이 깊이는 바람의 세기, 층간 마찰력, 그리고 위도(코리올리 힘의 크기) 등에 따라 달라지지만 보통 수십 미터 정도이다.

표면에서 이 깊이까지 이르는 층 전체의 평균적인 유동 방향은 바람의 방향과 직각(90도)을 이루며, 북반구에서는 바람 방향의 오른쪽, 남반구에서는 왼쪽으로 이동한다. 이러한 특성은 강하고 지속적인 바람이 해안선을 따라 불 때 매우 중요한 결과를 초래한다.

예를 들어 북반구에서 바람이 해안을 따라 불고, 육지가 바람의 왼쪽에 위치해 있다면 바람에 의해 움직이는 표층수는 해안에서 먼 바다 쪽으로 밀려난다. 이로 인해 표층수가 빠져나간 자리를 채우기 위해, 에크만층 아래쪽의 해수가 위로 상승하게 된다. 이러한 현상을 용승(upwelling)이라고 한다(그림 3_10).

용승을 통해 상승하는 해수는 그 기원이 매우 깊지는 않지만, 대체로 수심 200~300m 정도의 중층수에서 올라온다. 이 물은 차갑고 영양염류가 풍부하기 때문에, 용승이 발생하는 해역의 연안은 생물 생산성이 매우 높으며, 풍부한 어장을 형성한다. 이러한 용승 해역의 생태학적 중요성과 어업적 의미에 대해서는 10장 5절(10_5)에서 다시 다룰 것이다.

3_6 해양의 다른 흐름들

이 책에서는 해양에 존재하는 모든 해류를 다 설명하거나, 그에 관련된 모든 물리적 원리를 상세히 다루기에는 지면이 부족하다. 그러나 요약하자면, 해류는 대체로 두 가지 주요 원인에 의해 발생한다. 첫째는 표면에서의 바람의 영향이며, 둘째는 해수 밀도의 차이다. 표층에서는 바람의 영향이 지배적이고, 심층으로 내려갈수록 밀도

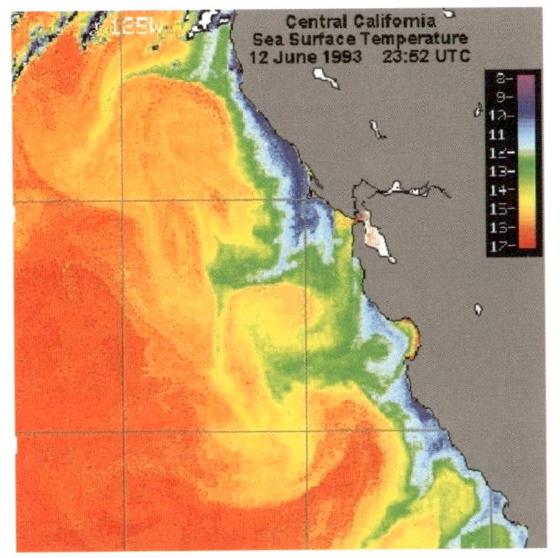

| **그림 3_10** | 캘리포니아 연안에서 북풍이 부는 시기의 해수면 온도 적외선 위성사진(보라색 8℃, 빨간색 17℃). 연안의 차가운 해수는 표층의 물이 해안에서 바깥쪽으로 이동하면서 아래층에서 올라온 물이다. 이러한 상승류가 연안 해역의 생물 활동에 어떤 영향을 미치는지는 10장 5절(10_5)을 참조하라.(출처: NASA JPL, courtesy E. Armstrong)

차에 의한 영향이 더 커진다.

해류의 거동은 해수에 작용하는 여러 가지 힘의 균형으로 이해할 수 있다. 즉, 기압 차, 코리올리 힘, 그리고 마찰력이다. 마찰력은 바람과 해수면 사이, 해양 내부의 수층 간, 그리고 해수와 해저 지각 사이에서도 발생한다. 한편, 조석류의 경우에는 여기에 더해 달과 태양의 인력이 추가적인 구동력으로 작용하며, 이에 대해서는 5장에서 자세히 다룬다.

태평양과 대서양의 주요 해양 분지 내에서는 바람이 거대한 해류 순환, 즉 환류를 형성한다. 북반구에서는 시계 방향, 남반구에서는 반시계 방향으로 순환한다. 적도 부근에서는 이러한 흐름들이 결합되어 동에서 서로 흐르는 적도 해류를 만든다.

적도 해류는 코리올리 효과 측면에서 매우 독특한 성질을 가진다. 적도에서는 코리올리 힘이 '0'이기 때문이다. 그러나 서쪽으로 흐르는 적도 해류가 적도에서 약간 북쪽으로 벗어나면, 코리올리 힘에 의해 더 북쪽으로 끌려가게 된다. 반대로 해류가 남반구로 벗어나면, 남쪽으로 더 끌려간다. 그 결과, 적도 해류 내에서는 북쪽과 남쪽으로 해수가 갈라지는 발산(divergence)이 일어나며, 이로 인해 아래층의 차갑고 영양염류가 풍부한 물이 상승하여 표층수를 대체한다.

이러한 적도 용승(equatorial upwelling)은 다른 해역에 비해 상대적으로 비생산적인 열대 해양 한가운데에 생물학적으로 매우 풍부한 지역을 형성한다. 이러한 지역은 위성 관측에서 엽록소 농도 증가로 뚜렷하게 나타나며, 그 예는 그림 10_5에서 확인할 수 있다.

적도 해류에 의해 서쪽으로 운반된 해수는 결국 태평양과 대서양의 서쪽 해안에 부딪혀 쌓이게 된다. 이로 인해 형성된 기압 경도력은 반대로 적도 부근의 아래층을 따라 동쪽으로 흐르는 되돌이 해류를 유발한다. 이 흐름이 바로 적도 저류다.

4_ 파랑

바다를 본 적 있는 사람이라면 누구나 해양 파동의 모습을 떠올릴 수 있을 것이다. 파도는 단순히 시각적인 현상을 넘어, 여러 측면에서 중요한 의미를 갖는다. 우선 파도는 항해와 해상 운송에 위험 요소로 작용하며, 동시에 에너지를 전달하는 매개체로서 인간이 에너지원으

| 그림 4_1 | 해변에 도착한 잔물결. 이 파도들은 먼 곳에서 발생한 폭풍으로부터 생성된 것이다. 파장이 길수록 속도가 빠르기 때문에, 폭풍에서 나온 가장 긴 파도가 먼저 해변에 도착한다.

| 그림 4_2 | 연안해역에서 바람의 영향으로 형성된 파도는 파장이 짧고 거칠며, 종종 여러 방향으로 동시에 전파된다.

로 활용할 수 있다. 또한 해변 근처의 파도는 바다 수영을 즐겁게 만들어주며, 전 세계적인 서핑 산업은 바로 이러한 좋은 해안 파도에 기반을 두고 발전해왔다.

날씨가 잔잔한 날이면, 해변으로 다가오는 파도는 일정한 간격으로 배열된 평행한 물의 융기 형태를 띤다. 이러한 파도들은 보통 먼 거리의 폭풍으로부터 발생하여 수천 킬로미터의 해양을 가로질러 전파된 것으로, 스웰파(swell wave)라고 부른다(그림 4_1).

반면, 바람이 강하게 부는 날에는 이러한 스웰파에 더해, 국지적으로 형성된 바람파가 추가된다. 이 지역 파도들은 규칙적이지 않고, 방향성과 파장이 제각각 복잡한 형태를 띠며, 일반적으로 해파('Sea')라고 부른다(그림 4_2).

4_1 파도의 생성

연못에 자갈을 던지면, 그 충격으로 인해 동심원 모양의 파동이 사방으로 퍼져나가는 것을 볼 수 있다. 해양에서 이와 유사한 현상은 지진해일(tsunami)이다. 쓰나미는 해저 지진에 의해 발생하는 거대한 파동으로, 연못의 자갈 실험과 마찬가지로 교란으로 시작해 파동이 바깥쪽으로 전파되는 현상이다.

그러나 대양에서 일어나는 쓰나미는 눈으로 구별하기 어렵다. 심해에서는 파장이 매우 길고 파고가 작기 때문에, 쓰나미가 선박 아래를 지나가더라도 거의 감지되지 않는다. 하지만 그것이 연안에 접근하면서 수심이 얕아지고 파의 에너지가 압축되면, 파고가 급격히 커지면서 매우 위험한 파도로 변한다.

또한 파도는 수로 내에서도 인위적으로 만들 수 있다. 예를 들어 패들을 앞뒤로 움직이면(그림 4_3), 한 방향으로 이동하는 규칙적인 파열이 생성된다. 이러한 인공파는 해양 구조물에 미치는 파도의 영향을 실험하거나, 해저의 모래 이동을 연구할 때 유용하다.

하지만 우리에게 가장 익숙한 파도는, 바람이 해수면을 따라 불면서 생성되는 풍랑이다. 수평 방향으로 부는 바람이 어떻게 수직 방향의 파동을 만들어내는지 직관적으로 이해하기는 쉽지 않지만, 그 핵심은 공기와 물의 마찰에 있다. 바람은 수면 위를 지나면서 마찰력을 가하고, 이는 마치 식탁보 위에 손을 문질러 주름을 만드는 것과 같은 방식으로 물결을 형

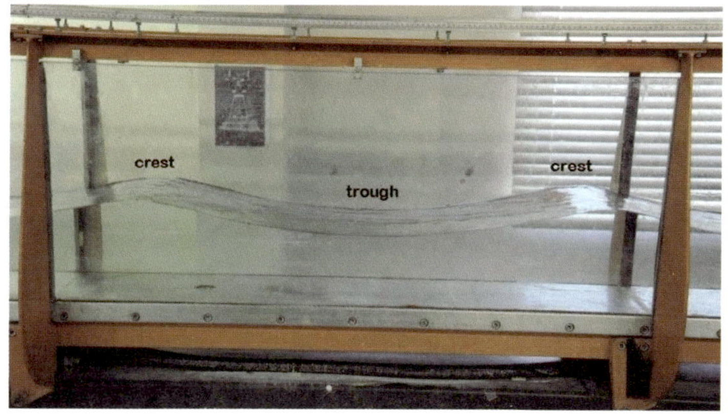

| **그림 4_3** | (위) 한쪽 끝에 있는 패들을 앞뒤로 움직여 긴 수조에서 파도를 생성할 수 있다. (아래) 파장은 두 마루(crest) 사이의 수평 거리, 파고는 마루와 골(trough) 사이의 수직 거리다.

성한다.

모든 물결파는 일정한 구조적 특징을 지닌다.

파봉(wave crest): 파도의 가장 높은 지점

파저(wave trough): 파도의 가장 낮은 지점

파고(wave height): 파봉과 파저 사이의 수직 거리

파장(wavelength, L): 연속된 두 파봉 사이의 수평 거리

파비(wave steepness): 파고와 파장의 비율로, 일반적으로 그 최댓값은 약 1/70이다. 파도가 이보다 가팔라지면 쇄파(breaking wave)가 되어 무너진다.

또한 파봉이 이동하는 속도를 위상속도(phase speed, c)라고 부른다. 한 지점에서 연속

된 두 개의 파봉이 지나가는 데 걸리는 시간은 파주기(wave period, T)이며, 파는 이 시간 동안 정확히 한 파장을 이동하므로 다음의 관계식이 성립한다.

$$c=L/T$$

파도 아래에서는 물이 파동에 의해 유도된 순환류를 따라 움직인다. 이때 물의 실제 이동 속도는 파도의 진행 속도와 다르다. 이러한 궤도 운동(Orbitals)의 세부적인 특성은 4장 3절(4_3)에서 다시 다룰 것이다.

4_2 파도의 에너지

파도를 만들어내기 위해서는 에너지가 필요하며, 파도의 크기가 커질수록 더 많은 에너지가 요구된다. 실제로 파도에 포함된 에너지는 파고의 제곱에 비례한다(표 4_1). 따라서 파도가 조금만 커져도 에너지는 급격히 증가한다. 비교적 온화한 파도조차 상당한 양의 에너지를 지니며, 이 에너지는 파도의 이동과 함께 전달된다. 이러한 파도의 에너지를 포획하여 유용한 전력으로 전환하려는 다양한 장치들이 고안되어왔다. 세계 최초의 상업용 파력 발전소(현재는 해체됨)는 스코틀랜드의 아일라(Islay)섬에 건설되었다.

바람이 해양 표면 위를 불면, 바람은 해수면에 마찰력을 가한다. 움직이는 힘이 만들어내는 에너지는 그 힘에 힘이 작용한 거리를 곱한 값과 같다. 따라서 바람이 일정하게 바다 위를 불 때, 바람이 바다에 전달하는 에너지는 바람이 해수면 위에서 작용한 거리, 즉 취송거리(Fetch)에 비례한다. 이로부터 풍파에 포함된 에너지는 취송거리에 비례한다고 할 수 있다. 또한 파도의 에너지는 파고의 제곱에 비례하므로, 파고의 제곱은 취송거리에 비례한다고 예상할 수 있다. 또는 같은 의미로 파고는 취송거리의

파고(m)	단위면적당 에너지(Joules/m^{-2})
1	1,226
2	4,905
5	30,656
10	122,625
20	490,500

| **표 4_1** | 파도의 에너지는 파고의 제곱에 비례한다.

제곱근에 비례한다고 표현할 수 있다.

실제로 이것이 사실임이 확인되었으며, 이 관계는 작가 로버트 루이스 스티븐슨의 아버지인 토머스 스티븐슨(Thomas Stevenson)이 처음 발견한 것이다. 이후의 실험에서 그의 관찰이 타당함이 증명되었다.

$$H = (1/3)\sqrt{F}$$

여기서 H는 파고(단위 m)이며, F는 취송거리(fetch, 단위 km)다. 이 공식을 사용하면, 폭이 약 100km인 바다에서는 국지적으로 발생하는 가장 큰 파도의 높이가 약 3m 정도 될 것으로 예상할 수 있다. 반면 대서양처럼 취송거리가 수천 킬로미터에 이르는 해양에서는 파고가 약 10m에 달하는 파도도 예상된다. 태평양은 대서양보다 더 넓기 때문에, 이보다 더 큰 파도도 형성될 수 있다. 실제로 심해에서 관측된 가장 큰 파도의 높이는 약 12m였으며, 이 공식과 잘 부합한다.

이 중에서도 가장 긴 취송거리를 가진 바다는 남극해이다. 남극해는 남극 대륙을 둘러싸고 있으며 사방이 막히지 않은 형태이기 때문에 이론적으로 끝없이 무한대에 가까운 취송거리를 가진다. 따라서 남극해는 거대한 파도로 유명하다.

남극 탐험가 어니스트 섀클턴 경은 소형 보트를 타고 남극해를 횡단한 전설적인 항해를 수행했으며, 그의 저서『사우스(South)』에서 그 거대한 파도에 대한 생생한 묘사를 남겼다.

"우리의 배는 너무 작았고, 바다는 너무 거대했다. 종종 두 파도의 파봉 사이의 고요한 순간에는 돛이 힘없이 펄럭였다. 그러다가 우리는 다음 파도의 경사면을 타고 올라가, 부서지는 물결의 하얀 포말이 우리 주위를 휘감으며 몰아치는 폭풍의 맹렬한 힘을 온몸으로 받았다."

이처럼 취송거리는 파도의 크기에 매우 중요한 영향을 미치지만, 그것만으로 결정되지는 않는다. 파고는 또한 바람의 세기와 바람이 불어온 시간에도 크게 좌우된다. 따라서 현대의 실용적 파랑 예측 기법에서는 세 가지 요인, 즉 취송거리, 바람의 세기, 그리고 지속 시간을 모두 고려한다. 파랑 예측에 사용되는 도식은 예를 들어 윌리엄 G. 반 돈(William G. Van Dorn)의 저서『해양학과 항해술(Oceanography and

Seamanship)』에서 확인할 수 있다.

4_3 파도의 전파

　　　　　파도가 한 번 생성되면, 그것은 생성된 영역을 벗어나 바깥쪽으로 전파된다. 이 과정에서 파봉과 파저가 앞으로 이동하며, 파도 아래에 있는 물은 파도가 지나갈 때마다 앞뒤로 진동한다. 즉, 움직이는 것은 물 자체가 아니라 파도의 형태이다.

　파도가 이동하는 속도와 물 입자가 진동하는 방식은 물의 깊이와 파장의 길이의 상대적 비율에 따라 달라진다. 따라서 이러한 차이를 이해하기 위해, 우리는 파도의 전파를 설명할 때 두 가지 극단적인 경우, 즉 깊은 물의 파도와 얕은 물의 파도를 구분하여 살펴볼 것이다.

깊은 바다의 파도

　물의 깊이가 파장의 길이에 비해 충분히 깊을 때, 파도 아래의 물 입자들은 파도가 지나갈 때 거의 완전한 원형 궤도를 그리며 움직이는 것으로 관찰된다. 이러한 원형 운동은 궤도 운동이라 부르며, 물체가 지나가는 경로를 궤도라고 한다(그림 4_4).

　이 궤도는 수면에서 가장 크며, 그 지름은

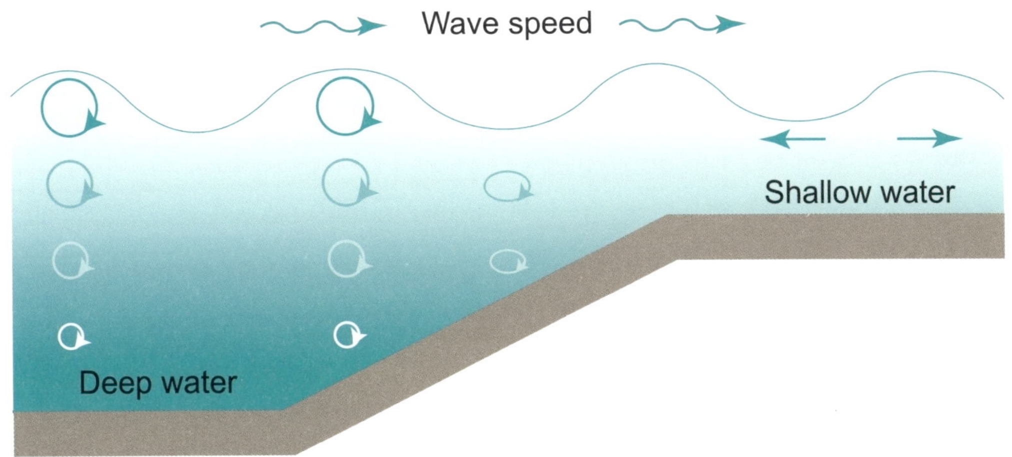

| 그림 4_4 | 깊은 바다에서는 파도 아래의 해류가 원형 궤도를 그리며 움직이고, 깊어질수록 궤도의 크기는 작아진다. 파도가 얕은 수역으로 접근하면 궤도가 납작해지고, 물은 파도의 마루 아래에서는 진행 방향으로, 골 아래에서는 반대 방향으로 앞뒤로 움직이는 왕복 운동을 한다.

파고와 동일하다. 수심이 깊어질수록 궤도의 크기는 점차 줄어들고, 파장의 길이만큼의 깊이에 도달하면 그 움직임은 사실상 사라진다. 잠수함 조종사들은 이러한 파동 운동의 심도별 감쇠를 잘 알고 있으며, 폭풍으로 인한 거친 표층 파동을 피하기 위해 잠수함을 더 깊은 곳으로 내린다.

궤도 내에서 물의 최대 속도는 가장 큰 원궤도의 지름(πH, 여기서 H는 파고)을 파주기로 나눈 값과 같다. 예를 들어 파고가 1m이고 파주기가 10초인 파도의 경우, 궤도 내 물의 순환 속도는 초당 약 31cm에 이른다.

그러나 파도가 실제로 전진하는 속도는 이러한 궤도 내 물의 속도보다 훨씬 빠르다. 깊은 바다에서 파도의 이동 속도는 파주기에 비례하여 증가한다. 이 현상의 근본적인 원인을 완전히 이해하려면 수학적 해석이 필요하지만, 그 기본 원리는 비교적 간단히 설명할 수 있다.

파도 아래에서 원운동을 하는 물 입자는 원심가속도를 받으며, 이는 입자 속도의 제곱에 비례하고, 원의 중심을 향해 작용한다. 이 가속도를 만들어내는 힘은 수면의 경사로부터 발생하며, 그 크기는 파고를 파장으로 나눈 값에 비례한다. 따라서 파고가 일정할 경우, 이 힘은 파장이 길수록 작아지며, 그 결과 입자의 운동 속도도 느려진다.

입자가 궤도를 한 바퀴 도는 데 걸리는 시간은 바로 파주기이며, 이는 연속된 두 파봉이 지나가는 시간과 같다. 따라서 깊은 바다에서의 파도는 파장이 길수록 파주기가 길어지며, 파주기가 증가함에 따라 파속도도 증가한다.

핵심은 원심가속도가 입자 속도의 제곱에 비례하기 때문에, 파장의 길이는 파주기의 제곱에 비례한다는 점이다. 이를 정량적으로 표현하면 다음과 같다.

$$L = 1.56T^2$$

여기서 L은 파장(단위 m), T는 파주기(단위 초)이다. 예를 들어 파주기가 5초인 깊은 바다의 파도는 약 39m의 파장을 가진다. 즉, 파주기가 길수록 파도는 느리고 길게 전파되며, 깊은 바다에서는 이러한 관계가 매우 명확하게 드러난다.

모든 파동에서 파속은 파장을 파주기로 나눈 값과 같다. 앞에서 제시된 파장의 관계식을

파주기(초)	파장(m)	속도(kmh⁻¹)
1	1.6	5.6
2	6.2	11
5	39	28
10	156	56
15	351	84

| **표 4_2** | 대표적인 심해파의 특성

대입하면, 파속은 초 단위의 파주기 T에 대해 초당 1.56Tm(1.56T m/s)가 된다. 표 4_2에는 서로 다른 파주기를 가진 깊은 바다의 파도들이 이동하는 속도(단위 km/h⁻¹)의 예시가 제시되어 있다. 이 관계를 통해 깊은 바다의 파도에 대해 파주기, 파장, 파속 중 하나만 알면 나머지 두 가지를 계산할 수 있다.

폭풍이 바다 위를 불면, 서로 다른 파장과

스웰파가 이동한 거리 계산하기

어느 날, 주기가 15초인 스웰파가 해변에 도착했다고 하자. 그다음 날, 같은 시각에 도달한 스웰파의 주기는 10초로 짧아졌다. 그렇다면 이러한 스웰파를 만들어낸 폭풍은 해안으로부터 얼마나 떨어져 있었을까?

주기가 15초인 파도의 속도는 초당 23.4m(시속 84km)이고, 주기가 10초인 파도의 속도는 초당 15.6m(시속 56km)이다. 폭풍까지의 거리를 $x$km라고 하면, 파도의 이동 시간은 거리 ÷ 속도로 계산된다.

따라서 두 파도가 해안에 도달하는 데 걸린 시간 차가 24시간(하루)이므로, 다음의 관계식이 성립한다.

$$\frac{x}{56} - \frac{x}{84} = 24$$

이 식의 양변에 56과 84를 곱하면, x=4,032km가 된다. 즉, 스웰파는 약 4,032km를 이동해 온 것이다. 그러나 실제로는 이보다 더 먼 거리를 이동했을 가능성이 높다. 그 이유는 앞서 본문에서 설명했듯이, 파동의 에너지는 개별 파도의 이동 속도보다 느린 군속도로 전파되기 때문이다.

파주기를 가진 다양한 파도들이 동시에 만들어진다. 이 파도들이 폭풍 지역으로부터 멀리 이동하면서, 더 긴 파도(즉, 파장이 길고 주기가 긴 파도)가 짧은 파도보다 더 빠르게 이동하여 앞서 나가게 된다. 이러한 현상을 파분산(Wave dispersion)이라고 한다.

이 분산 효과는 먼 바다의 폭풍에서 만들어진 스웰파가 해안에 도달할 때 일정하고 규칙적인 형태를 보이는 이유를 설명해준다. 긴 파장이 먼저 해안에 도달하고, 이후 며칠에 걸쳐 점점 짧은 파장이 뒤따라 도착하기 때문이다. 이러한 시간 차이를 분석하면, 해안에 도달한 스웰파가 얼마나 먼 거리에서 기원했는지를 추정할 수 있다('스웰파가 이동한 거리 계산하기' 참조).

비슷한 현상은 깊은 강에서도 관찰된다. 보트가 지나가면 파문이 강둑에 도달해 규칙적인 출렁임을 만들어내는데, 보트가 지나간 뒤 시간이 지남에 따라 이 출렁임 사이의 간격이 점차 짧아진다.

표 4_2에 나타난 파속은 주어진 파주기를 갖는 개별 파도의 속도이며, 이를 위상속도라고 부른다. 그러나 실제로 바다 위의 스웰파는 비슷한 주기를 가진 여러 개의 파동이 함께 이동하는 집합체, 즉 파군의 형태로 존재한다.

이러한 파군은 실험실의 수조에서도 쉽게 만들 수 있다(그림 4_3). 파동 발생기를 몇 초 동안 작동시켰다가 멈추면, 일정한 길이의 파군이 형성되어 수조를 따라 이동한다. 이때 파군을 유심히 관찰하면, 앞쪽의 파도가 점차 사라지고 뒤쪽에서 새로운 파도가 생겨나는 현상을 볼 수 있다. 이러한 현상은 오직 깊은 바다의 파동에서만 나타난다.

그 이유는, 파동의 에너지가 개별 파도의 위상속도만큼 빠르게 이동하지 못하기 때문이다. 실제로 에너지는 위상속도의 절반 속도로만 이동할 수 있다. 따라서 앞서 나가는 파도는 에너지를 잃고 사라지며, 그 에너지가 뒤쪽의 새로운 파도에 전달되어 파군이 유지된다.

이렇게 파군이 이동하는 속도를 군속도(group velocity)라고 하며, 깊은 바다의 파동에서는 군속도가 위상속도의 정확히 절반이다. 이로 인해 스웰파가 해안에 도달하기까지의 실제 거리는 이전의 단순 계산보다 두 배 길다. 예컨대 앞서 제시된 계산에서 추정한 거리의 두 배인 약 8,000km(5,000마일)이 실제 거리다. 따라서 영국의 해변에서 관측된 스웰파는 남대서양처럼 매우 먼 곳에서 발생한 폭풍에서 기원했을 가능성이 있다.

얕은 바다의 파도

파장이 물의 깊이에 비해 매우 긴 얕은 바다에서는, 파도가 이동할 때 물 입자의 궤도가 납작하게 찌그러진 형태를 보인다. 이 경우 파도가 지나갈 때 물 입자들은 거의 수평 방향으로 앞뒤로 진동하며 움직인다(그림 4_4).

파봉이 파도 위를 통과할 때는 물의 흐름이 파도의 진행과 같은 방향으로 흐르고, 파저 아래에서는 반대 방향으로 흐른다. 이러한 흐름의 세기는 파고가 클수록, 그리고 수심이 얕을수록 더욱 강해진다. 얕은 바다의 파동에서는 위상속도, 즉 파봉이 이동하는 속도와 군속도, 즉 파동 에너지가 이동하는 속도가 서로 동일하며, 이 속도는 오직 수심에 의해서만 결정된다. 파속은 다음 식으로 계산할 수 있다.

$$c = \sqrt{gD}$$

여기서 c는 파속(m/s), g는 중력가속도, 그리고 D는 수심(m)이다. 얕은 바다의 파도에서는, 경사진 해수면이 파도 아래의 흐름을 변화시키는 가속도를 만들어낸다. 이 흐름은 파봉 아래의 물을 파저 쪽으로 이동시키며, 이로 인해 파도 전체가 전진하게 된다. 따라서 수심이 깊을수록 물의 부피 이동이 더 빨라지고, 이에 따라 파속 또한 수심과 함께 증가한다. 다양한 수심에서의 파속값은 표 4_3에 제시되어 있다.

한편, 표에서 수심 4,000m가 얕은 바다의

수심(m)	파도 초속(m s⁻¹)	파도 시속(km h⁻¹)	파 1m 높이에 대한 최대 유속(m s⁻¹)
1	3.1	11.3	3.1
10	9.9	35.7	0.99
100	31.3	112.7	0.31
4000	198.1	713	0.05

| 표 4_3 | 수심에 따른 파속

파도에 포함되어 있는 이유가 의문스러울 수 있다. 그러나 여기서 '얕은 바다'란 절대적인 수심이 아니라 파장에 대한 상대적 깊이를 의미한다. 즉, 파장이 매우 긴 파동(조석이나 쓰나미)의 경우, 대양의 심해조차 상대적으로 얕은 수역으로 간주될 수 있다. 이러한 장파는 매우 빠른 속도로 이동할 수 있다.

표 4_3에는 파고가 1m일 때, 파도 아래의 최대 유속도 함께 제시되어 있다. 만약 파고가 2m라면 이 값을 단순히 두 배로 계산하면 된다. 일반적으로 파도 속도는 파도 아래의 유속

보다 훨씬 빠르지만, 수심이 파고와 비슷해질 때 두 속도는 같아진다. 이때 파도 내의 흐름이 파도의 진행 속도와 같아지며, 결과적으로 파도가 부서지기 시작한다(그림 4_5).

4_4 해안 부근의 파도

얕은 바다에서 파속이 수심에만 의존한다는 사실은 여러 흥미로운 해양 현상을 설명한다. 그중 대표적인 것이 바로 굴절(Refraction) 현상이다. 파도가 해안을 향해 비스듬히 접근할 때, 해안에 더 가

| **그림 4_6** | 좁은 틈을 통과할 때 물결이 퍼져나가는 회절 현상.

까운 부분의 파봉은 수심이 얕기 때문에 더 느리게 이동하고, 바깥쪽의 파봉은 여전히 빠르게 진행한다. 그 결과, 파봉의 모양이 점차 휘어지며 해안선과 평행한 형태에 가까워진다.

이때 파봉이 해안선과 이루는 각도는 광학에서와 마찬가지로 스넬의 법칙(Snell's Law)을 따른다. 즉, 파봉이 해안과 이루는 각도의 사인(sine)을 파속으로 나눈 값은 일정하다는 것이다. 파도가 얕은 바다로 이동함에 따라 파속이 감소하면, 파봉과 해안선이 이루는 각의 사인값도 감소하므로 파봉이 더욱 해안선에 평행하게 변한다. 또한 파도가 좁은 수로나 항구 입구를 통과할 때, 그 이후에는 원형 호 모양으로 퍼져나가게 된다. 이러한 현상은 회절(Diffraction)이라고 하며, 그림 4_6에 제시되어 있다.

파속이 줄어들면서 나타나는 또 다른 현상은 파고의 증가이다. 에너지 보존 법칙에 따르면, 파속과 파도의 에너지 곱은 일정해야 한다. 따라서 파속이 감소하면 파도 에너지는 증가해야 하며, 이는 곧 파고가 커진다는 것을 의미한다. 이러한 과정은 결국 파도가 쇄파로 전환

| 그림 4_7 | 프랑스 브르타뉴 해안의 부서지는 파도 위에서 서핑하는 모습. 서퍼들은 파도가 부서지는 면 위에서 타는데, 이곳에서는 파도마루를 향해 흐르는 해류가 만들어 내는 상승력이 몸무게를 지탱할 수 있을 정도이다.

| 그림 4_8 | 해안을 따라 바다 쪽으로 모래를 운반하는 모습으로 확인되는 이안류.

되어 에너지를 잃을 때까지 계속된다. 서퍼들은 파도가 막 부서지기 시작하는 지점, 즉 오랫동안 임계 상태에 머무는 파도를 선호한다. 이러한 조건에서는 완만한 해안이 이상적이며, 이런 해안에서는 주로 넘침파가 형성된다. 파도의 전면부에는 균형점이 존재한다. 이 지점에서는 서퍼가 파도의 경사면을 따라 내려가려는 중력의 작용이, 파봉 쪽으로 이동하는 해류의 흐름과 정확히 균형을 이루게 된다(그림 4_7). 쇄파의 특징 중 하나는 파도 내 해류의 속도가 파속과 거의 같다는 점이다.

해안에서 부서지는 큰 파도는 위험할 수 있다. 물은 매우 무겁기 때문에, 부서지는 파도의 파봉이 머리 위로 떨어지면 쉽게 쓰러지거나 휩쓸릴 수 있다. 또한 파도가 부서진 뒤 해안에서 바다 쪽으로 되돌아가는 이안류도 사람

의 몸을 밀어내 중심을 잡기 어렵다. 해안에서 조금 더 떨어진 곳에서는 때때로 이안류가 발생한다. 이는 파도에 의해 해안으로 운반된 물을 바다 쪽으로 되돌려보내는 강한 해류로, 수영객을 멀리 외해로 끌고 갈 수 있다. 만약 이안류에 휩쓸렸다고 느껴진다면, 직접 해안을 향해 역류를 거슬러 수영하려 해서는 안 된다. 이안류의 속도는 너무 빠르기 때문에 금세 지치게 된다. 대신 해안선과 평행하게 옆으로 헤엄쳐 이안류의 범위를 벗어난 뒤 다시 해안으로 향해야 한다. 일부 해안에서는 이안류가 모래를 바다 쪽으로 운반하면서 그 흔적이 시각적으로 드러나기도 한다. 그림 4_8은 붉은색 해변 모래가 이안류에 의해 외해로 운반되며 만들어낸 패턴을 보여준다.

해양 파도와 그 움직임에 관한 많은 발견들은 20세기 중반, 특히 제2차세계대전 전후 시기에 이루어졌다. 당시에는 파도가 해안 상륙 작전에 미치는 영향을 이해하는 것이 군사적으로 매우 중요했기 때문이다. 그 이후 수십 년 동안, 과학자들은 파도의 생성 메커니즘과 파동 에너지가 서로 다른 파장 간에 어떻게 분포되는가에 대한 연구를 크게 발전시켰다. 이러한 연구들은 현대 해양학의 기초를 이루는 핵심 이론적 틀을 제공했다.

그러나 최근 들어서는 해수면 위의 파도 연구가 해양학의 다른 분야에 비해 상대적으로 덜 주목받고 있다. 그 이유는 두 가지다. 첫째, 비교적 단순한 문제들은 이미 해결되었고, 둘째, 남아 있는 난제들은 당장 실용적 필요성이 없기 때문이다.

오늘날 해양 파도 연구에 대한 주요 관심은 주로 해양공학 분야에서 나타나고 있다. 특히 파도의 에너지를 추출하여 유용한 전기에너지로 전환하는 방법을 찾기 위한 연구가 활발히 진행 중이다. 미래의 지속가능한 재생에너지 개발과 맞물려 다시금 파도 연구의 중요성이 부각되고 있다.

5_ 조석과 조류

조석은 달과 태양에 의해 해양에 작용하는 중력으로 발생되는 수위의 규칙적인 상승과 하강을 말한다. 도표를 이용한 조석의 정확한 예측은 해양과학의 위대한 성공 중의 하나이다. 해수가 높아지고 낮아지는 시간과 그 높이를 아는 것은 항만을 입출항하고 얕은 해협을 통과하는 대규모 선박들의 안전한 항해를 위해 필수적이다. 바다의 수면 상승/하강과 같은 수직 운동에는 수평 흐름이 동반되는데, 이를 조수(Tidal stream)라고 한다. 조수에 포함된 에너지를 추출하여 산업과 가정에 전기 공급을 하는 것에 대한 관심이 증가하고 있다.

5_1 조석 현상의 원리

조석은 지구 표면에 작용하는 달과의 인력에서의 작은 차이(태양과의 인력은 보다 작음)에 의해 생성된다. 지구와 달은 한 달에 한 번 중력의 공통 질량중심을 중심으로 서로 공전한다. 이 궤도 운동은 라틴 댄서가 파트너에 의해 회전할 때 포니

| **그림 5_1** | 유럽에서 조차가 가장 큰 브리스톨 해협(영국 남서부) 부근 클리브던 부두의 만조와 간조의 모습.

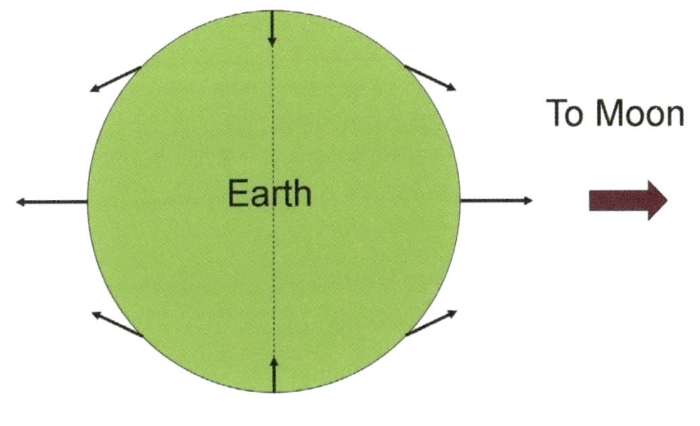

| **그림 5_2** | 기조력의 기원. 지구와 달의 중력의 공통 중심(무게중심)에 대한 지구의 궤도 운동으로부터 발생하는 원심력은 자주색 화살표로 표시하였다. 이 원심력은 달에서 멀어지는 방향으로 작용하며 지구 표면 및 내부의 모든 지점에서 동일한 크기로 작용한다. 달의 중력은 검은색 화살표로 표시하였다. 이는 지구 중심에서 원심력과 정확히 균형을 이룬다. 그러나 대부분의 다른 지점에서는 달의 중력과 원심력 간에 약간의 불균형이 존재한다. 이 작은 불균형이 기조력이다. 이 그림에서 기조력은 자주색 화살표로 표시하였으며, 명확하게 볼 수 있도록 크기는 과장하여 그렸다.

테일이 바깥쪽으로 날아가는 것과 유사한 원심력을 만든다. 질량중심(Barycentre)에 대한 지구의 운동은 지구상의 각 지점이 같은 시간에 같은 원형 궤도를 도는 것이다. 따라서 원심력은 지구 내부와 지구 표면의 모든 지점에서 동일하다(그림 5_2의 자주색 화살표). 이러한 원심력은 달의 중력과 대체로 균형을 이루며, 지구와 달이 멀어지는 것을 막아준다. 사실 달의 중력은 지구의 중심에서 원심력과 정확히 균형을 유지하며, 이는 지구의 단단한 구체가 무게중심 주위를 정확하게 운동하기에 충분하다. 그러나 모든 천체가 그러하듯, 달의 중력은 거리의 제곱에 반비례하여 감소한다.

따라서 지구 표면 위에서 달에서 멀어지는 방향으로 움직이면 달의 중력을 덜 받게 된다(그림 5_2의 검은색 화살표). 이는 달의 중력과 원심력 사이에 국부적인 불균형을 발생시키는데, 이 불균형은 그림 5_2에서 자주색 화살표로 표시하였다. 해양에서 조석을 만드는 것은 이러한 달의 인력과 원심력(기조력起潮力) 간의 작은 차이다.

만약 지구가 바다로 덮여 있다면 그림 5_2에 자주색으로 표시한 힘이 달 바로 아래의 바다와 달에 대한 지구 반대 방향의 바다를 부풀어 오르도록 끌어당길 것으로 상상할 수 있다. 즉, 해양은 달과 일직선을 이루는 점들

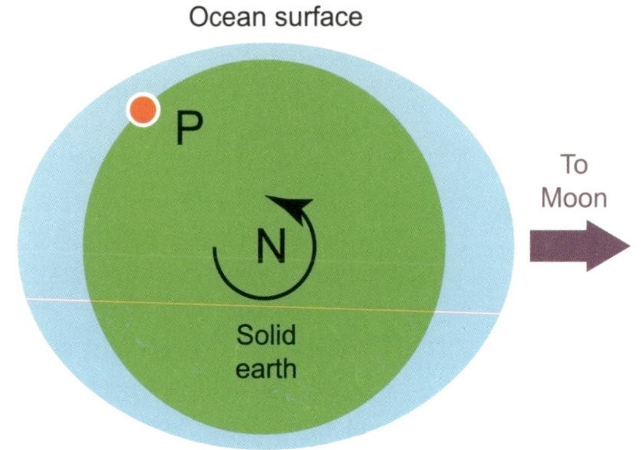

| **그림 5_3** | 지구가 해양으로 덮여 있다면, 기조력은 달을 향하거나 멀어지는 지점에서 럭비공 모양으로 해양을 당기는 경향이 있을 것이다. 이 그림에서 우리는 북극 상공에서 지구를 바라보고 있다. 지구가 회전함에 따라 지점 P는 매일 두 번의 만조를 경험하는데, 하나는 달이 바로 머리 위에 있을 때이며, 다른 하나는 달이 바로 발 아래 있을 때이다.

과 같은 방향으로 럭비공의 모양을 갖게 될 것이다(그림 5_3). 이 바다 내에서 지구가 회전할 때, 만조는 달이 가장 직접적으로 머리 위에 있을 때(달의 남중이라고 함)와 달이 가장 직접적으로 발 아래 있을 때 나타날 수 있다. 중력 이론으로부터 예상되는 융기의 크기는 약 0.5m로 계산할 수 있다. 따라서 해수면은 하루에 두 번 약 0.5m씩 올라갔다 내려간다. 사실 두 번의 만조 시간은 하루보다 약간 더 길 것이다. 왜냐하면 지구가 한 번 회전할 시간에 달은 자신의 궤도에서 조금 움직이는데 지구가 이 운동을 따라잡기 위해 조금 더 회전해야 하기 때문이다. 24시간 동안 달은 자신의 궤도를 따라 약 1/30 이동하며, 지구가 이를 따라잡기 위해서는 하루의 1/30(약 50분)이 걸린다. 따라서 두 개의 완전한 만조를 위한 시간은 24시간 50분으로 각각의 만조는 12시간 25분으로 분리된다.

위에 주어진 설명은 영국의 과학자 아이작 뉴턴이 제안한 조석의 평형이론(equilibrium theory)을 요약한 것이다. 달에 의해 생성된 조석 외에도 태양 주위를 도는 지구의 움직임도 조석력을 생성한다. 이는 달의 것보다는 다소 약하지만(0.46배만큼) 기조력의 강도에서 중요한 변화를 만든다. 태양, 지구 및 달이 일직선에 있을 때(삭朔과 망望일 때) 기조력은 최대이다.

태양과 달이 지구와 $90°$ 각도를 이루면 기조력은 최소이다.

뉴턴은 그의 평형이론의 약점을 인식하고 있었다. 그것은 지구가 해양으로 덮여 있어야 하는데, 명백히 그렇지 않기 때문이다. 또한 그것은 조석 융기를 방해하지 않을 정도로 지구가 천천히 회전해야 하나, 이것 역시 아니기 때문이다. 조석 융기 현상이 발생하기 위해서는 지구와 달이 일직선상에 놓여야 하나, 지구가 너무 빨리 회전하여 이 위치를 유지하지 못한다(그림 5_3). 그럼에도 불구하고 평형이론은 관측된 조석의 가장 중요한 몇 가지 특징을 설명한다. 이에 대해서는 다음 장에서 검토하고, 뒤이어 조석 운동을 파(wave)로 고려하여 평형이론과 실제 조석 간의 불일치가 어떻게 설명될 수 있는지를 알아본다.

5_2 조석의 관측

지구의 해양과 바다에서의 조석은 해저 밑바닥까지 수직으로 내린 막대나 항만 벽과 같은 수직면상의 해면을 기록하여 직접 측정할 수 있다. 또는 정해진 지점에서 압력 센서를 사용하여 해면의 상승과 하강으로 인한 압력 변화를 기록할 수 있다. 그림 5_4는 북웨일스의 메나이교에서 측정한 짧은 기간 동안의 수위 변화를 보여준다. 24

시간 동안 두 번의 만조와 두 번의 간조가 있었는데, 각각의 만조는 12시간이 조금 넘는다. 하루에 두 번의 만조가 있는 곳(이는 일반적인 상황이다)은 반일주조(Semi-diurnal tide)를 경험하게 된다.

대부분의 장소와 마찬가지로, 메나이교에서의 만조는 달의 남중 때(달이 정남에 있을 때) 발생하지 않는다. 사실 여기서 만조는 달이 통과한 지 약 10시간 후에 발생한다. 해면 표고는 고정 수준 또는 조위 기준면을 기준으로 측정한다. 그림 5_4에서 고도는 해도 기준면(Chart datum)을 기준으로 표시된다. 이 해도 기준면은 정상적인 기상 조건에서 해수가 이 위치에 도달할 수 있는 가장 낮은 수위다. 이름에서 알 수 있듯이 해도상에 표시된 수심은 해도 기준면 아래의 깊이로 표현된다. 이는 해도상의 수심은 가장 낮다는 것을 의미하며, 일반적으로 조석은 해도에 표시된 수심보다 더 높아진다.

조차(Tidal range)는 조석 주기에서 최저 수위(또는 저조)와 만조 사이의 수직 거리다. 그림 5_4에서 조차는 약 3m이다. 주어진 위치에서 조차는 격주의 주기로 매일 변화한다. 그림 5_5는 메나이교에서 한 달 동안의 수위 변화를 보여준다. 가장 큰 조차를 나타내는 시기를 대조기(Spring tides)라고 하는데, 삭이

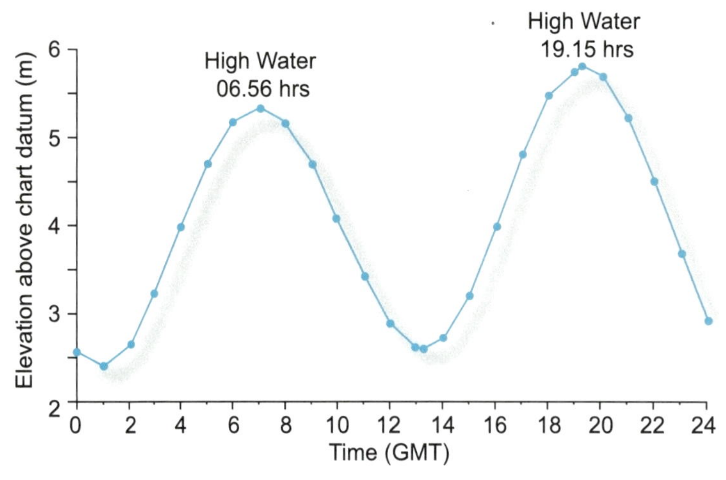

| 그림 5_4 | 북웨일스의 메나이교에서 측정한 하루 동안의 조석으로, 24시간 동안 두 번의 만조와 두 번의 간조를 보여 반일주조의 특성을 나타냈다.

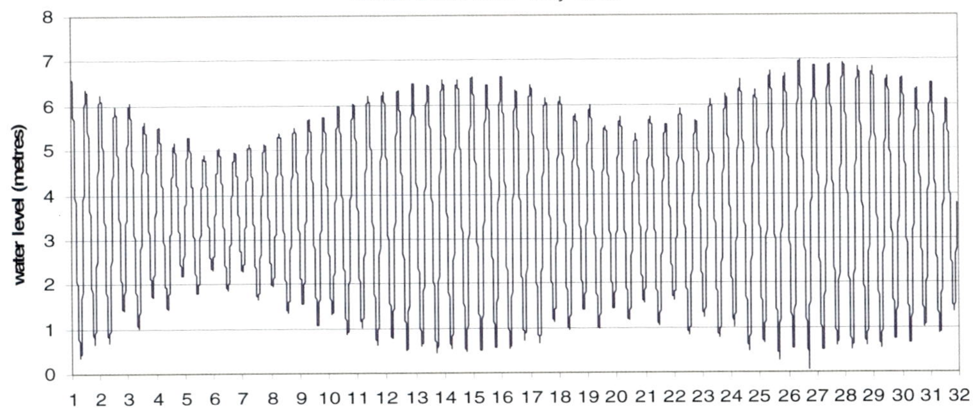

| **그림 5_5** | 메나이교에서 한 달 동안 측정한 조석으로, 대조와 소조와 관련된 조차의 변화를 보여준다. 대조는 측정한 달의 14일과 27일에 발생하며, 소조는 6일과 20일에 발생한다.

나 망 또는 그 직후에 발생한다. 가장 작은 조차를 나타내는 시기를 소조기(Neap tides)라고 하며 반달 무렵에 발생한다. 대조는 가장 높은 만조와 가장 낮은 간조를 가진다. 대조를 영어로 spring tide라고 하는데, 여기서 'spring'은 봄이 아니라 물이 솟아오르는 지중(地中)의 샘(spring)을 의미하며 앵글로색슨어에서 유래했다.

해안 지역에서의 조차도 다른 리듬에 따라 변화한다. 예를 들어 그림 5_4에서 두 번의 소조 때의 조차는 동일하지 않다는 것을 알 수 있다. 즉, 그달의 두 번째 소조가 첫 번째보다 더 큰 조차를 가진다. 이 차이는 지구-달 간의 거리 변화에 의해 발생한다. 달의 궤도는 타원형이며, 달이 지구에서 가장 가까울 때(근지점)의 기조력은 달이 지구에서 가장 멀리 있을 때(원지점)보다 더 크다. 반일주조는 달과 태양이 적도면에 있을 때 가장 크다. 극단적인 경우로, 달이 북극 위에 위치하면 해양에서 조석이 전혀 발생하지 않는다. 이 이유로, 1년 중 가장 큰 반일주조는 3월과 9월 분점(춘분점과 추분점의 총칭)에서의 대조 시, 특히 달이 적도면에 있는 경우에 발생한다. 달이 근지점에 있고 달과 태양이 적도면에 놓일 때는 유난히 큰 반일주조가 발생한다. 정확히 이런 일은 거의 일어나지 않지만, 이런 조건들이 거의 충족될 때가 더 자주 있다.

　태양과 달이 적도면과 이루는 각을 태양적위 또는 달의 적위라고 한다. 달의 적위가 0이 아니면 그날은 두 만조의 높이에 차이가 있으며, 그 효과를 일조부등이라 한다. 이는 그림 5_5에서 기록이 끝나갈 무렵 어느 정도 볼 수 있다. 일조부등은 북유럽의 해안에서는 크지 않으나, 세계의 다른 지역, 특히 미국 서부 해안과 호주 북부 해안에서는 두드러지게 나타날 수 있다. 상대적으로 적은 일부 지역에서 일조부등은 효과적으로 매일 한 번의 만조와 한 번의 간조만이 있을 정도로 커질 수 있다. 이러한 지역들은 일주조를 가진다고 한다. 호주 북부 해안에 위치한 카펜테이라만은 일주조(Diurnal tide)를 가지는 지역이다.

5_3 파로서의 조석

　　　　　　　　그림 5_2에 표시된 해양에서의 융기 현상은 지구가 회전하면서 달과 정렬된 상태를 유지할 때 나타난다고 상상했다. 실제로 이 그림에 나타낸 해양의 융기 현상은 지구의 둘레를 따라 펼쳐져 있는 파의 물마루에 해당한다. 물마루가 달과 일직선을 유지하려면 이 파는 지구가 자전하는 속도와 같은 속도로 지구의 표면 위를 이동해야 한다. 적도에서 지구 자전의 속도는 1,610 km h^{-1} 이상인데, 해파는 이렇게 빨리 이동할 수 없다. 게다가 대륙의 존재는 남대양을 제외한 전 세계 모든 곳에서 파의 지속적인 이동을 막을 것이다.

　지구가 회전함에 따라 기조력은 해수를 먼저 한 방향으로 밀고 그다음에는 다른 방향으로 미는데, 각각의 '밀기(push)'는 6시간 남짓 지속된다. 이는 사실상 유일한 힘의 수평적 구성 요소이며, 중요한 것은 수직 성분은 지구의 자체 중력과 비교하여 무시할 수 있다는 점이다(그림 5_5). 이러한 규칙적인 밀기는 해양에서 반일주조에 대한 조석력의 주기인 12시간 25분(12태음시)과 동일한 주기를 갖는 파를 만든다. 파의 속도는 파가 이동하는 곳의 수심에 따라 달라진다. 파장은 해양의 수심에 비해 길며, 따라서 파는 $\sqrt{gD}$와 같은 속도로 이동한다. 여기서 g는 중력으로 인한 가속도이고, D는 수심이다.

해양에서의 조석파는 기조력에 의해 직접 만들어진다. 대륙붕 바다는 일반적으로 조석력의 영향을 직접적으로 느끼기에는 너무 작다. 대신 해양의 상승과 하강은 대륙붕단에서 해안을 향해 이동하는 파를 보낸다(조석 주기에 따라). 이 파의 속도와 파장은 수심에 따라 변한다. 예를 들어 수심 100m의 대륙붕 바다에서 파의 속도는 113km h^{-1}이고 파장은 1,400km 이상이다.

그림 5_6은 해안을 따라 진행하는 조석파를 보여준다. 만조는 파의 파고점이 해안의 한 지점에 도착할 때 발생한다. 이러한 긴 진행성 파에서, 해류는 파고점 아래의 파와 함께 흐르는데, 이는 파랑골 아래를 이동하는 파와는 반대 방향이다. 지구 자전의 효과는 북반구에서의 흐름을 오른쪽으로 편향시킨다. 물은 파고점에서는 수로의 오른쪽 해안에, 파랑골에서는 왼쪽 해안에 쌓인다(그림 5_7). 이렇게 물이 쌓이면 코리올리 힘의 균형을 맞추는 압력 구배가 만들어진다. 4장에서 언급했듯이 파는 지구 자전에 의한 편향력의 균형 상태에 있다. 파에 대한 전체적인 효과는 파가 이동하는 방향으로 수로를 내려다볼 때, 이제 수로 오른쪽 해안에서의 진폭이 왼쪽보다 더 크다는 것이다. 이와 같은 파를 스코틀랜드의 물리학자인 켈빈 경(Lord Kelvin)의 이름을 따서 켈빈파

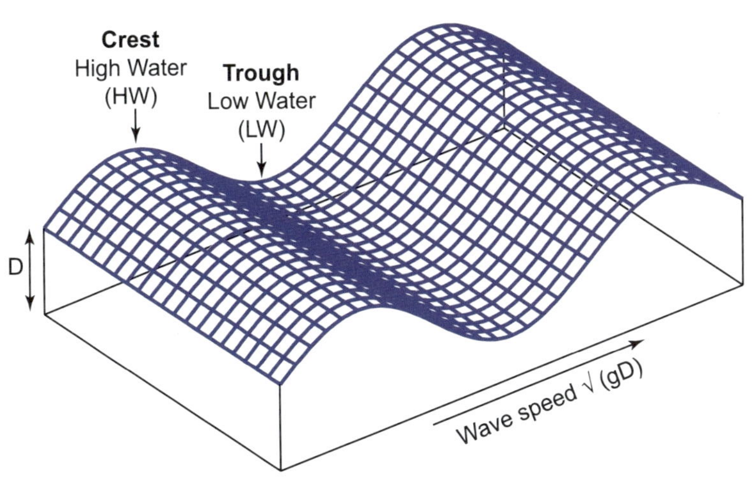

| 그림 5_6 | 진행하는 조석파를 나타낸 그림. 만조(HW)는 파고점일 때, 저조(LW)는 파랑골일 때이다. 파고점은 파의 위상속도에서 왼쪽으로부터 오른쪽으로 이동한다. 여기서 g는 중력가속도, D는 수심이다. 최대 흐름은 만조 시에는 파가 진행하는 방향으로 흐르고, 저조 시에는 반대 방향으로 흐른다.

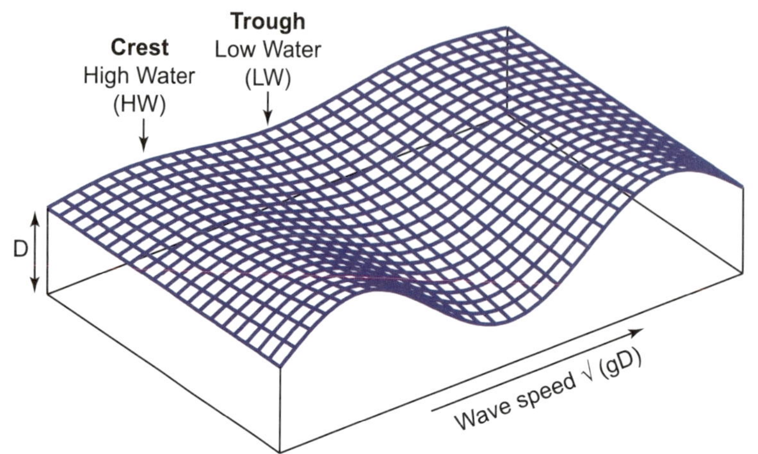

| 그림 5_7 | 북반구에서의 켈빈파. 파는 왼쪽에서 오른쪽으로 이동한다. 해류와 파의 진행 방향이 동일한 파고점 아래에서는 코리올리 효과로 물을 오른쪽으로 밀면서 이 방향으로 만조 수위가 증가한다. 해류가 파의 진행 방향과 반대로 흐르는 파랑골 아래에서는 코리올리 효과로 물을 해류의 진행 방향의 오른쪽으로 밀며 이 방향으로 저조위가 증가한다. 그 결과, 파는 진행 방향으로 오른쪽 해안에서 더 큰 조차를 갖는다.

(Kelvin wave)라고 한다.

보통 크기의 수로(폭이 좁은 보트가 주로 지나가는)에서 풍랑은 왜 수로의 한쪽에서 더 큰 진폭을 갖지 않는지 궁금할 수 있다. 그 이유로 코리올리 영향은 지구 자전의 효과가 문제되기에 충분할 만큼 오래 지속되는 운동에서만 실제로 관찰되기 때문이다. 폭이 좁은 배가 이용하는 수로에서 파는 단지 몇 초의 주기를 가지며, 지구는 이 몇 초 내에 아주 멀리 회전하지 않는다. 반일주조의 파는 약 12시간의 주기를 가지므로, 이와 같은 파는 지구 회전의 영향을 받는다.

5_4 등조석도

등조석도(等潮汐圖)는 조석의 파상 운동을 보여주는 좋은 방법이다. 등조석도에는 만조가 동시에 발생하는 곳을 연결하는 등조석선과 조차가 같은 곳을 연결하는 등조차선이 그려져 있다. 예를 들어 수로의 아래 방향으로 이동하는 진행파의 경우 등조석선은 일련의 평행선이 될 것이며, 수로 아래쪽으로 거리에 따라 만조의 도착 시간이 점진적으로 표시된다. 파가 빠르게 이동하는 곳에서는 선의 간격이 넓어질 것이며, 파의 속도가 느려지는 곳에서는 간격이 좁아질 것이다. 만약 켈빈파라면 등조차선은 수로의 한쪽 해안에서 다른 쪽 해안으로 조차가 감소하는 것을 보여

줄 것이다.

그림 5_8은 아일랜드해에서의 반일주조에 대한 등조석도를 보여준다. 조석파는 남측 입구를 통해 아일랜드해로 들어와 웨일스와 아일랜드 사이의 수로를 따라 위로 이동한다. 이곳의 조석은 진행파로 이동하며, 웨일스의 남쪽에서 북쪽으로 4시간에 걸쳐 이동한다. 웨일스 해안에 위치한 애버도비에서의 조차는 반대쪽 아일랜드 해안 아클로의 조차에 비해 세 배 이상 더 커서 파에 대한 지구 자전의 영향을 분명하게 확인할 수 있다.

아일랜드해 북부에서 등조석선은 사라지게 되며 조차는 리버풀과 영국 해안을 향해 계속하여 증가한다. 만조는 아일랜드해 북부 대부분에서 동시에 발생한다(대략 30분). 이는 웨일스와 아일랜드 사이에서 위로 진행하는 진행파가 영국 해안의 앞바다에서 반향을 일으켜 아일랜드해 내로 되돌아가기 때문이다. 그렇다면 아일랜드해 북부에서의 조석은 들어오는 파와 반향된 파의 합이 된다. 반대 방향으로 운동하는 두 개의 파가 합쳐지면 정상파가 만들어진다.

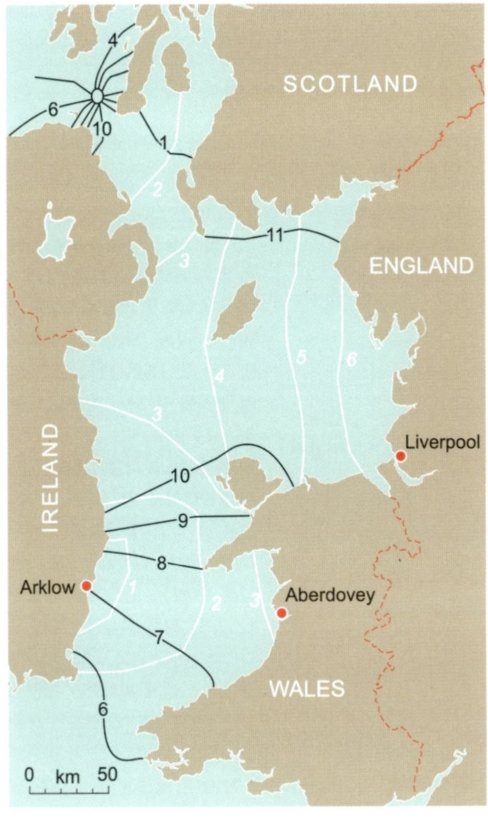

| 그림 5_8 | 아일랜드해의 주요 음력 반일주조에 대한 등조석도. 각각의 등조석선(검은색)을 따라 만조는 동시에 발생한다. 등조석선에 표시한 시간은 그리니치에서의 달의 남중 후의 만조 시간을 시간 단위로 보여주고 있다. 등조차선(흰색)을 따라 조차는 동일하며, 미터 단위로 표시하였다.

5_5 정상파

그림 5_9와 같이 만 내로 이동하여 만의 맨 위쪽에서 에너지의 손실 없이 반사되는 파를 생각해보라. 그렇다면 만에는 동

일한 규모로 반대 방향으로 움직이는 두 개의 파가 있게 되며, 어느 때라도 해수면의 형태(해류)는 두 파의 해수면 형태의 합이 될 것이다. 이로 인해 만의 맨 위쪽에서 파장의 ¼ 위치에 정지파 마디선(Nodal line)이 형성된다. 이 선을 따라 두 파의 수직 운동은 항상 서로를 상쇄한다. 즉, 마디선의 한쪽에서 간조이면 다른 쪽에서는 만조이며, 한쪽에서 만조이면 다른 쪽에서는 간조이다. 마디선에서 멀어질수록 조차는 증가한다(그림 5_9B).

두 파의 해류도 마디선에서 합쳐지지만, 이 경우에는 서로 강화되어 해류가 빠른 곳이 마디선이 된다. 해류의 최대 속도는 마디선으로부터 거리에 따라 감소한다. 순환은 그 후 다

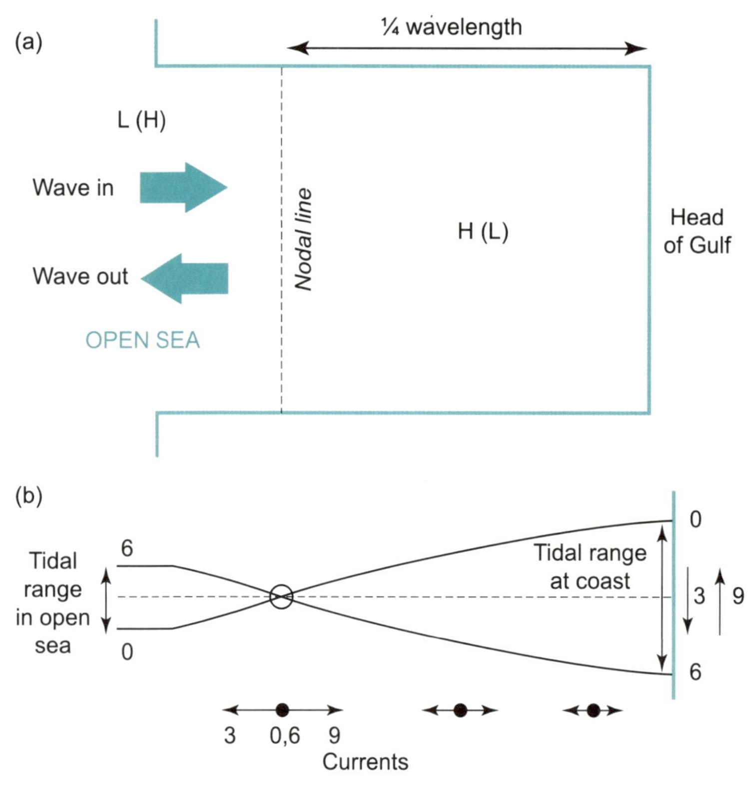

| 그림 5_9 | 외해(外海)와 연결된 만 내에서 정상파의 형성. 예: (A) 위에서 바라봄. (B) 측면에서 바라봄. 파는 외해로부터 만으로 진입하여 만의 맨 위에서 반사된 후 다시 밖으로 되돌아 나간다. 두 파는 합쳐져 만의 맨 위에서 1/4 파장에 위치한 마디선(마디선을 따라서는 조석이 없음)을 따라 정상파를 형성한다. 마디선의 한쪽에서 만조이면 다른 쪽에서는 간조이며, 한쪽이 간조이면 다른 쪽에서는 만조이다. 마디선이 만과 외해 사이의 경계와 가깝게 위치하면 해안에서는 상당한 크기의 조차의 증폭을 야기할 수 있다. 그림 아래의 숫자 0, 3, 6, 9는 조석 주기 동안의 시간을 나타낸다.

음과 같이 진행한다. 태음시(lunar hour) 0에서 만 최상부가 만조이면 해류는 어디서나 0이다. 3시에 물은 마디선을 통해 만 최상부에서 바깥으로 가장 빠른 속도로 흘러 만의 최상부에서의 수위는 떨어진다. 6시에 만 최상부에서는 간조이며 흐름은 다시 느려진다. 9시에 해류는 만의 최상부를 향해 빠른 속도로 흐르며 수위는 상승한다. 이 움직임은 욕조에서 손을 앞뒤로 움직여 만들 수 있는 슬로싱파(sloshing wave)와 유사하다. 욕조의 한쪽 끝에서 만조일 때 다른 한쪽 끝에서는 간조이며, 그 반대의 경우도 마찬가지다. 그 사이에 양쪽 끝의 수위가

같을 때 물은 한쪽 끝에서 다른 쪽 끝으로 가장 빠른 속도로 흐른다.

만이 해양과 만나는 곳에서 조차는 해양 조석의 조차와 일치해야 한다(그림 5_9B). 마디선이 이 합류점에 가까우면 만 최상부에서의 조차는 해양에서의 조차보다 훨씬 더 크다는 것을 의미한다. 이 효과는 연안해역에서의 조석을 증폭시켜 외해에서는 작은 조차가 연안에서는 훨씬 큰 조차가 될 수 있다. 바다는 가해지는 힘에 공명(Reconance)한다고 할 수 있으며, 적시에 규칙적으로 적용되는 작은 힘은 큰 반응을 만든다. 욕조에서 타이밍에 딱 맞게 힘이 가해지면 물이 철벅 튀어 나올 수 있다는 것이다.

그림 5_9에서 큰 증폭을 얻기 위해서는 만은 최상부에서 입구까지 ¼ 파장에 근접해야 한다. 만에서 조석의 파장은 수심에 따라 달라지기 때문에 공명은 수심과 만 길이(또는 대륙붕 단에서 해안까지 대륙붕 바다의 폭)의 특정값에서 발생한다. 캐나다 펀디만(Bay of Fundy)과 같이 조차가 큰 지역은 이 임곗값을 가진다. 그림 5_9에서는 ¼ 파장 길이가 조금 넘는 만을 제시하였으나, 길이가 ¾ 또는 1 ¼ 조석파장과

동일한 길이를 가진 만에서도 공명은 발생할 수 있다. 예를 들어 북해는 약 1¼ 조석파장 길이와 3개의 마디선(해안으로부터 ¼, ¾, 5⁄4 파장에서)을 가진 만이다.

5_6 무조 시스템

회전하는 지구에서 조석파의 흐름은 코리올리 효과에 반응한다. 물이 만에서 흘러나가면(그림 5_10에서 3시에) 코리올리 효과는 마디선을 따라 해수면에 경사를 형성하게 되므로, 마디선은 더 이상 조석이 없는 선이 아니다. 경사는 지구 자전에 의한 편향력의 균형(geostrophic balance)을 만들면서, 코리올리 힘과 평형을 이루는 압력구배를 만든다. 경사는 만의 상부에서 바라볼 때 오른쪽 해안을 향해 올라가도록 형성된다. 따라서 이 해안에서의 만조(왼쪽 해안에서는 간조)는 3시이다. 해류가 만 내로 흘러들어올 때(9시에) 코리올리 효과는 경사를 반전시킴에 따라 9시에는 왼편 해안이 만조이다. 마디선을 따라 수면은 한쪽으로 경사를 이루며, 시소와 같이 그다음은 다른 편으로 경사를 이루게 된다. 마디선의 중심점만 조석이 없는 곳으로 남는다(시소의 지렛대와 동일). 조석이 없는 지점을 무조점(無潮點)이라 한다. 조석파는 북반구에서는 반시계 방향으로 마치 찻잔 가장자리 주변을 파가 빙빙 도

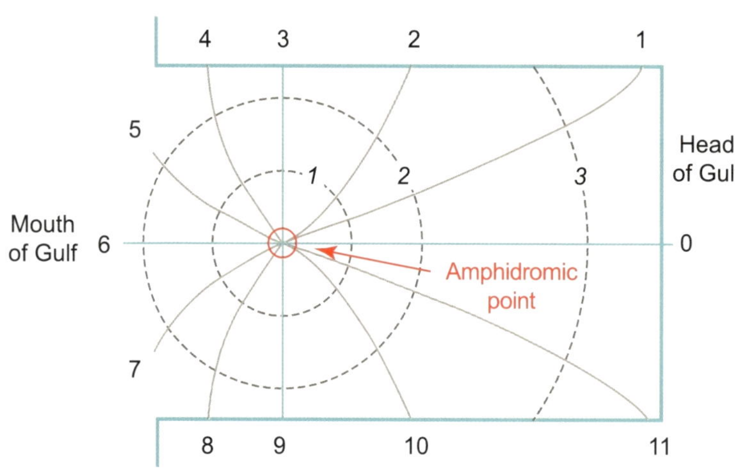

| **그림 5_10** | 북반구 무조 시스템에 대한 등조석도. 등조석선은 실선으로, 만조 시간을 태음시(만 최상부에서 만조는 0시에 발생한다)로 표시하였다. 점선은 등조차선이다. 지구 회전의 효과는 조석이 없는 마디선을 조석이 없는 단일 무조점으로 변환하며, 무조점 주변을 조석파는 반시계 방향으로 회전한다. 조차는 무조점으로부터의 거리에 따라 증가한다(그리고 조류는 감소한다).

는 방식처럼 이 점 주위를 소용돌이치는 것처럼 보인다. 마디점 주변을 반시계 방향으로 휩쓸고 있는 파를 무조 시스템이라 한다. 조차는 무조점으로부터 멀어지면 증가한다(조류는 감소한다).

조류와 해저면 간의 마찰은 조석파의 에너지를 감소시키며, 이는 파가 해저면을 따라 진행할수록 파고(이 경우에는 조차)가 작아진다는 것을 의미한다. 무조 시스템에서 마찰의 영향은 만 안쪽을 바라보면 마디선을 따라 왼쪽 해안을 향해 무조점을 이동시킨다. 아일랜드해 남부에서 마찰의 영향은 너무 커서 반사된 파는 사실상 완전히 사라질 때까지 줄어들게 되며, 여기에서 조석은 본질적으로 진입하는 켈빈파로 움직이나, 파는 약한 반사파에 의해 어느 정도 수정된 형태이다. 이와 같은 수정은 등조석선이 아일랜드의 육지에 있는 한 지점에서 수렴하고 있다는 사실에서 알 수 있다. 무조점은 어느 정도까지 왼쪽으로 이동하여 더 이상 바다에 있지 않은 것으로 상상할 수 있다(퇴화된 무조). 두 번째 조석파는 아일랜드와 스코틀랜드 사이의 노스 해협을 통해 아일랜드해로 진입한다. 이 파는 영국 해안 앞바다에서 반향

을 일으켜 아일랜드해 북부의 절반에서 정상파를 형성한다. 이 파의 경우 마찰 효과는 분명히 크지 않으며, 무조점은 노스 해협에서 형성된다.

5_7 조석 예측

중요한 해안 도시의 만조와 간조 시간과 수위를 보여주는 조석표는 해안 항해에 도움이 될 수 있도록 일간신문과 인터넷에 게시된다. 조석 예측의 과학은 곡선일치 기술(curve fitting technique)을 기반으로 한다. 수위의 측정은 항구에서 상당한 기간 동안 이루어진다. 가장 정확한 조석표를 만들려면 1년 이상의 관측이 필요하다. 그런 다음 조석 조화함수라고 하는 고정된 주기에 대한 여러 정현파 곡선(사인파波 모양으로 변화하는 곡선)을 이 데이터에 적용한다. 이러한 조화함수의 주기는 지구, 달 및 태양의 움직임에 의해 설정된다. 예를 들어 주태음반일주조 조화함수라고 하는 중요한 조화함수의 주기는 12시간 25분이다. 다른 조화함수는 태양의 조석과 달과 태양의 거리 및 적위(赤緯) 변화로 표현된다. 이러한 조화함수의 진폭과 위상은 수학적으로 조정하

여 더할 때 관측치에 가장 잘 맞는다. 이러한 최적의 진폭과 위상은 지정된 장소에 대해 고정되어 있으며, 조석상수라고 한다. 일단 조석상수가 결정되면, 각각의 조화함수는 미래의 어느 날에 대해서도 그래프로 나타낼 수 있다. 이들의 조화함수를 서로 더해 만조와 간조의 시간과 수위를 결정할 수 있다.

조석표는 많은 지역에서 사용할 수 있지만 모든 지역에서 다 사용할 수 있는 것은 아니다. 조석표가 만들어지지 않은 어떤 한 지역에 대한 조석표는 선택한 위치에서의 만조와 조석표가 있는 인근 항에서의 만조 간의 시간 차로 만들 수 있다. 이 조석 보정은 항이 너무 멀리 떨어져 있지 않은 한 꽤 일정해야 한다. 조차에 대한 보정도 적용 가능하다. 현대적인 조석 예측 방법은 수학적 분석이 요구되며, 이는 현대식 컴퓨터에서 쉽게 수행할 수 있다. 역사적으로 컴퓨터가 사용되기 훨씬 전에는 리버풀과 브리스톨과 같은 중요한 항에 대한 정확한 조석표가 만들어졌다. 이들 조석표의 제작자(리버풀의 경우 홀든 형제)는 제작 방법에 대한 비밀을 죽을 때까지 공개하기를 거부했다. 이들의 방식은 관측값에 맞추기 위해 만조 시기

와 높이를 보정한 정역학적 조석(靜力學的潮汐)에 기반했을 것으로 보인다.

5_8 조류와 조석에너지

조석과 연동되는 물의 수평운동은 조석 흐름 또는 조류라고 한다. 해안 근처 또는 하구에서 육지를 향하는 물의 흐름을 밀물이라고 하며 육지로부터 멀어지는 흐름을 썰물이라고 한다. 조류는

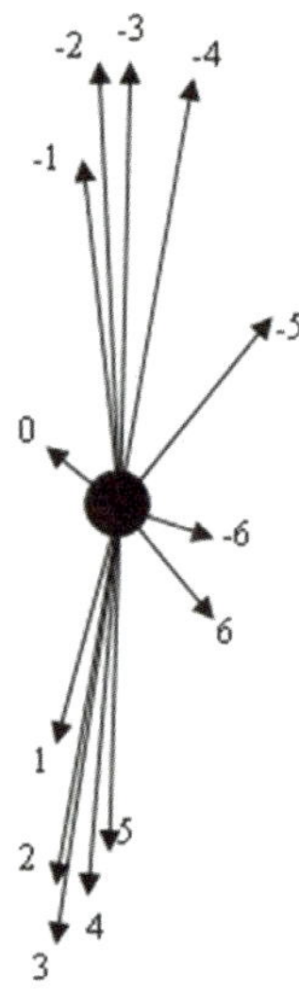

| 그림 5_11 | 아일랜드해의 한 지점에서 조류의 속도와 방향은 해당 지역 항구의 만조 시각을 기준으로 한 시간에 따라 변화한다. 최대 조류 속도가 0.9노트이며, 최대 유속이 만조 3시간 전에 발생한다는 사실은 이 지역의 조석이 정상파 형태로 나타나고 있음을 보여준다(그림 5_9 참조).

몇 노트까지는 매우 빠를 수 있으나, 주어진 방향으로 너무 오랫동안 흐르지는 않는다. 대칭을 이루는 조석에서 밀물과 썰물은 각각 6태음시 동안 또는 6시간 12분 동안 지속될 것이다.

현재 선진국에서는 조류에 포함된 일부 에너지를 추출하는 데 많은 관심을 가지고 있다. 이를 위한 최적의 장소는 조류가 가장 빠른 곳으로, 따라서 무조점은 조류발전소를 설치하기에 좋은 장소이다. 조류는 지역의 지형에도 영향을 받는다. 예를 들면 좁은 수로는 빠른 흐름을 가질 수 있으며, 흐름은 곳에서 가까운 곳에서 빨라질 수 있다.

조류로부터 사용 가능한 에너지를 생산하기 위해 터빈은 조석 주기에 따라 방향을 바꿀 수 있어야 한다. 조류로부터 추출할 수 있는 동력

| **그림 5_12** | 조류는 좁은 해협을 통과할 때 특히 빠르게 흐르며, 북웨일스의 메나이 해협과 같은 좁은 해협에서는 가장 좁은 지점에서 조류 속도가 최대 8노트에 달하기도 한다.

은 조류 속도의 세제곱에 따라 달라지므로 속도가 증가할수록 동력도 급격히 증가한다. 조류 에너지는 신뢰할 수 있고 예측 가능하다. 하루 중 각기 다른 시간에 전력의 최대 생산을 달성할 수 있도록 해안 주변의 여러 장소에 일련의 터빈 농장을 설치함으로써 지역의 수요를 충족할 수 있다.

이외에도 댐이나 보를 이용하여 조력을 추출할 수 있다. 해수는 밀물일 때 보 내측의 분지로 흘러들어갔다가 개방수역이 저조일 때 배수되어 나가면서 전기를 생산하는 터빈을 돌린다. 높은 비용을 제쳐두고 조력댐을 반대하는 주된 이유는 이들이 댐(보) 내부의 평균 해수면을 높여 새들의 중요한 섭이 장소인 갯벌을 범람시키기 때문이다.

5_9 하천에서의 조석 현상

조석은 일부 하천을 따라 매우 먼 내륙까지 전달될 수 있으며, 예를 들어 아마존강에서는 조석 현상이 내륙 1,000km 지점에서도 관측된다. 하천이나 하구에서의 조석은 외해에서의 조석과는 다른 양상을 보이기도 한다. 일반적으로는 짧고 빠른 창조(flood tide)와 길고 느린 낙조가 나타난다.

조류에 의한 퇴적물의 수송은 유속에 따라 비선형적으로 증가하기 때문에, 창조 시 더 많은 모래와 진흙이 하천으로 유입되며, 낙조 시 배출되는 양보다 많다. 이러한 이유로 대형 선박이 이용하는 조석 하천에서는 지속적인 준설이 필요하다.

전 세계의 일부 하천에서는 조석이 조석해일(Tidal bore) 형태로 내륙 깊숙이 전달된다. 이러한 현상은 매우 극적일 수 있는데, 높이 약 1m의 물의 벽이 강을 거슬러 올라가며 때때로 서퍼들이 그 뒤를 따르기도 한다. 조석해일은 때로 파동이 연속적으로 이어지는 '파동성 조석해일'의 형태로 나타나기도 하며, 이는 그림 5_13에서 확인할 수 있다.

조석해일은 시각적으로 매우 인상적인 현상으로, 때때로 해일이 도달하기 전부터 강둑에 부딪히는 파도 소리가 들릴 정도이다. 고대 문명에서 조석의 원인은 완전히 미스터리였다. 1687년 아이작 뉴턴은 만유인력의 법칙을 발표하였고, 하루에 두 번의 조석이 발생하는 이유에 대해 처음으로 과학적인 설명을 했다. 이후 해양, 대기, 암석권 내에서 조석 현상은 당대 최고 과학자들의 지적 관심을 끌었다.

20세기에 이르러 조석 연구의 주요 초점은 조석을 정밀하게 예측하는 것과, 해양 내에서 조석파가 어떻게 전파되는지를 심층적으로 이해하는 데 있었다. 오늘날에도 조석은 해양학에서 중요한 연구 주제로 남아 있으며, 특히 해양 내 수괴의 혼합에 미치는 영향에 대해 활발히 연구되고 있다.

6_ 해양의 경계면

대양의 심해를 가까이에서 직접 볼 수 있는 사람은 많지 않다. 대부분의 사람들에게 가장 가까운 해수는 대륙붕 위에 있다. 대륙붕은 마지막 빙하기 말기에 해수면 상승으로 침수된 대륙 지각의 일부이다. 대륙붕해는 주요 대양보다 훨씬 얕으며, 일반적으로 수심이 200m를 넘지 않고, 그 폭은 거의 없는 곳부터 수백 킬로미터에 이르기까지 다양하다. 특히 넓은 대륙붕은 북유럽, 남아메리카, 북호주, 북극 등 여러 지역에서 발견된다.

대륙붕과 심해가 만나는 경계에서는 짧은 거리 안에도 수심이 급격히 깊어지는 변화가 나타난다. 이 구간을 선박을 타고 지나가면서 음향측심기를 통해 보면, 마치 절벽 끝에서 아래로 떨어지는 듯한 인상을 받을 수 있다(그림 6_1). 대륙사면의 해저 경사는 육지의 가파른 산지에 해당하며, 실제로 산맥이 협곡에 의해 절단되는 것처럼, 대륙붕의 경계 역시 종종 깊은 해저 협곡으로 잘려 있다. 이러한 협곡을 따라 밀도가 높은 해수 및 다양한 물질이 대륙붕에서 심해로 이동한다.

이 장에서는 대륙붕해가 심해와 어떻게 다르게 움직이는지를 살펴본다. 우선 주목할 점은, 대륙붕해에서의 해수 순환은 국지적이라는 것이다. 대양의 주요 해류들이 대륙붕 가장자리에서 나타나는 급격한 수심 변화에 따라 더 깊이 흐르지 못한다. 해저에 도달할 정도로 깊은 지균류(geostrophic currents) 위아래로 흐르기보다는 등수심선을 따라 흐르는 경향이 있다.

또한 대륙붕해는 동일 면적의 심해와 비교할 때 생물학적으로 생산성이 높다. 이는 수심이 얕아 바람과 조석에 의해 수직으로 완전히 혼합될 수 있기 때문이며, 그 결과 해저의 영양염이 수층 내로 재순환될 수 있다. 반면, 이러한 재순환은 심해에서는 매우 어렵고 느리게 일어난다. 온대 지역의 대륙붕해에서는 이러한 수직 혼합이 계절적 패턴을 따르는데, 겨울철에는 수직적으로 완전히 혼합되고, 여름

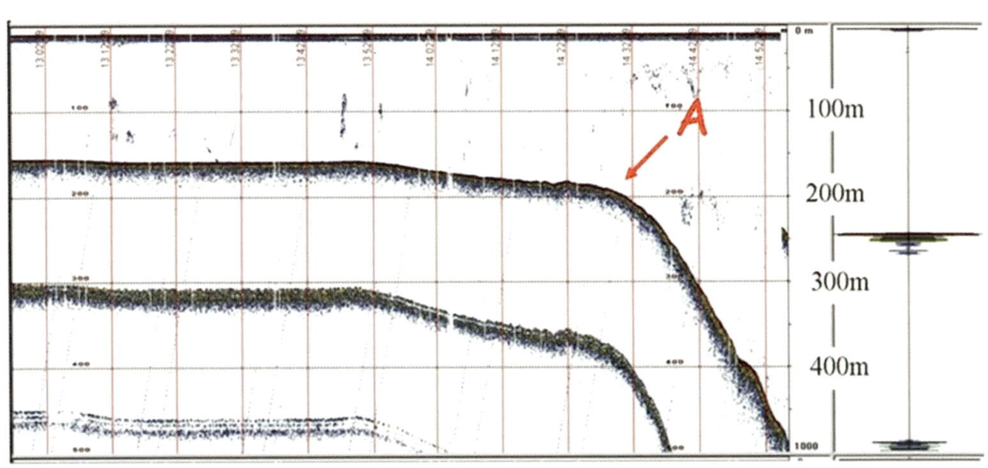

| 그림 6_1 | 아일랜드 남쪽 대륙붕에서 대서양으로 항해 중인 선박에서 얻은 음향수심 측정 기록. 해저 경사의 급격한 변화가 나타나는 A 지점은, 오른쪽의 심해(대양)와 왼쪽의 대륙붕이 만나는 경계를 나타낸다. 해저로부터의 다중 반사에 의해 서로 다른 흔적이 기록되었다.

철에는 수층이 층상으로 나뉜다. 이때 따뜻한 표층수는 차가운 저층수와 분리되며, 그 사이에는 계절성 수온약층이라 불리는 경계층이 형성된다.

6_1 계절성 수온약층

여름철 조류가 너무 세지 않은 온대 대륙붕 바다 깊은 곳에서 관측한 결과에 따르면 물은 열적 구조를 가지고 있다. 그것은 층으로 나뉘어져 있는데, 표층의 따뜻한 물은 보다 깊은 층에서 형성된 차가운 물 위에 놓여 있다(그림 6_1). 해수면 바로 아래에는 태양에 의해 따뜻해지고 바람에 의해 교반된 층이 있는데, 이를 표면혼합층(Surface mixed layer) 또는 바람혼합층이라고 한다. 이 아래는 깊이에 따라 수온이 감소하는 계절성 수온약층(Seasonal thermocline)이 분포한다. 대륙붕 바다의 수온약층 아래에는 일반적으로 해저까지 확장되는 다른 혼합층(바닥혼합층)이 있다. 물이 이런 식으로 층층이 쌓여 있는 것을 성층화되었다고 한다.

계절성 수온약층은 이른 봄(북반구에서는 3월 말이나 4월 초)에 형성된다. 이는 처음에는 조류가 약한 대륙붕의 깊은 곳에서 발달한다. 영국제도 주변에서 이와 같은 계절성 수온약층이 나타나는 지역은 북해의 북부와 아일랜드 남쪽의 켈트해가 있다. 층화된 지역은 이후 몇 주 안에 수심이 보다 얕은 수역으로 빠르게 확산되며, 동시에 성층이 강화된다. 대부분의 태양열은 이제 표면혼합층으로 들어가 물기둥의 수면과 바닥 간의 온도 차는 증가한다. 한여름까지 수면과 바닥 사이의 온도 차는 몇 도가 될 수 있으며, 대부분의 이런 현상은 수온약층 중 단 몇 미터 안에서만 일어난다. 하지 이후에는 해수면이 식기 시작하고, 동시에 가을이 다가오면서 풍속이 증가하는 경향이 있다. 이제 표면혼합층은 깊어지고 수온약층은 해저면 쪽으로 내려간다. 이 과정은 깊고 차가운 물을 표면혼합층으로 전달하여 온도를 더 낮추고, 결국 물기둥은 수직으로 혼합된다. 그러나 이 작업은 시간이 걸리고 잔여 성층수는 12월 초까지 북반구의 대륙붕 바다에 남아 있을 수 있다.

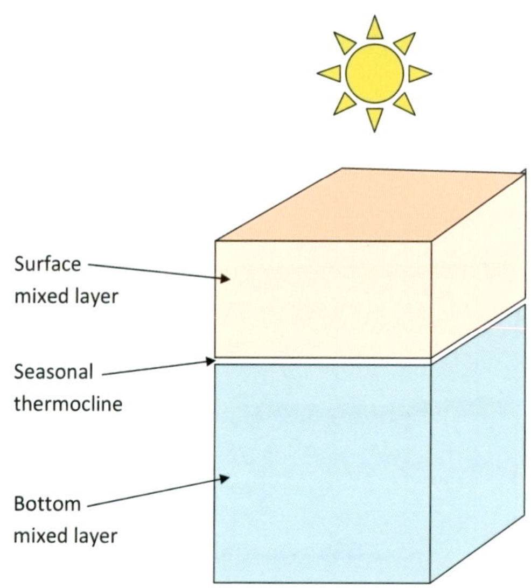

| **그림 6_2** | 여름철 대륙붕 바다에서 흔히 발생하는 층화된 물기둥. 계절성 수온약층으로 인해 태양에 의해 데워지고 바람에 의해 교반된 표면혼합층은 깊고 차가운 조석에 의해 교반된 수층과 나뉜다.

겨울 동안 대륙붕 바다는 여름의 온기를 대기로 보내면서 식는다. 표층에서 식은 물은 대류 역전으로 가라앉게 되며 물기둥은 다음 봄이 다시 시작되어 따뜻해질 때까지 수직적으로 혼합된 상태로 유지된다.

심지어 여름에도 열적 성층에 영향을 받지 않는 상태로 남아 있는 대륙붕이 있을 수 있다. 여기에는 해안과 가까운 얕은 바다(수심 10m 미만)가 포함되는데, 이 지역은 바람과 파도가 함께 작용하여 난류를 생성함으로써 태양열을 해수면에서 해저면까지 혼합한다. 보다 깊은 곳의 경우, 조류는 수직혼합에 매우 효과적일 수 있으며, 따라서 매우 빠른 조류가 흐르는 지역, 예를 들어 무조점(amphidromes) 부근에서는(5장 참조) 연중 수직으로 혼합된 상태를 유지할 수 있다.

6_2 수온약층에서의
안정 및 혼합

여름철 계절성 수온약층이 존재하는 경우는 바다에서 물질을 수직으로 수송하는 데 장벽으로 작용하며, 대륙붕 바다에서 생물과 퇴적물 수송에 중요한 결과를 초래한다. 봄철 일조량이 풍부한 표면혼합층에서는 식물플랑크톤 대증식(또는 빠르게 성장)이 일어난다(자세한 내용은 10장에 제시). 이 봄철 대증식은 표층의 영양염을 소진해버리지만, 식물플랑크톤이 성장하기에 너무 어두운 바닥층에서는 그렇지 않다. 결과적으로, 여름철 수온약층은 일조량은 풍부하지만 영양이 고갈된 표층과 어둡지만 영양이 풍부한 바닥층으로 나뉜다.

수온약층이 왜 수직혼합의 장애물로 작용하는지에 대해서는 해수 밀도에 대한 온도의 영향을 상기하면 이해할 수 있을 것이다(2장 참조). 따뜻한 물은 차가운 물보다 밀도가 낮다. 표면혼합층으로부터 물을 수온약층을 통해 아래로 밀어내려고 하면 부력에 의해 뒤로 밀려나게 될 것이다(비치볼을 바닷속에 밀어 넣으려고 한 적이 있다면 이 효과에 익숙할 것이다). 마찬가지로 바닥혼합층으로부터 물을 들어 올리려고 한다면 그것은 다시 바닥으로 가라앉게 될 것이다. 왜냐하면 바닥혼합층의 물이 상층부에 비해 밀도가 더 높기 때문이다(그림 6_2). 수온약층을 통한 물의 혼합은 가능하나 그렇게 하기 위해서는 에너지가 필요하다.

대륙붕 바다에서 수직혼합에 사용할 수 있는 주요한 두 가지 에너지원이 있다. 이들 에너지원은 (a) 수면에 작용하여 표면혼합층에서 혼합을 발생시키는 바람의 영향과 (b) 해저면에 마찰하여 바닥혼합층에서 혼합을 발생시키는 조류가 있다. 이 에너지원들이 혼합층을 형성하고, 혼입이라 불리는 과정에 의해 수층 간의 혼합(수온약층을 가로지르는 혼합)을 발생시킬 수도 있다(6_4 참조).

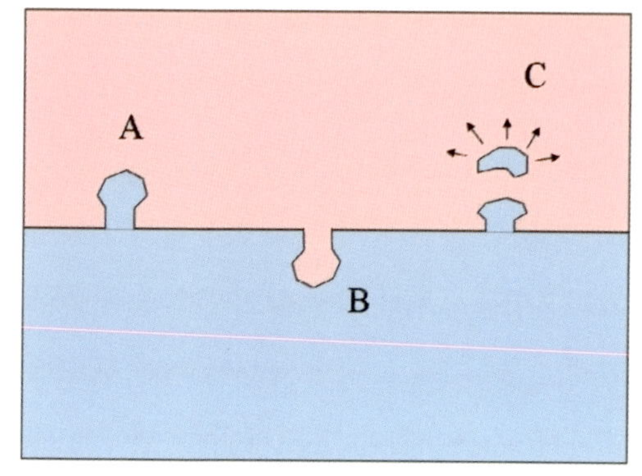

| **그림 6_3** | 수온약층 장벽. 따뜻한 표층수는 분홍색으로, 차가운 심층수는 파란색으로 표시된다. 상부의 따뜻한 층으로 침입한 차가운 물(A)은 주변의 따뜻한 물에 비해 밀도가 더 높으므로 다시 아래로 가라앉는다. 유사하게 아래쪽으로 침입한 따뜻한 물(B)은 부력으로 인해 다시 부상한다. 침입은 밀도 차를 극복하기에 충분한 에너지가 주어지는 경우에 한해 수온약층을 가로질러 물의 이동이 일어날 수 있다. C에서 차가운 저층수는 표층으로 혼입되고 있다.

6_3 표면혼합층의 두께

그림 6_4는 대륙붕 바다에서 계절적 성층을 내다보는 유용한 방법을 보여준다. 표면혼합층은 태양에 의해 데워지고 바람에 의해 교반된다(기계식 교반기로 묘사). 바닥혼합층은 조석에 의해 섞이고(다른 기계식 교반기로 묘사) 수온약층이 두 층을 분리한다. 그런 다음 간단하되 적합한 에너지 모델을 사용하여 표면혼합층의 두께가 풍속과 태양에 의해 데워지는 속도에 따라 어떻게 달라지는지를 확인할 수 있다.

표층은 태양에 의해 데워지면 팽창하므로 무게중심이 상승함에 따라 위치에너지도 증가한다. 표면혼합층의 위치에너지 증가 속도는 혼합층의 두께와 순 가열 속도(수면을 통과하는 태양열의 흐름에서 대기로 돌아가는 열 손실을 뺀 값)를 곱한 값에 비례하는 것을 알 수 있다. 표면혼합층의 두께를 h라 하고, 순 가열 속도를 Q_N이라고 하면, 위치에너지의 증가 속도는 hQ_N에 비례한다. 바람이 바다에 에너지를 더하는 속도는 풍속의 세제곱에 비례한다(바다에 대한 바람의 마찰력은 풍속의 제곱에 따라 변하며, 이 힘에 의해 이루어지는 작업의 속도는 힘에 풍속을 곱한 것과 같기 때문이다). 바람에 의해 바다로 들어가는 대부분의 에너지는 열로 소멸되거나 파도를 만드는 데 사용되지만, 소량(1% 미만)은 태양열을 혼합하는 과정을 통해 아래로 보내 표면혼합층을 형성하는 데 사용된다. 풍력 에너지의 일정한 분율이 이 목적으로 사용된다고 가정해보자. 그러면 표면혼합층을 만드

$$h = C\frac{w^3}{Q_N}$$

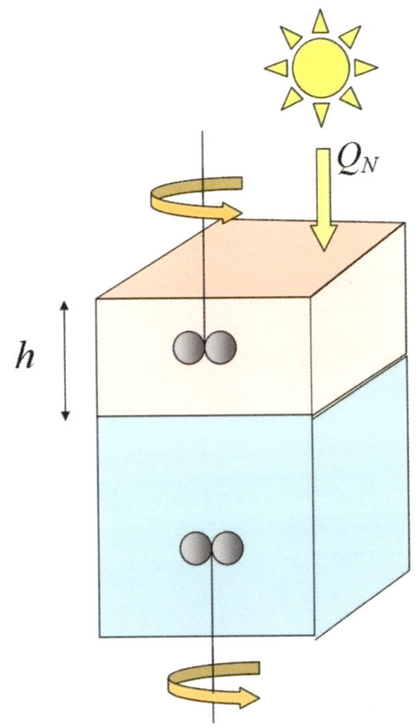

| 그림 6_4 | 계절성 수온약층의 가열–교반 모델. 바다는 태양에 의해 데워지며(순가열속도 Q_N으로) 수면은 바람에 의해, 바닥은 조석에 의해 각각 교반된다(여기서 교반은 패들을 회전하는 것으로 나타냄). 바람에 의한 교반은 수온약층을 아래로 내려가게 하며, 조석에 의한 교반은 수온약층을 위로 올라가게 한다. 그 결과, 수온약층의 위치(및 층의 두께)는 두 과정 간의 균형에 따라 달라진다.

는 데 사용할 수 있는 풍력에너지는 w^3에 비례한다. 여기서 w는 풍속이다. 정상 상태에서 에너지 투입은 에너지 증가와 정확히 균형을 이루며, w^3에 비례하는 것은 hQ_N에 비례하는 것과 같다.

여기서 C는 상수이다. 실험에 따르면 h는 m로, w는 m s^{-1}로, Q_N이 W m^{-2}로 표시되며, C는 약 8과 같다.

위의 식은 풍속과 해수면을 통한 열 전달을 안다면 표면혼합층의 두께를 추정하는 데 사용될 수 있다. 열 전달은 수온의 변화로부터 추정할 수 있다. 물이 데워진다는 것은 수면을 통한 양의 열 전달이 일어난다는 것을 의미한다. 물이 식으면 바다는 대기로 열을 되돌려준다. 표 6_1은 플리머스 해양연구소(Plymouth Marine Laboratory)에서 운영하는 영국해협의 고정 관측소(정점 E1)에 대해 위의 식을 이용하여 계산한 Q_N의 추정치를 보여준다. 순 열 전달(net heat flux)은 6개월 동안은 양수(바다는 데워짐)이고, 나머지 6개월 동안은 음수이다. 표는 또한 웨일스 해안의 애버포스(Aberporth)에서 측정된 월평균 풍속과 식으로부터 계산된 표면혼합층의 깊이를 보여준다.

Q_N이 음수이면 혼합층의 깊이는 계산할 수

월	Q_N W/m²	w m/s	h m
1월	−57	7.4	−
2월	−50	7.2	−
3월	−14	6.9	−
4월	50	6.1	36
5월	99	5.6	14
6월	92	4.9	10
7월	78	4.7	11
8월	48	5.6	29
9월	5	5.9	330
10월	−53	6.4	−
11월	−110	7.1	−
12월	−86	7.9	−

없다는 점에 주의해야 한다. 표면혼합층은 표면이 가열될 때만 형성된다. 표면혼합층이 냉각될 때, 대류는 물기둥을 뒤집어 혼합층 깊이는 수심과 동일해질 것이다. 또한 9월에는 표면혼합층의 깊이는 330m로 계산되는 점에 주의해야 한다. 이 관측소의 총수심은 약 50m에 불과하므로, 이러한 결과는 수면이 아직 약하게 가열되는데도 불구하고 이달에는 실제 물기둥이 잘 섞일 것임을 의미한다.

6_4 혼입

표면혼합층은 혼입이라는 과정을 통해 가을 몇 달 동안 깊어진다. 표층에서 바람에 의해 생성되는 난류는 수온약층에서 파동(또는 내부파, 2장 참조)을 만든다. 이 파동이 충분히 강해지면 상부의 수층이 깨져 수괴는 하부에서 상부로 이동할 수 있다. 혼입은 항상 비교적 정온한 물에서 보다 강하게 교반되는 물을 향해 발생한다. 혼입된 물은 표층의 부피를 증가시키고(바닥층의 부피는 감소), 결과적으로 수온약층은 혼입 속도로 아래로 이동한다. 혼입된 물은 바닥층의 물질을 표층으로 이송한다. 예를 들어 이 프로세스를 통해 플랑크톤에 필요한 영양소가 바닥층에서 표층으로 운반된다(10장 참조).

표층으로 혼입이 발생하는 것과 동시에 조석혼합에 의해 바닥층이 교반되면 표층수가 바닥혼합층으로 혼입된다. 표층수가 더 따뜻하므로 이러한 혼입은 바닥혼합층을 따뜻하게 만드는데, 이는 저층 수온 기록에서 관찰된다(그림 6_5).

바닥층이 따뜻해지는 속도로부터 조석혼합으로 인한 혼입 속도를 계산할 수 있다. 혼입 속도는 데워지는 속도에 바닥층의 두께를 곱하고 표층과 바닥층 간의 온도 차로 나눈 값과 같다. 여름철 정점 E1에서의 바닥층 두께는 약 30m이다. 여름철 바닥층이 데워지는 속도(그림 6_5)는 6개월 동안 약 5°C 또는 하루에 약 0.03°C이다. 6월의 경우 표층과 바닥층 간의 온도 차는 약 2°C이다. 이 수치들은

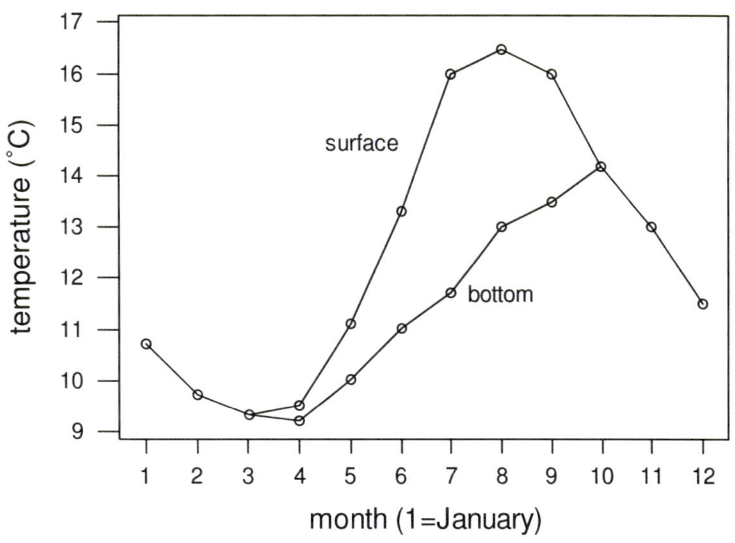

| **그림 6_5** | 영국해협 관측소 정점 E1에서의 연간 표층 및 저층 수온 변화.

0.5m day-1의 혼입 속도를 제공한다. 수온약층은 반드시 이 속도로 위쪽으로 이동하지 않는데 이는 바람에 의한 혼합이 동시에 수온약층을 아래쪽으로 밀기 때문이다. 수온약층의 순 이동 속도는 조석에 의한 위쪽으로의 혼입 속도와 바람에 의한 아래쪽으로의 혼입 속도 간의 차이다. 수온약층이 움직이지는 않으나, 물이 바람과 조석의 교반에 의해 동일한 속도로 수온약층에 걸쳐 혼입되는 상황이 발생할 수 있다.

6_5 조석혼합 전선

바람과 조석에 의한 합동 교반이 충분히 강하면, 계절성 수온약층이 형성되는 것을 완전히 막을 수 있어 물은 1년 내내 수직으로 혼합된 상태로 유지된다. 이는 아일랜드, 영국해협 및 북해 남부의 대부분을 포함하여 조류가 강한 북서 유럽 대륙붕의 대부분에서 발생한다. 조류가 그렇게 빠르지 않은 다른 곳에서는 여름에 계절성 수온약층이 형성된다. 수직으로 혼합된 물과 층화된 물 사이에 전이가 발생하는 곳을 조석혼합 전선(Tidal mixing fronts)이라고 한다(그림 6_6).

전선의 한쪽에서 물은 열적으로 층화되어 있으며 차가운 물 위에 따뜻한 물이 놓여 있다. 전선의 다른 쪽에서 물은 수직으로 혼합되어 해수면에서 해저면에 이르기까지 차가운 물이 균일한 상태를 유지한다. 물색과 투명도의 변화가 자주 발생하는데, 이는 전선을 가로지르는 배나 비행기에서 보면 뚜렷하게 확인된다(그림 6_7). 표층수의 온도에도 차이가 있다. 이 이유로 조석혼합 전선은 우주에서 열 적외선

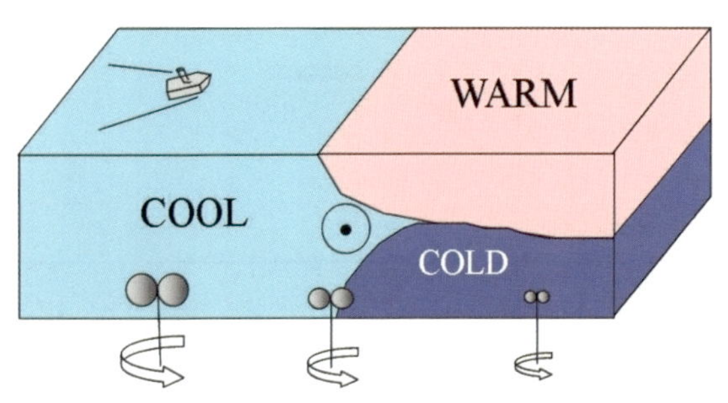

| 그림 6_6 | 조석혼합 전선은 여름철 대륙붕 바다에서 층화된 물과 수직으로 혼합된 물을 나눈다. 수면에서 전선은 따뜻한 물에서 차가운 물로 전이된다. 회전하는 패들은 층화된 물의 방향으로 약해지는 조석 교반의 기울기를 보여준다. 수온약층 깊이에서 점으로 표시된 원은 전선에 따른 흐름을 나타낸다(6_6 참조).

| 그림 6_7 | (A) 조석혼합 전선의 항공 사진. 전선 오른쪽의 층화된 물은 전선 왼쪽의 보다 밝은 파란색을 띠는 혼합수와 비교된다. (B) 전선의 수면을 내려다본 것으로, 식물플랑크톤, 깃털 및 일부 해초가 모여 있는 전선 경계면 바로 아래에서 CTD 로젯샘플러를 이용하여 채수 중인 모습을 보여주고 있다.

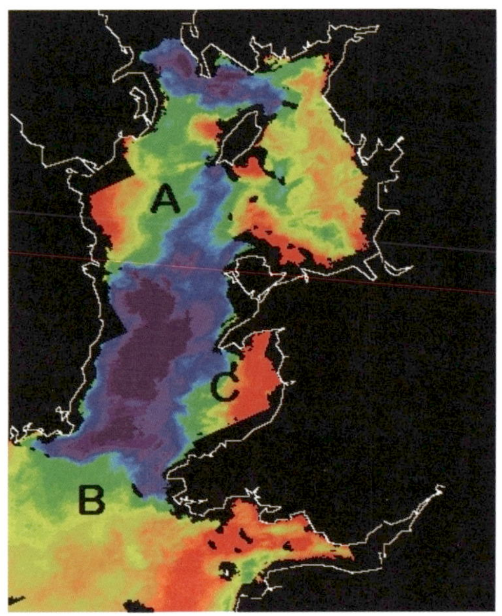

| 그림 6_8 | 아일랜드해의 해수면 온도를 보여주는 위성 적외선 이미지. 차가운 표층수는 보라색과 청색, 따뜻한 물은 초록색, 노란색 및 적색이다. 해수면 온도의 가파른 기울기를 나타내는 곳은 A, B, C로 표시하였으며, 이는 조석혼합 전선과 관련되어 있다.

영상으로 확인할 수 있다(그림 6_8).

대기에서의 기상전선과 달리, 조석혼합 전선은 매년 같은 장소에서 형성된다. 이는 그 위치가 조류 세기에 대한 지리적 분포에 영향을 받으며 시간에 따라 변하지 않기 때문이다. 즉, 조류가 강한 곳은 항상 조류가 강하다.

그림 6_3의 에너지 논의를 확장하여 전선의 위치에 대한 기준을 도출할 수 있다. 물이 수직으로 혼합되기 위해서는 열팽창에 의해 위치에너지가 증가할 수 있도록 충분한 교반 에너지가 공급되어야 한다. 수직으로 혼합된 수심 h인 물기둥의 경우 순 가열 속도 Q_N으로 가열될 때 위치에너지의 증가 속도는 hQ_N에 비례한다. 바람에 의해 에너지가 공급되는 속도는 풍속의 세제곱에 비례한다. 마찬가지로 조석에 의해 에너지가 공급되는 속도는 조류속의 세제곱에 비례한다. 교반 에너지의 공급 속도를 위치에너지의 증가 속도와 같게 하면 다음 식을 얻을 수 있다.

$$au^3 + bw^3 = hQ_N$$

사실, 이들의 이름에서 알 수 있듯이, 조석혼합 전선에서 대부분의 에너지는 조류에 의해 제공된다. 그러므로 이 식에서 첫 번째 항에 비해 두 번째 항은 무시할 만하다. 교반이 충분한 속도로 이루어지지 않으면, 즉 $au^3 < hQ_N$, 완전한 수직혼합은 유지될 수 없으며, 물기둥은 성층화된다(이제 표면혼합층만 확장되므로 위치에너지의 증가 속도는 즉시 줄어든다). 따라서 조석혼합 전선에서 정확히 다음의 수식

이 성립한다.

$$au^3 = h\,Q_N \ \ \text{or} \ \ \frac{h}{u^3} = \frac{a}{Q_N}$$

Q_N은 주어진 대륙붕 바다에서 지역에 따라 많이 변하지 않으므로 전선은 효과적으로 $\frac{h}{u^3}$ = 상수(constant)인 선을 따라 발생할 것이다. 조석혼합 전선은 수심을 유속의 세제곱으로 나눈 값이 특정한 값과 동일한 해역에서 형성될 것이다. u를 밀물 시 최대 수면조류속이라고 하면, 상수값은 약 70이 될 것이다. 그러므로 수심이 70m이면 조석혼합 전선은 최대 조류속이 약 1m s⁻¹인 선을 따라 발생할 것으로 예상된다. 이보다 조류가 더 약한 곳은 성층화되고 조류가 더 강한 곳은 수직으로 혼합될 것이다.

조석혼합 전선이 처음으로 연구된 아일랜드해에서 전선은 맨섬(Isle of Man)의 남쪽 끝에서 아일랜드 동쪽 해안을 향해 흐른다(아일랜드해 서부 전선). 이 전선은 혼합된 물은 동쪽(조류가 강한 곳)으로, 층화된 물은 서쪽(조류가 약한 곳)으로 분리한다. 영국 주변의 다른 주요 조석혼합 전선들로는 아일랜드해로 들어가는 남쪽 입구를 가로질러 뻗어 있는 전선(켈트해 전선), 스코틀랜드 서해안 앞바다의 전선(아일라 전선), 그리고 북해를 가로질러 뻗어 있는 긴 전선(플램버러곶)이 있다. 또한 조석혼합 전선은 캐나다의 조지스뱅크, 뉴질랜드의 쿡 해협 및 남미의 파타고니아 대륙붕을 포함하여 전 세계의 많은 대륙붕 바다에서 발견되었다.

6_6 조석혼합 전선의 역학

실험실 수조에서 그림 6_6에 나타낸 구조를 만들기는 어려울 것이다. 따뜻한 표층수는 왼쪽을 향해 퍼져나가는 경향이 있다(그리고 차가운 저층수는 바닥을 따라 퍼져나가거나 그림의 왼쪽을 향해 퍼져나가는 경향이 있다). 바다에서는 코리올리 효과(3장 참조)에 의해 이런 일이 발생하지 않는다. 따뜻한 표층수는 처음에는 퍼져나가지만 이후 지구 자전의 영향을 받아 오른쪽(북반구에서)으로 방향을 바꾼다. 차가운 저층수에도 똑같은 일이 일어난다. 이 효과는 전선을 따라 흐름을 만든다.

실제로 이러한 흐름은 표면 경사를 만들고,

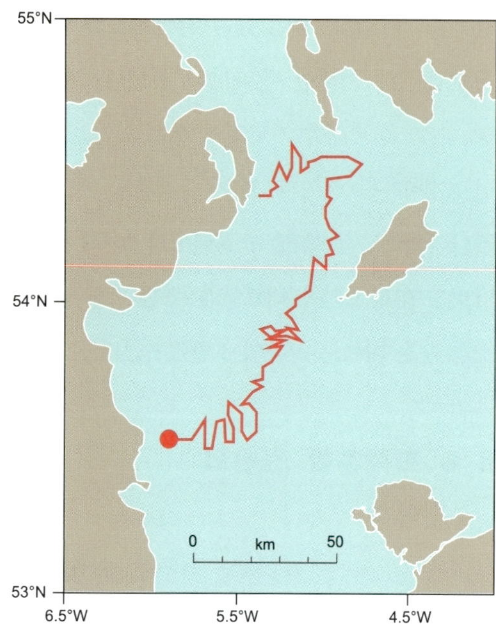

| 그림 6_9 | 아일랜드해에서 위성 추적 부표의 경로. 부표는 아일랜드해의 이 부분에서 전선을 따라 흐르며, 환류로 알려진 반시계 방향의 순환을 따라 이동한다.

이후 흐름은 조정되어 초당 수십 센티미터의 속도로 수온약층의 깊이에서 전선을 따라 흐르는 단일 흐름을 형성한다. 이 흐름의 방향을 따라 바라볼 때 그 왼쪽의 층화된 물과 함께 이동한다. 이 흐름은 전선에서의 조류에 비해 약하기 때문에 전통적인 유속계로는 감지하기 어렵다. 그러나 수온약층 깊이에서 수중 돛(또는 드로그drogue)이 부착된 위성추적 뜰개를 사용하는 라그랑주(Lagrangian) 관측으로는 탐지할 수 있다. 아일랜드해 서부 전선에서 이러한 뜰개는 서쪽의 층화된 물과 함께 흐르며 층화된 물의 순환을 완성한다(그림 6_9). 따라서 아일랜드해의 이 부분은 때때로 환류로 불린다.

우리는 조석혼합 전선이 수심을 조류의 세제곱으로 나눈 ($\frac{h}{u^3}$) 일정한 값이 만드는 선을 따라 형성된다는 것을 알게 되었다. 조류의 세기인 u는 밀물/썰물 순환에 따라 변화하고, 이 경우 전선은 $\frac{h}{u^3}$의 임곗값을 유지하기 위해 전선의 위치를 조정한다. 이 움직임을 전선의 밀물/썰물 조정이라고 한다. 밀물 때는 전선에 인접한 일부 성층화된 물은 혼합되어 전선은 층화된 물 안으로 들어간다. 썰물 때는 전선에 인접한 일부 혼합수는 층화되어 전선은 다시 뒤로 이동한다.

이 움직임은 우주에서도 관찰할 수 있다. 이는 단지 몇 킬로미터로 크지 않으나 전선이 이와 같은 방식으로 앞뒤로 움직일 때 물은 고영양 혼합수에서 저영양 성층수로 이송된다. 이 과정은 조석혼합 전선에서 관찰되는 일부 높은 생물학적 생산성을 설명할 수 있다.

6_7 담수 유입

대륙붕 해역이 심해와 또 다른 중요한 차이점은, 강물의 유입과 육지로부터의 직접적인 유출로 인해 염수가 담수에 의해 희석된다는 점이다. 담수는 해수보다 밀도가 낮아 표면에 퍼지며 '담수 흐름(river plume)'을 형성한다. 큰 강물의 표면 흐름은 지구 자전의 영향을 받아 북반구에서는 육지를 오른쪽에 두고 해안을 따라 흐른다. 이 회전

| 그림 6_10 | 하구는 강물이 해수와 혼합되는 지역으로, 상선과 레저용 보트의 왕래가 활발한 장소이기도 하다.

반경의 크기, 그리고 플룸의 연안에서 바다 쪽으로의 폭은 흐름의 속도와 위도에 따라 결정되며, 스웨덴 기상학자 칼 구스타프 로스비(Carl-Gustaf Rossby)의 이름을 따서 '로스비 반경(Rossby radius)'이라고 불린다.

담수는 육지로부터 영양염을 운반해 오며, 이는 대륙붕 해역의 생물학적 생산성을 증진시킨다. 또한 인간 활동에 의해 생성된 탄소도 함께 운반된다. 이 탄소가 육지에서 강, 대륙붕, 그리고 궁극적으로 심해로 이동하는 경로와 속도는 기후 연구의 핵심 요소 중 하나다. 육상에서 해양으로의 모든 수계 물질의 수송은 강물과 해수가 만나는 경계에서 일어나는 여러 과정에 의존한다. 많은 경우 이러한 경계는 하구에서 발생하며, 하구의 연구는 해양학에서 중요한 동시에 매우 흥미로운 연계 분야로 여겨진다.

하구(Esturaries)는 강과 바다가 만나는 곳이며, 담수와 염수가 혼합되는 장소이다. 이들은 중요한 상업 항구가 자리 잡는 경우가 많으며, 동시에 수상 레저를 위한 안전하고 인기 있는 장소를 제공한다.

담수(및 그 안에 용해된 물질)가 바다로 이동하는 방식은 하구 내에서 염수와의 혼합 방식에 따라 달라진다. 이 과정을 이해하기 위해 우리는 하구 분류 수(estuary classification number)를 사용할 수 있다.

$$P/(QT)$$

여기서 P는 조량 또는 조석체적(Tidal prism), 즉 만조와 간조 사이에 하구로 출입하는 물의 부피를 의미하며, Q는 하구로 유입되는 강물 유량, T는 만조와 간조 사이의 시간이다.

이 수치가 작을 경우(조차는 작고 강물 유입이 큰 경우), 하구는 염수쐐기 구조를 형성한다. 담수는 상층에서 바다로 흐르고, 염수는 하층에 머물며 쐐기 모양으로 상류 쪽으로 들어온다. 상층과 하층 간의 마찰은 염수를 바다 쪽으로 밀어내며, 염수쐐기에서 빠져나간 물은 하층을 통해 약한 역류로 보충된다. 상층에서는 염수가 끌려 올라오며 혼합되어 기수를 형성한다. 미국 남부의 미시시피강이 대표적인 염수쐐기형 하구이다.

하구 분류 수가 중간일 경우, 상층과 하층 간의 혼합이 증가하며 하구는 부분 혼합형이

된다. 이 경우 등염도선은 수평선에 대해 기울어져 있으며, 수면 경사와 함께 이러한 기울기는 하층에서는 상류로, 상층에서는 바다 쪽으로 흐르는 하구 순환을 유도한다. 이는 2장에서 다룬 수문 실험에서 관찰된 현상과 유사하다. 미국 동해안, 특히 체서피크만이 전형적인 부분 혼합형 하구이다.

하구 분류 수가 큰 경우(조차가 큰 하구), 하구는 완전 혼합형으로 변한다. 등염도선은 수직에 가까워지며, 이러한 상태에서도 하구 순환이 일어나긴 하지만, 상하 방향의 강한 물 교환이 이 흐름을 둔화시킨다. 이는 마치 두 줄의 사람들이 서로 반대 방향으로 걷고 있는데, 간혹 누군가가 줄을 바꾸는 상황을 상상하면 이해하기 쉽다. 줄 바꾸기가 잦을수록 전체 흐름이 느려지는 것처럼, 수직 혼합은 수평 흐름을 둔화시킨다. 이 경우 수평 혼합의 주된 메커니즘은 조석의 유출입이다. 머지(Mersey)와 서번(Severn) 하구는 이러한 완전 혼합형 하구의 대표적인 예이다.

해양의 영향은 내륙으로 얼마나 멀리 미칠 수 있을까? 큰 규모의 깊은 하구에서는 염수쐐기가 하구 입구로부터 수백 킬로미터까지 내륙으로 침투할 수 있다. 조석의 영향은 그보다 더 멀리까지 확장될 수 있으며, 예를 들어 아마존강에서는 조석이 바다로부터 1,000km 떨어진 지점에서도 감지된다. 조석의 영향은 담수 흐름을 일시적으로 늦추므로, 염수가 도달하지 않는 상류 지역에서도 약한 조석 효과가 감지될 수 있다. 이때 염수 침투 한계점과 조석 영향의 최종 지점 사이에는 염분은 없지만 조

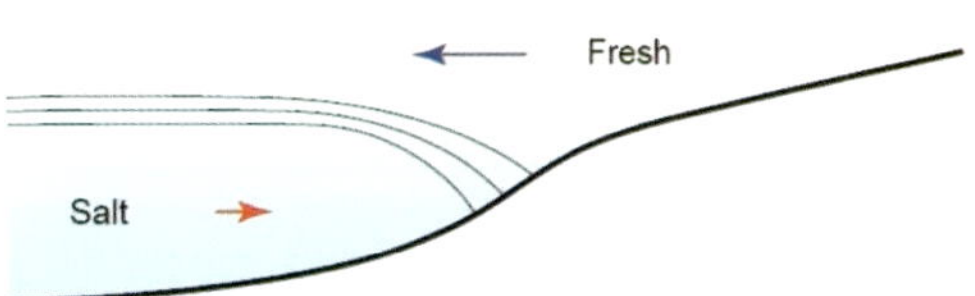

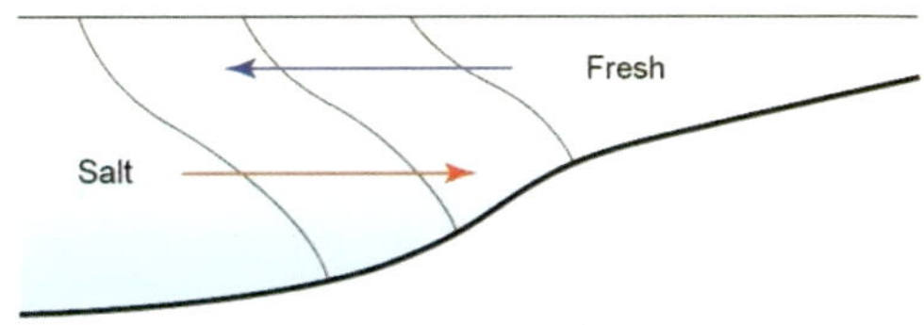

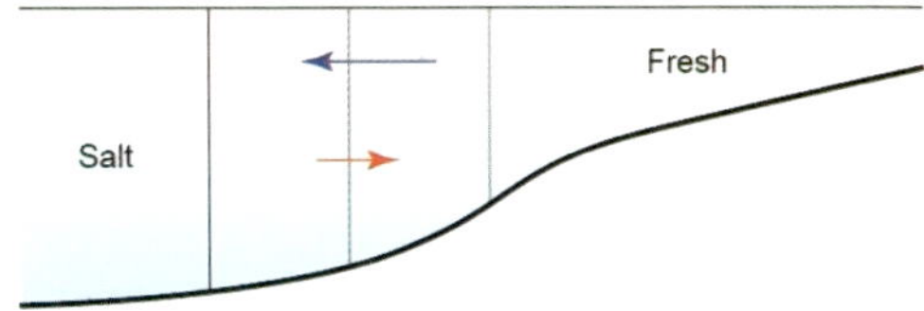

| 그림 6_11 | 세 가지 유형의 하구 순환 및 구조.

석 리듬에 따라 상하 운동을 하는 독특한 담수 구간이 존재한다.

대륙붕 해역과 하구에 대한 본격적인 학문적 연구는 해양학의 역사에서 비교적 늦게 시작되었다. 한때는 대륙붕 해역이 심해에 비해 덜 중요하거나 덜 흥미롭다고 여겨졌으나, 몇몇 선구자들의 노력 덕분에 대륙붕 해역이 심해와는 다른 독특한 방식으로 작동하며 충분히 연구할 가치가 있다는 사실이 밝혀졌다. 오늘날에는 그 경제적 중요성과 접근성 덕분에, 전 세계의 연안 및 하구 지역은 해양학의 핵심 연구 대상으로 자리 잡고 있다.

7_ 해양의 빛

햇빛은 육지와 마찬가지로 해양생물에게 중요하다. 해수와 해저 바닥에서 부유하는 조류(algae)는 햇빛을 사용하여 광합성을 함으로써 성장한다(10장 참조). 이 장에서 우리는 해수면에 도달하는 햇빛의 양과 특성을 조사하고 빛이 어떻게 바닷속으로 침투하는지 알아본다.

7_1 햇빛

햇빛은 태양 스펙트럼의 일부이다(그림 7_2). 태양복사에너지는 약 500nm의 파장에서 피크를 나타낸다. 가시광선은 피크 주변 스펙트럼 부분을 차지하는데, 파장은 약 400nm(청색광)에서 700nm(적색광)이다. 이 가시광선은 또한 광합성에 사용되는 태양 스펙

| 그림 7_1 | 바닷속으로 투과되는 햇빛은 생물에게 매우 중요한 요소이다.

트럼의 일부이다. 따라서 가시광선을 광합성 유효복사(Photosynthetically Active Radiation, PAR)라고도 한다. 태양복사에서 가장 에너지가 많은 부분이 가시광선이라고 불리는 것은 우연이 아니다. 우리 눈은 가장 많은 에너지를 가진 태양 스펙트럼 부분에 민감하도록 적응해 왔다. 그러나 해양이 가시광선을 가장 잘 통과시킨다는 것은 우연의 일치다. 그림 7_2는 또한 1m의 매우 맑은 바닷물을 통해 손실 없이 전달되는 태양에너지의 백분율을 보여준다. 태양에너지의 피크와 물의 투명도의 피크가 거의 일치하는 것을 알 수 있다. 바닷물을 통해 상당한 깊이까지 전달되는 것은 가시광선(및 자외선의 일부)이 유일하다. 이는 해양생물에게는 매우 운이 좋은 우연이다.

태양광은 복사조도(Irradiance)라고 하는 단위시간에 단위표면적에 떨어지는 에너지의 양으로 측정할 수 있다. 에너지의 단위는 줄(Joule), J이며, 1 와트(Watt, W, 힘의 단위)가 초당 1J과 같으므로, 복사조도는 $J\ m^{-2}s^{-1}$ 또는 $W\ m^{-2}$로 측정할 수 있다. 모든 파장에서 대기의 가장 상층부에 도달하는 복사조도는 (약) $1,400W\ m^{-2}$로 측정되었으며, 이 값을 태양상

수라고 한다. 지표면에서 복사조도는 적도에서 정오에 이 값에 접근할 수 있다. 다른 위도에서는 정오의 최대 복사조도는 일반적으로 훨씬 적다. 예를 들어 그림 7_3은 9월의 맑은 날에 북웨일스의 스노든산에 있는 기상관측소에 도착하는 총 태양에너지가 정오에 약 $600W\ m^{-2}$의 값으로 최고치를 기록함을 보여준다.

해양생물학에서는 태양복사조도를 광자 수로 표현하는 것이 더 일반적이다. 광자는 가시광선 에너지의 작은 묶음이다. 바다에서 광자를 세는 일반적인 단위는 마이크로아인슈타인(μE)으로, 6×10^{17}(또는 $1\mu mole$) 광자이다. 대략적인 지침으로 100줄(Joule)의 총 태양에너지에는 약 $200\mu E$의 광자가 포함되어 있다. 이 경험법칙을 태양에너지의 물리적 양과 생물학적 양 간의 변환에 사용할 수 있다. 그림 7_3는 2 : 1의 전환비율을 이용하여 이들 두 단위로 표현되는 광에너지를 보여준다. 광자는 단위면적 및 단위시간에 대한 수로 나타내므로 일반적으로 사용되는 용어는 $\mu mole\ photons\ m^{-2}s^{-1}$ 또는 $\mu Em^{-2}s^{-1}$이다.

태양복사조도는 계절에 따라 연중 변화한다. 그림 7_4는 스코틀랜드의 던스태프너지

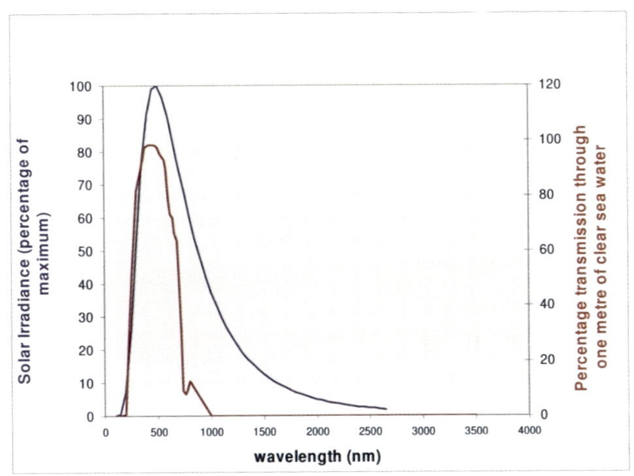

| **그림 7_2** | 태양 스펙트럼. 파란색 곡선은 파장에 대한 태양에너지를 나타내며, 갈색 곡선은 파장의 함수로서 해수를 통한 태양에너지의 전달을 나타낸다.

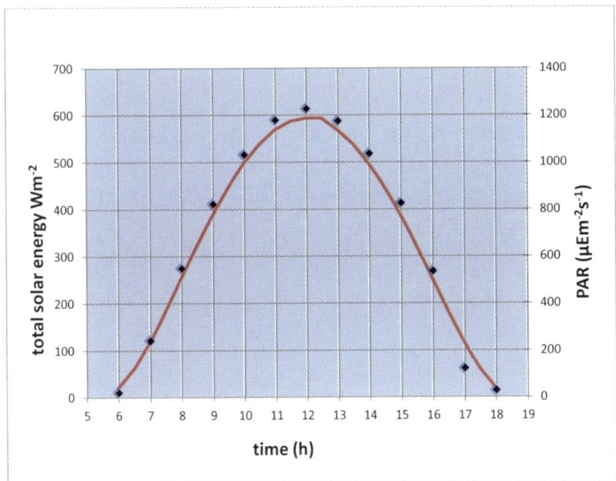

| **그림 7_3** | 9월 화창한 날 북웨일스의 스노든 산 정상에서 태양복사조도. 시간당 값은 총 태양 에너지와 광자 수로 표시된다. 실선으로 된 곡선은 같은 날에 태양상수와 하루 동안 태양의 고도 변화를 기반으로 예측된 이론값이다.

(Dunstaffnage)에서 측정된 일평균 복사조도의 계절적 변화를 보여주며, 이 위치에서 볼 수 있듯이 평균 복사조도는 겨울과 여름 간 약 8배의 차이로 변화한다. 이와 같은 큰 차이는 이 위도에서는 주로 여름에 낮이 훨씬 길기 때문이다. 저위도에서 계절적인 곡선의 모양은 더 평평해지고, 고위도에서 그것은 더 뾰족해지며, 북극권과 남극권 한계선 내에서 겨울에 일

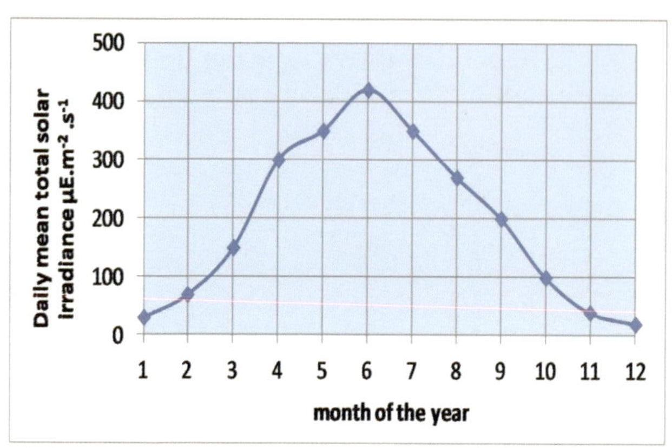

| **그림 7_4** | 스코틀랜드 던스태프너지에서 연간 일평균 태양복사조도의 변화.

평균 복사조도는 0까지 떨어진다.

7_2 바다로 투과되는 태양광

해양에서 수심에 따른 태양에너지의 감소는 수중광량계로 측정될 수 있으며, 가장 일반적인 형태는 복사조도계라고 한다(그림 7_5). 해수는 일반적으로 대기에 비해 햇빛에 대한 투과율은 높지 않다. 구름이 없는 조건에서 햇빛은 지구의 대기를 통해 사실상 그대로 지표면에 도달한다. 가장 맑은 해수에서도 광합성 생물(photosynthetic organism)이 이용할 수 있는 햇빛의 양은 100m 이상의 수심까지는 침투하지 못하며, 연안 해역에서는 이 수치가 10m 미만이 될 수도 있다.

그림 7_6은 스코틀랜드 클라이드해(Clyde Sea)의 관측소에서 여러 수심에서 PAR(광합성유효복사) 복사조도 측정의 예를 보여준다. 수심에 따른 복사조도의 감소는 처음에는 빠르다가 이후 느려지는데 이는 지수곡선의 특징으로, 어떤 수심에서든 복사조도의 변화 속도는 해당 수심에서의 복사조도에 비례한다. 수심 z에서 복사조도 E와 해수면에서의 복사조도 E_0 간의 관계는 람베르트-비어(Lambert-Beer) 법칙을 사용하여 수학적으로 표현할 수 있다.

$$E = E_0 e^{-kz}$$

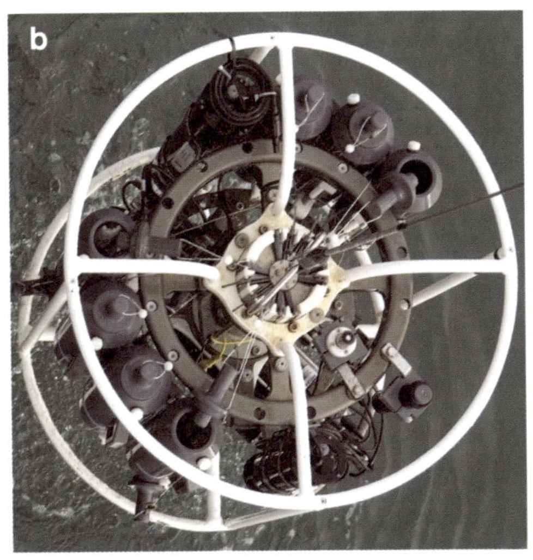

| 그림 7_5 | (A) 수중에서 수심별 가시광선(또는 PAR)을 측정하기 위해 고안된 작은 복사조도 센서. (B) CTD 로젯샘플러에 부착된 센서는 온도와 염분도 프로파일이 만들어지는 동안 동시에 하강하는 빛을 측정한다. 다른 유형의 광도계(전구 같은 모양)는 그림 1_3A의 장치에서 볼 수 있다. 둘의 차이점은 이 센서의 경우 위에서 센서로 떨어지는 빛을 측정하는 반면, '전구' 모양으로 된 것은 장치 주변에서 오는 빛을 측정하는 것이다.

| 그림 7_6 | 연안 수역에서 수심에 따른 복사조도의 일반적인 감소.

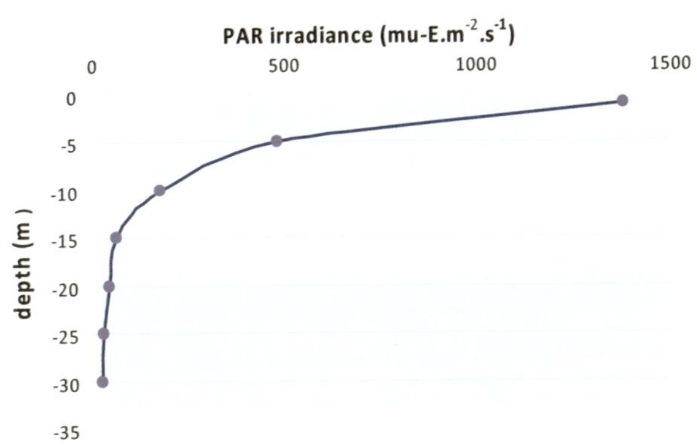

m^{-1}의 단위를 갖는 매개변수 k를 확산감쇠계수(diffuse attenuation coefficient)라고 한다. k 값이 커질수록 물의 투과성은 더 낮아진다. 여러 수심에서의 복사조도 측정값은 그림 7_6

에 제시하였으며, 확산감쇠계수는 람베르트-비어 법칙에 따라 계산할 수 있다. 이는 수심에 대한 복사조도의 자연로그를 도표화하여 가장 쉽게 계산할 수 있으며, 기울기가 -k인 직선 관계를 생산한다. 그림 7_6의 데이터에 대해 이 방식을 사용하면 k = 0.14m^{-1}가 된다. 이 값은 대륙붕 바다에서 PAR(또는 백색광) 확산 감쇠계수의 일반적인 값이다. 맑은 해수에서 k는 훨씬 작고 탁한 물에서는 더 크다. 비교하자면 깨끗한 대기에서 가시광선의 감쇠계수는 약 0.00001m^{-1}이다.

바다에서 감쇠계수는 파장에 따라 변화한다. 맑은 해수는 주로 빨간색 광을 흡수하고 파란색 광을 가장 적게 흡수한다. 결과적으로 깨끗한 해수의 수심 깊은 곳에는 붉은색 광이 거의 존재하지 않는다. 물속 빨간색의 물체는 검은색으로 보이는데 이들 물체로부터 반사되는 빨간색 광이 없기 때문이다. 해수에서의 식물플랑크톤은 빨간색뿐만 아니라 파란색도 흡수하므로 최소 감쇠는 초록색을 향해 이동한다. 이 효과는 용존 유기물질과 부유 미네랄 입자(또는 진흙)도 파란색 광을 효과적으로 흡수하는 대륙붕 바다에서 더 명백하다.

광자가 바닷속으로 내려갈 때 제거되는 물리적인 과정은 흡수이다. 이 과정에서 광자는 입자 또는 분자에 부딪히고 광에너지는 다른 형태의 에너지로 전환된다. 예를 들어 광자의 에너지는 물을 데우기 위해 사용될 수도 있고 식물성 플랑크톤 세포에서 광합성을 유도하는 데 사용될 수도 있다. 바닷속으로 내려가

바다에서 빛의 기하급수적인 감쇠에 대한 물리 법칙

람베르트-비어 법칙은 그것을 통과하여 이동하는 매질에 흡수되지 않으면서 주어진 투과 거리를 가로지르는 일련의 확률을 가진 광자에 관한 것이다. 예를 들어 바닷속으로 빛이 수직으로 1m 이동할 때 광자가 흡수될 확률이 0.5라고 가정하자. 100개의 광자가 해수면을 통해 아래로 이동한다고 하면, 수심 1m를 통과하는 동안 50개의 광자가 흡수되어 수심 1m에서는 나머지 50개의 광자가 남는다. 수심 2m에서는 25개의 광자가 남게 될 것이며, 3m에서는 13개(반 개의 광자는 불가능하므로 12.5개가 아닌 13개)가 남는다. 이렇게 광자 수는 처음 100개에서 시작하여 50개, 25개, 이후 13개로 감소하며, 처음에는 빠르게 감소하다 점점 느려져 지수 감소의 양상을 보인다.

는 빛에 영향을 미치는 또 다른 과정이 있는데, 그것은 산란이다. 산란은 바다로 들어가는 수직 광선을 산란광으로 변환시키며, 광자는 모든 방향으로 이동하는데, 대부분 평행선이 아닌 상태로 잠잠히 아래쪽으로 이동한다. 산란광의 경우 광자가 바다에서 주어진 깊이까지 도달하기 위해 이동하는 평균 거리는 광선의 평균 거리보다 더 크다. 이 때문에 산란은 확산감쇠계수를 증가시킨다. 소량의 빛은(일반적으로 몇 퍼센트) 90° 이상에서 산란되어 다시 해수면으로 되돌아온다. 이 역산란광이 우리 눈에 들어갔을 때 물은 색깔을 띠게 된다(7_4 참조).

입사광의 1%가 침투할 수 있는 수심을 유광층 또는 투광층(Photic zone)이라고 한다. 투광층의 깊이를 알기 위해 람베르트-비어 법칙을 사용할 수 있으며, 투광층의 깊이는 4.6/k와 같다. 우리가 예상할 수 있듯이, 감쇠계수가 증가함에 따라 투광층의 두께는 감소한다. 예를 들어 감쇠계수가 0.14m^{-1}이면 투광층은 33m까지 내려가며, 감쇠계수가 0.3m^{-1}인 경우 투광층의 두께는 15m에 불과하다.

7_3 해수 투명도를 측정하는 기타 방법

해수의 투명도에 대한 놀랍도록 좋은 추정치는 흰색 원반을 물속으로 내리고 더 이상 보이지 않게 되었을 때의 깊이를 기록하여 얻을 수 있다(원칙주의자들은 흰색 원반을 이 깊이 이상으로 내린 다음 천천히 디스크를 위로 당기면서 디스크가 보이기 시작하는 깊이를 기록하라고 할 것이다). 하강에 사용되는 로프는 편리한 간격으로 테이프로 표시하여 해면 아래 디스크의 깊이를 결정할 수 있다. 이러한 장치를 세키 디스크(Secchi disk, 그림 7_7)라고 하며, 디스크가 사라지는(또는 다시 나타나는) 깊이를 세키 깊이라고 한다.

예상할 수 있듯이, 세키 깊이와 확산감쇠계수 사이에는 관계가 있다(그림 7_8). k가 감소함에 따라 물은 더 투명해져 세키 깊이가 증가하기 때문에 둘은 역의 상관관계에 있다. 그림 7_8에 제시한 세키 깊이와 확산감쇠계수 간의 관계는 다음과 같이 표현될 수 있다.

$$k = 1.4 / Z_{sd}$$

| **그림 7_7** | (A) 세키 디스크는 해수의 투명도를 측정하는 간단한 방법이다. (B) 세키 투명도판을 바닷속으로 내려 디스크가 사라지는 깊이를 기록한다.

여기서 Zsd는 세키 깊이로 미터 단위다. 다른 연구에서는 이 방정식에서 숫자 상수에 대해 약간 다른 값을 제공한다(이 수치는 해수에서 빛의 산란과 흡수의 상대적 중요성에 따라 달라지는 것으로 제안되었다). 투광층의 두께가 4.6/k임을 기억하고, 1.4를 작업 수치로 정하면, 투광층의 두께는 세키 수심의 세 배를 조금 넘는다. 학계에 보고된 최대 세키 깊이는 80m이다. 이

는 1986년 10월 남극 웨델해에서 측정되었다(즉, 겨울이 끝나가는 시기로 수중에 식물플랑크톤이 없을 때). 이 경우 투광 깊이는 약 240m였다. 홍조류가 바하마 인근 해역의 수심 268m의 암석에 붙어 자라는 것으로 밝혀졌는데, 이는 투광층이 그 정도까지 확장되었음을 의미한다. 그러나 이것들은 극도의 최대치이며, 일반적으로 가장 맑은 수역에서도 투광층은 200m보다

더 깊지 않은 것으로 여겨진다.

수심에 따른 물 투명도의 변화를 연구하는 데 있어 유용한 도구는 빔 투과율계이다. 이 기기는 광원이 있으며, 광은 평행 빔 안에서 물을 통과하여 일정 거리(일반적으로 수십 센티미터) 떨어진 빛 감지기로 이동한다. 물속의 입자는 빔에서 빛을 산란시켜 감지기에 도달하는 신호를 줄인다. 완벽하게 깨끗한 물에서 얻은 신호와 비교한 조사 수역에서 측정된 신호의 비율을 빔 투과율이라고 한다. 빔 투과율 분석도는 어떻게 퇴적물이 해저면으로부터 부유하는지를 연구하는 데 사용될 수 있다. 빔 투과율계를 계류장에 설치하여 밀물과 썰물 시 조류에 따른 부유사(suspended load)의 변화에 관한 정보를 파악할 수 있다. 이는 퇴적물 수송 연구에 유용한 정보이다.

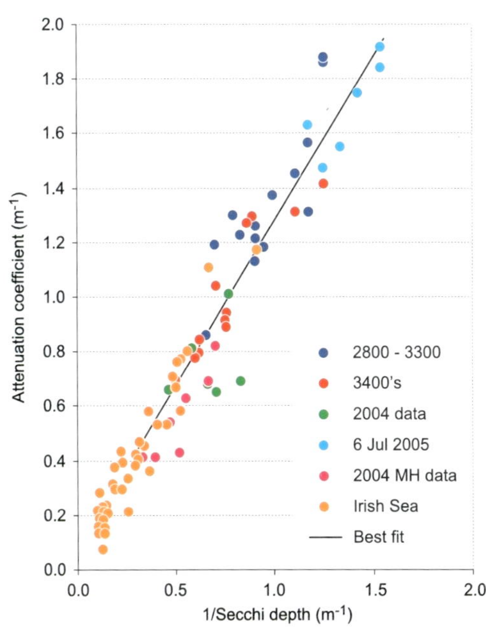

| 그림 7_8 | 백색광에 대한 감쇠계수와 세키 깊이 사이는 역의 상관관계이다. 이 다이어그램은 유럽 해역에서 광범위한 범위의 해수 투명도에 대해 감쇠와 1/세키 깊이(둘 다 m⁻¹로 표시) 사이에는 밀접한 상관관계가 있음을 보여준다.

7_4 바다의 색

위에서 바라본 바다는 아름답고 깊은 푸른색부터 대륙붕 바다의 에메랄드 그린을 거쳐, 얕고 혼탁한 하구와 연안 수역의 황토색에 이르기까지 다양하다. 바다의 진정한 색을 볼 때 해수면에 의해 반사되는 하늘과 혼동하지 않는 것이 중요하다. 반사되는 하늘은 종종 절벽에 서서 바다를 바라볼 때, 즉 낮은 각도에서 보게 되는 해수면이다. 해면 반사를 제외한 바다의 실제 색을 보는 가장 좋은 방법은 튜브의 한쪽 끝을 수면 바로 아래에 놓고 튜브의 다른 쪽 끝에서 내려다보는 것이다(그림 7_9).

맑은 바닷물의 푸른색은 하늘의 푸른색과

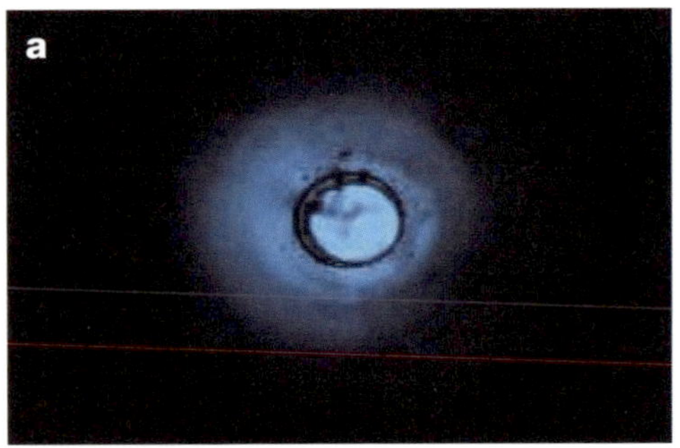

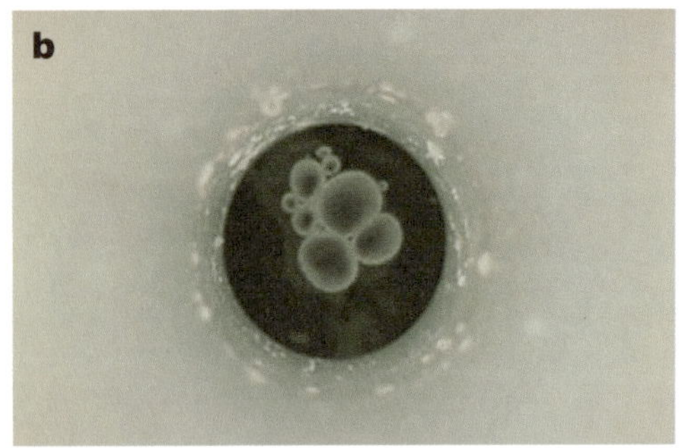

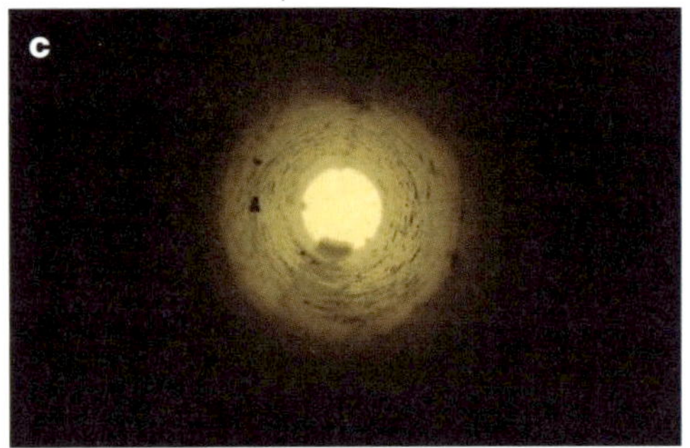

| 그림 7_9 | (A) 맑고 파란 바닷물, (B) 식물플랑크톤이 풍부한 물, (C) 황토색의 연안수 속으로 튜브를 내려 찍은 사진.

근본적으로 다른 메커니즘에 의해 발생한다. 대기에서 빛은 주로 빛의 파장보다 훨씬 작은 공기 분자에 의해 산란된다. 이 경우 영국 물리학자 레일리 경(Lord Rayleigh)이 분석한 산란 과정이 적용된다. 파란색 광자는 다른 색상의 광자보다 더 쉽게 산란되며 이것이 하늘에 파란색을 부여한다. 바다에서 빛의 산란은 주로 물속의 부유 입자와 불균질 물질에 의해 발생하며, 산란 과정에서 파장의 영향은 거의 받지 않는다. 그러나 바다에서 빛의 흡수는 파장에 따라 달라진다. 광자가 바닷속으로 들어가면 후방 산란되어 다시 표면으로 되돌아오므로 더 강하게 흡수된 색상은 제거되고 가장 약하게 흡수된 광자만 남아 바다에 색을 부여한다. 순수한 물은 적색광을 가장 강하게 흡수하고 청색광을 가장 적게 흡수한다. 따라서 적색과 녹색은 해수면으로 후방 산란되는 광으로부터 제거되며, 이로 인해 맑은 바닷물은 강한 청색을 띤다(그림 7_9A).

식물플랑크톤(8장 참조)이 풍부하면 적색광뿐만 아니라 청색광도 흡수된다(식물플랑크톤과 식물의 엽록소 색소는 청색광과 적색광을 잘 흡수하는데, 이것이 많은 식물들이 녹색인 이유이다). 해수면 근처에 서식하는 식물플랑크톤은 청색광을 걸러내고, 물은 계속해서 적색광을 걸러내므로, 해수면에서 상승하는 복사조도의 스펙트럼은 녹색으로 이동한다(그림 7_9B). 이 원리가 해양에서 식물플랑크톤 생물량에 대한 위성원격탐지의 기초가 된다. 위성은 해수면을 떠나는 다양한 색상의 복사조도를 측정할 수 있다. 표층수의 클로로필 농도가 증가할수록 청색 복사조도에 대한 녹색의 비율은 증가한다. 해수 시료에서 클로로필 측정값에 대해 '청색/녹색 비율'을 신중하게 보정하면 위성으로 관측한 바다의 색을 지구 표층수의 식물플랑크톤 분포지도로 변환할 수 있다(그림 7_10).

그림 7_10은 해수 내 클로로필이 증가함에 따라 청색 대 녹색 반사계수의 비율이 어떻게 감소하는지, 즉 물의 청색은 줄고 녹색은 증가하는지를 보여준다. 이는 전 세계 해양에서 클로로필을 매핑하는 데 매우 유용한 결과임이 입증되었다(10장, 특히 그림 10_5 참조). 안타깝게도 대륙붕 바다와 하구(해양에서 생물학적으로 가장 생산적인 곳)에서는 클로로필 이외의 물질이 물을 녹색 또는 갈색을 띠게 할 수 있기 때문에 그림 7_10에 제시한 단순한 관계는 이들 해역에서는 맞지 않다.

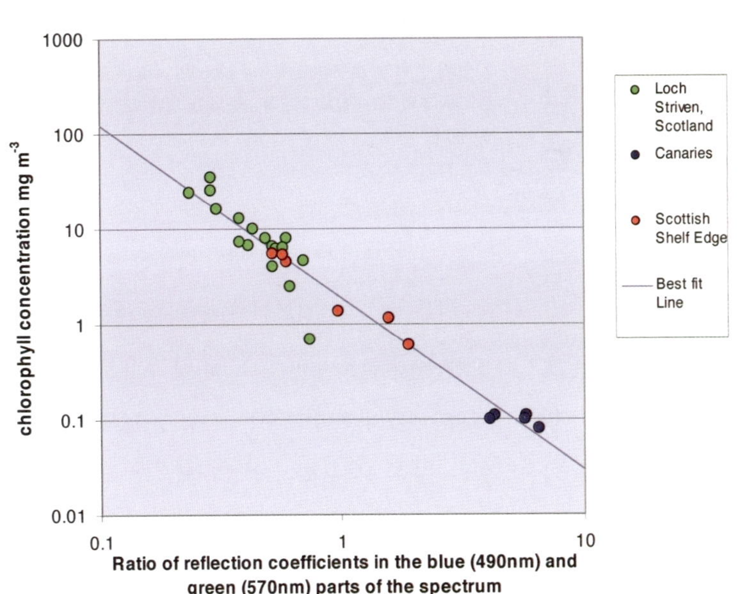

그림 7_10 위성으로 관측한 해양의 색은 조류 생물량의 지시자인 클로로필 농도로 전환할 수 있다. 이 도표는 맑은 스코틀랜드 바닷물과 대서양 바닷물 내의 클로로필이 어떻게 물을 보다 짙은 녹색으로 만드는지를 보여준다.

대륙붕 바다와 하구는 청색광을 가장 강하게 흡수하는, 식물플랑크톤이 아닌 물질들을 함유하고 있다. 이들 물질에는 부유성 광물(또는 진흙)과 용존유기물질(Dissolved Organic Matter, DOM)이 포함된다. DOM은 생물체가 죽거나 썩을 때 분해되어 생성되며, 연안 수역으로 유입되는 DOM의 많은 부분은 강에서 기인한다. 이렇게 운반되는 다량의 DOM은 원래 농경지, 산림 및 습지와 식물성 소재의 부패에서 비롯된다. DOM의 일부는 노란색에서 갈색을 띠는데 이는 유색 또는 발색 DOM이라고 불린다(CDOM, 그림 7_11 참조). 매우 탁한 물에서 부유되거나 흡수된 물질에 의한 청색 및 녹색광의 흡수는 물 자체에 의한 적색광의 흡수보다 두드러질 수 있다. 수체(water body)에서 분산된 후 해수면으로 되돌아가는 광자는 대부분 녹색과 적색으로, 빈약한 청색으로 인해 물은 황토색으로 보인다(그림 7_9C).

물의 색은 다른 무엇보다도 물속의 플랑크톤(대부분 클로로필a 농도로 표시되는), CDOM 및 부유토의 농도에 따라 달라진다. 또한 물 자체의 광학적 특성에 따라서도 달라진다. 물질의 흡수계수는 광이 물질을 관통하여 짧은 거

| 그림 7_11 | 하구수(estuarine water)의 시료는 높은 농도의 CDOM(유색 또는 발색 용존유기물질)을 함유하고 있어 황토색을 띤다.

리를 이동하면서 흡수되는 비율을 이동 거리로 나눈 값으로 정의된다. 단위는 m^{-1}이다. 순수한 물과 클로로필, CDOM 및 부유토 입자가 포함된 물의 흡수계수는 그림 7_12에 제시하였다. 물이 아닌 물질의 흡수계수는 물질의 농도에 따라 증가하기 때문에 특정 파장에서 물 시료의 흡수계수를 사용하여 물속의 CDOM

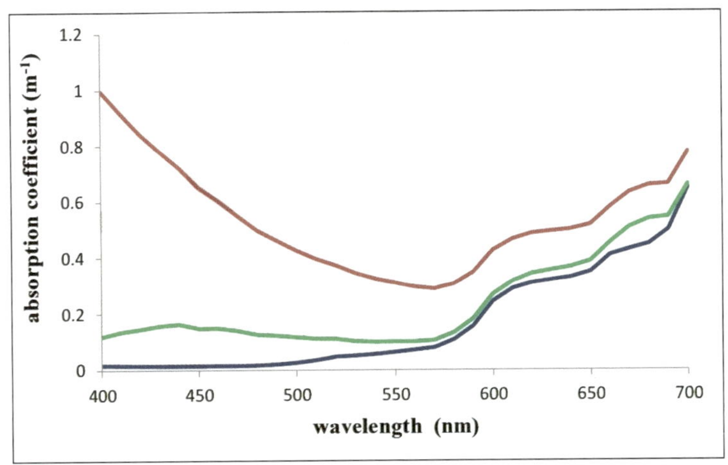

| 그림 7_12 | 물의 흡수계수. 순수한 물(청색), 연안수(coastal water)에서 일반적인 봄철 대증식이 발생했을 때 클로로필a를 함유하고 있는 물(녹색), 연안수의 클로로필a뿐만 아니라 CDOM 및 부유토를 함유한 물(적색).

및 기타 성분의 농도를 추정할 수 있다. 이는 직접적으로 화학 분석하는 것에 비해 시간과 비용이 적게 드는 경우가 많다.

바다에서 빛 연구는 수 세기에 걸쳐 오랜 역사를 가지고 있다. 초기 연구는 해수의 투명도에 초점을 맞추었으며, 이는 잠수함 탐지를 위해 군사적으로 중요한 문제였다. 이후 위성 탑재 복사계를 통해 해양에서 일어나는 다양한 현상을 파악할 수 있음이 밝혀지면서, 광학적 해양학 분야는 새로운 활력을 얻었다. 오늘날에는 위성 원격탐사 자료를 최대한 활용하기 위해, 이론적 진전과 해상 관측에 기반한 검증이 필수적이며, 이러한 연구가 해양광학 연구의 중요한 목표로 자리하고 있다.

8 _ 해양생물

많은 사람들에게 해양과학의 매력은 그림 8_1에 묘사된 크기와 강렬함은 아닐지라도, 해양에 서식하는 아름답고 때로는 단순하거나 기괴하고 다양한 생물체들에게 있다. 물론 그

| **그림 8_1** | 바다의 생물은 많고 다양하지만 고맙게도 1539년에 처음 발행된 올라우스 매그너스(Olaus Magnus)의 카르타 마리나(Carta Marina)의 한 부분에 묘사되어 있는 생물만큼 공포스럽지는 않다.

이상으로 해양, 특히 대륙붕 해역은 인간이 먹을 수 있는 상당한 양의 식재료를 제공한다.

복잡한 먹이그물의 최정상에 있는 고래들은 해양동물 사이에서 매우 위엄 있는 존재다. 고래의 무게는 약 100톤에 이르기도 한다. 이는 먹이그물의 다른 쪽에 있는 약 0.1피코그램(0.1×10^{-12} g)의 박테리아 무게와 비교되며, 이 둘은 21 자릿수만큼 차이가 난다(100톤 = $1 \times$ 1020 피코그램). 예를 들어 남대양 표층수에 있는 박테리아의 총 생물량은 약 3.2×10^{7}톤으로 추정되는 반면, 같은 해역에 있는 고래의 생물량은 약 8×10^{6}톤에 불과하다.

현재 해양에 있는 진핵생물(식물, 동물, 조류, 원생동물)은 약 총 230,000종으로 추정된다. 이들 중 140,000종이 과학자들에게 알려진 것으로 보고 있다. 대조적으로 해양에는 최대 10억 종의 박테리아(원핵생물, Prokaryotes)가 있는 것으로 추정되며, 그중 극히 일부만 학계에 알려져 있다. 따라서 해양에는 아직 발견해야 하는 생물상(biota)이 매우 많다.

8_1 해양생물 서식 분포대

일반적으로 해양생물을 묘사할 때 생물체를 그룹으로 묶어 분류하는 것이 유용하다. 가장 명확한 분리 방법은 퇴적물 또는 해저에 부착하거나 그 속에 사는(저서성, benthic) 생물군과 물속에 사는 생물군(표영성, pelagic)으로 구분하는 것이다. 전자의 경우, 일부 저서성 서식지는 항상, 심지어 간조 시에도 물에 잠겨 있으며(조하대, subtidal), 기타 지역은 조석 현상으로 물이 빠져나가 주기적으로 드러나는 지역(조간대, intertidal)이다. 부드러운 모래나 뻘로 이루어진 저서성 서식지에 사는 많은 종들은 퇴적물에 묻혀 있기 때문에 육안으로 보이지 않는다는 점을 기억해야 한다. 이 짧은 입문서에서는 저서생물에 대해서는 다루지 않을 것이다.

대륙붕의 수심에서 상부 200m에 부유하는 생물은 표층성(epipelagic)이라고 한다. 이 아래로는 200m에서 2,000m까지는 중층표영성(mesopelagic), 2,000m에서 4,000m까지는 점심해성(bathypelagic), 4,000m에서 6,000m까지는 심해원양성(abyssopelagic)이다. 가장 깊은 구간은 6,000m에서 약 11,000m의 가장 깊은 해

구의 바닥까지로 초심해성(hadalpelagic)이라고
한다(그림 8_2).

　해양의 모든 곳에는 생물체가 존재한다. 비
록 그렇게 엄청난 깊이에 사는 생물의 대부분
은 미생물이나(12장 참조), 정교한 심해 탐사를
통해 해구에 사는 생명체의 영상을 얻을 수 있
다. 해양생물상의 대다수는 표층수에 집중되
어 있으며, 일반적인 법칙에 따라 해수의 단위
부피당 총 생물량은 수심에 따라 감소한다. 이
는 먹이그물을 지탱하는 먹이의 대부분이 투
광층에서 생산되기 때문이다. 육지와 마찬가지
로 먹이그물의 기초는 성장에 필요한 새로운

유기물질을 만들어내기 위해 햇빛, 이산화탄소
및 물을 이용하여 광합성을 하는 생물체이다
(9장 참조). 이러한 광합성은 육상에서는 식물
에 의해 수행되는 반면, 해양에서는 조류(algae)
와 일부 박테리아에 의해 이루어진다. 7장에
기술했듯이, 투광층은 매우 맑은 물에서 최대
250~300m까지 확장되며, 대부분 100m 이하
이다.

8_2 표영생물

　표영대에 사는 생물체는 대
략 플랑크톤(Plankton)과 유영동물(Nekton)로

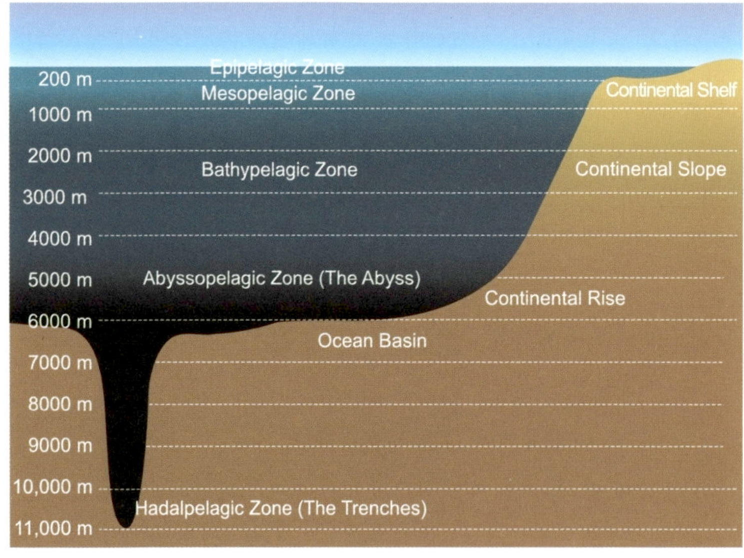

| 그림 8_2 | 해양 수심 구간별 분류(그림 1_1과 비교).

나뉜다. 후자는 해수의 흐름을 거슬러 움직일 수 있을 정도로 충분히 강한 유영을 하는 종이다(큰 갑각류, 물고기, 오징어 및 고래). 플랑크톤은 비록 유영은 할 수 있으나 해류에 맞서 유영할 수는 없어 물덩어리와 함께 효과적으로 표류하는 생물군이다(그리스어 'plantos'는 방랑자를 의미한다). 플랑크톤을 구성하는 생물체는 일반적으로 표 8_1과 같이 크기에 따라 분류된다. 플랑크톤의 또 다른 중요한 분류 방법은 식물플랑크톤(Phytoplankton)이라고 하는 광합성을 할 수 있는 생물체(대부분 단세포 조류, 일부 편모류 및 일부 박테리아)와 동물플랑크톤(Zooplankton)이라고 하는 비광합성 동물과 원생동물로 나누는 것이다.

대강의 분류 규칙에도 예외가 있다. 왜냐하면 많은 저서생물이 성체 단계에서는 해저에 붙어 살거나 또는 해저 속에서 살지만 실제 유생 단계에서는 표영대에서 살기 때문이다. 여기에는 어류, 연체동물(홍합), 갑각류(따개비 또는 게), 해면동물, 다모류, 극피동물(불가사리 또는 성게)이 포함된다. 유생 단계(또는 일시플랑크톤, meroplankton) 또는 유성생식체(해조류 및 산호에 의한)를 개방수역으로 방출하는 것은 많은 성체군이 아주 멀리까지 이동할 수 없거나

명칭	크기 범위	대표적인 생물의 예
초극미소플랑크톤	0.02~0.2μm	바이러스 및 소형 박테리아
극미소플랑크톤	0.2~2μm	박테리아, 편모류
미소플랑크톤	2~20μm	조류, 편모류, 원생동물
소형플랑크톤	20~200μm	조류, 편모류, 원생동물, 갑각류의 유생, 유충
중형플랑크톤	0.2~20mm	일부 조류, 갑각류, 소형 해파리, 유충
대형플랑크톤	2~20cm	대형 갑각류, 해파리, 유충
거대플랑크톤	20cm 이상	해파리

| **표 8_1** | 플랑크톤의 크기별 등급. 대략적인 등급에는 상당한 중복이 있다. 크기가 200μm 미만인 생물체는 고배율 현미경으로만 볼 수 있다.

많은 경우 전혀 이동하지 않기 때문에 그들의 자손이 가능한 멀리 퍼지도록 하는 핵심적인 방법이다. 플랑크톤으로 평생을 보내는 생물군을 종생플랑크톤(Haloplankton)이라고 한다.

8_3 초극미소플랑크톤 및 극미소플랑크톤

대부분의 바다에서 해수 1ml를 채취해 직경 0.02μm(0.02 × 10^{-6}m)의 공극을 가진 필터를 통과시키면 필터 표면에 약 1백만 개의 박테리아 세포가 남게 될 것이다. 또한 필터에는 박테리아보다 약 10~100배 더 많은 바이러스성 플랑크톤(Virioplankton)이 있을 것이다. 바이러스는 살아 있는 세포를 감염시키지 않고는 스스로 성장하거나 복제할 수 없기 때문에 살아 있는 유기체가 아니다. 그러나 바이러스 감염은 바이러스가 아닌 다른 생물학 분야에 중대한 영향을 초래할 수 있기 때문에 해양생물학 섹션에 포함된다.

해양 시스템에서 바이러스에 대한 연구는 상당히 초기 단계이다(20~30년). 하지만 바이러스는 바다에 있는 대부분의 다른 생물체를 감

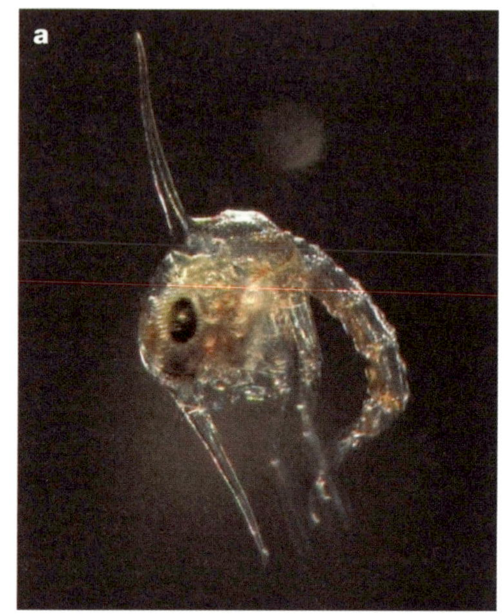
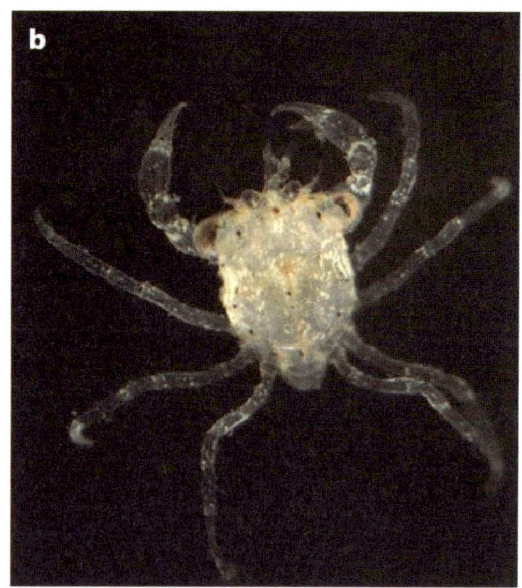

| **그림 8_3** | 십각목 게류의 두 단계 유생기. (A) 조에아(Zoea) 유생, (B) 메갈로파(megalopa) 유생.

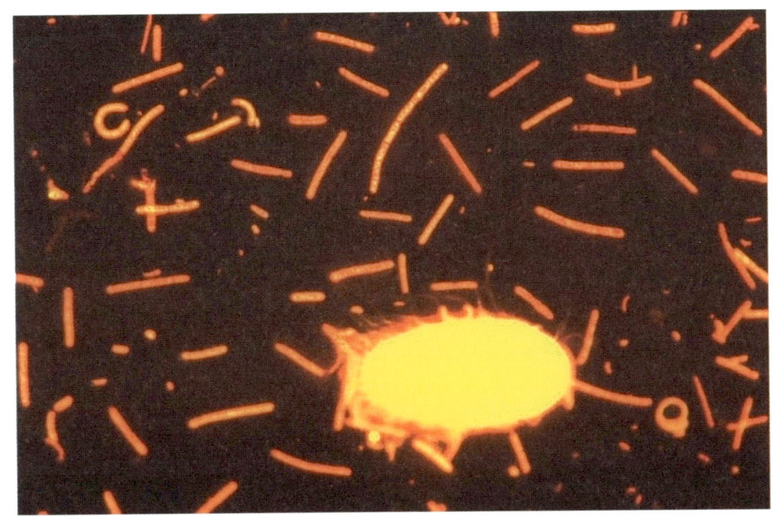

염시키는 것으로 나타났으며, 바이러스가 전염을 일으키는 동안 갑각류, 대증식한 조류, 해조류, 어류, 고래류 등의 떼죽음을 초래할 수 있다. 바이러스가 얼마나 중요한지를 다시 보여주기 위해 해양의 부피를 약 1.3×10^{21} 리터라고 가정하면, 해양에는 대략 약 4×10^{30} 바이러스가 존재한다. 여기에는 약 2억 톤의 탄소가 포함되어 있는데, 이는 7,500만 마리의 대왕고래(약 10%가 탄소로 구성됨)에 들어 있는 탄소 양과 동일하다.

해양생태계에서 박테리아와 고세균(Archaea) 및 그들의 역할에 대해서는 훨씬 더 많이 알려져 있다. 박테리아와 고세균은 모두 원핵생물이다. 즉, 막으로 둘러싸인 핵이나 다른 세포 소기관(식물, 진균, 동물 및 조류를 포함하는 복잡한 핵막과 막결합 미토콘드리아 및 엽록체를 가진 진핵생물, eukaryotes)이 없다. 많은 박테리오플랑크톤은 해수에 용해되어 있는 유기물질(7장에서 소개된 용존 유기물질 또는 DOM)을 분해하여 성장한다. 해양에서 이용 가능한 DOM은 육지로부터 강과 하구를 거쳐 유입되지만(외래 DOM), 해양생물의 사멸과 부패, 그리고 많은 해양생물의 배설물과 분비물(slime)로부터도 생산된다(자기 유래 DOM). DOM의 박테리아 분해에 대한 중요성은 9장에서 논의할 것이다. 박테리아와 고세균은 해수와 해양 퇴적물 어디에나 존재하지만, 고세균은 고온(열수분출공), 고염수 및 무산소 퇴적물과 같은 극한 조건에서 종종 발견된다는 점에 주목할 만하다.

일부 박테리아는 조류 및 식물과 유사하게 햇빛을 활용하여 광합성을 할 수 있다(9장 참조). 여기에는 남세균(cyanobacteria, 남조류)이 포함되는데, 이러한 작은 크기 등급에 속하는 종이 많다. 이들은 지구상에서 가장 많은 광합성 생물종의 일부로 여겨지며, 대부분의 물속에 존재하는데도 놀랍게도 1980년대 이후에서야 상세하게 연구되었다. 극미소플랑크톤에는 광합성 진핵생물 종도 있지만, 이들은 남세균류보다 훨씬 덜 연구되었다.

8_4 미소플랑크톤 및 소형플랑크톤

이 범위 중 가장 작은 크기에서는 광합성 생물과 비광합성 편모생물이 지배한다. 후자는 극미소플랑크톤 크기의 생물을 섭식하여 에너지를 얻고, 편모(Flagella)를 움직여 먹이 유인 흐름을 만들어 먹잇감이 자기 쪽으로 떠오게 한다. 이들은 탐욕스러운 섭식자로, 시간당 자신의 체적(body volume of water)의 100,000배에 해당하는 부피의 물을 처리할 수 있는 것으로 추정된다. 물 1ml에는 수백만 개의 극미소플랑크톤이 있지만 이 중 실제 살아 있는 생물의 수는 아주 적어서 편모와 먹이 입자 사이의 조우율도 매우 낮다. 따라서 위와 같이 먹이 유인 흐름을 만들어 만날 확률을 높이는 것이 필수적이다.

피각성 와편모조류 및 섬모충류(Ciliates)와 같은 20~200μm 크기의 다른 섭식자도 있다(그림 8_5, 8_6). 전자는 먹잇감을 감싸서 가두는 위족(Pseudopod)이라 하는 사악한 조직을 이용하여 자신보다 큰 먹잇감을 소화시킬 수 있다. 그런 다음 효소가 분비되어 먹잇감을 분해하고, 분해가 완료되면 위족은 다시 들어가게 되어 소화하고 잔존물만 남는다. 섬모충류는 이와 달리 머리카락과 같은 구조(섬모)를 쳐서 효과적으로 물에서 입자를 걸러내는 기술을 사용한다. 단세포생물인 유공충류도 먹잇감을 잡기 위해 주변의 물속으로 위족을 꺼내 쓸 수 있는 다른 섭식자이다(망상위족). 이들은 먹잇감을 잡기 위해 자신을 25배 더 크게

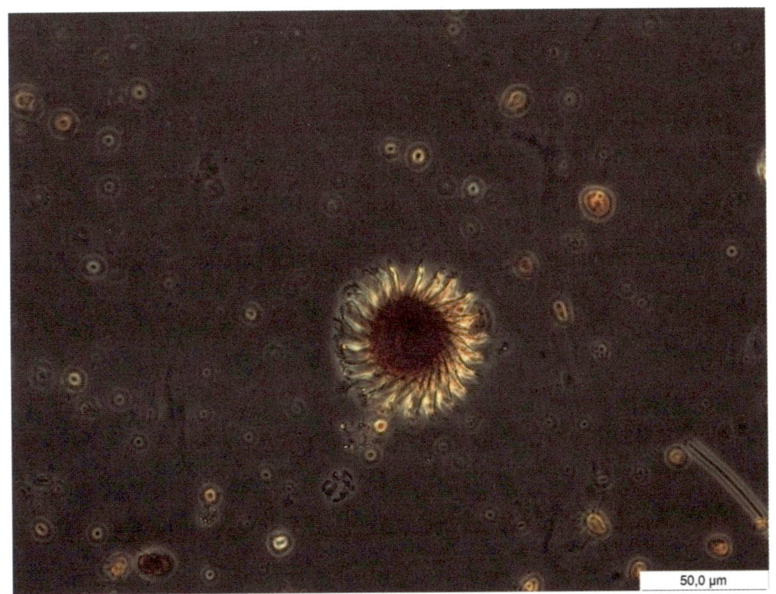

| **그림 8_5** | 고배율 현미경으로 본 섬모충. 깃털 같은 섬모로 소용돌이를 만들어 먹이 입자(박테리아 및 식물플랑크톤)를 농축시킨 다음 섭취한다.

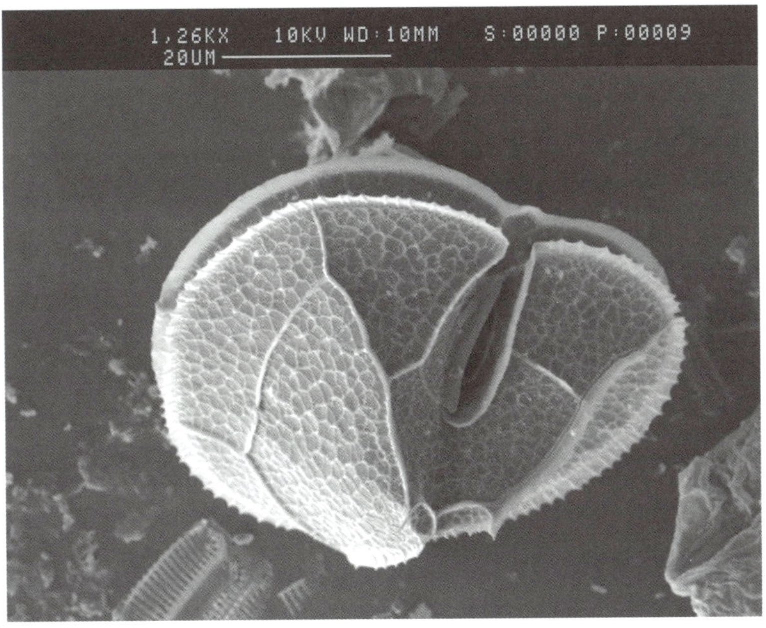

| **그림 8_6** | 전자현미경으로 관찰한 와편모조류.

확장시켜 거대한 올가미를 만든다. 유공충류(Foraminifera)는 탄산칼슘으로 만들어진 겉껍질(Tests)이 있다(그림 8_7). 전 세계 대양의 일부 지역에서는 퇴적물에 잘 보존된 죽은 유공충류의 겉껍질(Foraminiferal oozes)이 고밀도로 축적되어 있으며, 이는 고해양학자들이 지질연대에 걸친 기후 및 해양의 상태를 설명하는 데 사용된다.

미소플랑크톤과 소형플랑크톤의 가장 명백한 구성원은 단세포 광합성 조류로, 규조류(Diatoms)라고 하는 다양한 종의 그룹으로 대표된다. 모든 규조류의 특징은 딱딱한 규산염(실질적으로 유리)으로 만들어진 세포벽 또는 껍질을 만든다는 것이다. 이 규조의 껍질은 보기에 매우 아름다울 뿐만 아니라 또한 매우 강하다. 세포벽 안에는 종종 매우 아름다운 패턴으로 이루어진 구멍들이 있어 물, 가스 및 영양분이 교환될 수 있다. 또한 많은 규조류 종은 가시, 돌기, 갈고리 및 기타 돌출부가 있는 매우 화려한 껍질을 가지고 있다. 이는 규조류가 가라앉는 속도를 늦추고, 포식자가 이들을 먹지 않도록 하기 위한 생물학적 적응으로 여겨진다. 규조류의 가시는 물고기의 아

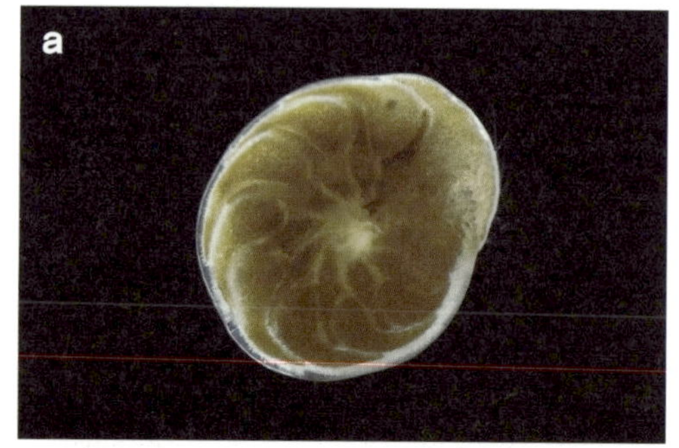

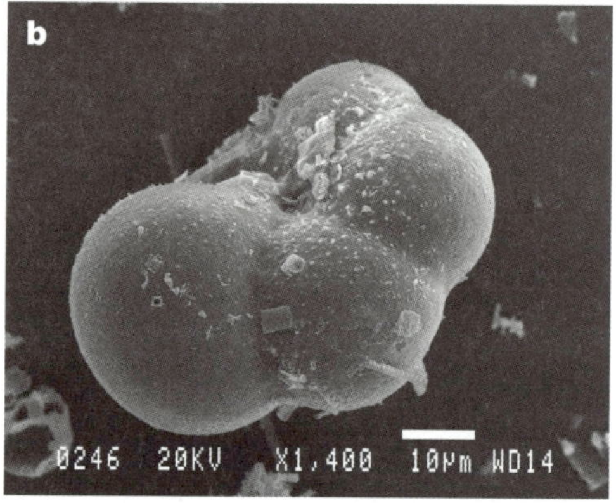

| 그림 8_7 | (A) 살아 있는 부유성 소형플랑크톤 유공충. (B) 동일한 종으로 해양 퇴적물 내에 보존된 것을 전자현미경으로 본 모습. (C) 먹잇감을 잡기 위해 위족을 길게 펼친 구형의 유공충.

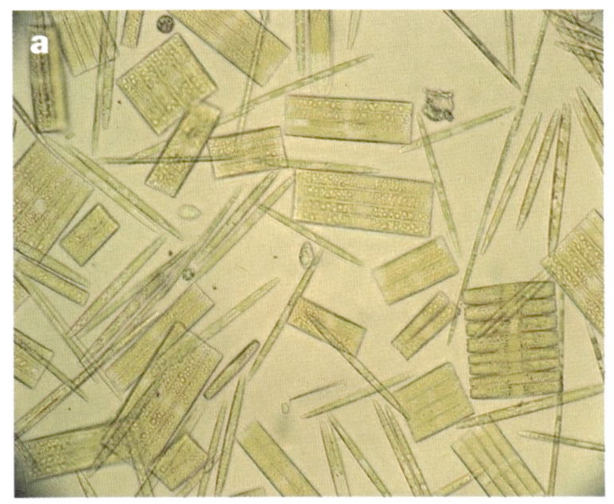

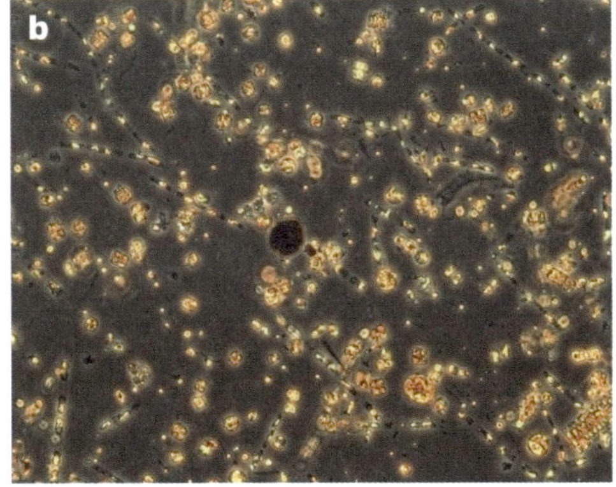

그림 8_8 │ (A) 규조류를 현미경으로 확대 관찰한 모습. (B) 봄철 대증식이 발생했을 때 모습.

가미를 막고 아가미 조직의 섬세한 막을 뚫는 것으로 알려져 있다.

규조류는 연안 수역에서 높은 밀도의 대증식을 일으킬 수 있으며, 원생동물 특히 동물플랑크톤 섭식자의 중요한 먹이원이다. 이러한 대증식은 매우 밀도가 높고 규모가 커서 위

성의 색 감지기로 쉽게 확인할 수 있다(14장 참조). 껍질은 일단 형성되면 매우 느리게 용해된다. 일부 해저 퇴적물은 규조질 또는 규토질의 연니로 묘사되는데, 이는 표층수에서 가라앉은 규조류 껍질이 대량으로 축적된 것이다. 앞서 설명한 유공충류의 잔재물과 마찬가지로 이들 규조류의 기록들은 고해양학자들이 과거의 해양과 기후 현상을 재구성하기 위해 사용하는 주요 자원이다. 규조토도 채굴될 수 있는데, 이는 1867년 알프레드 노벨이 발명한 최초의 다이너마이트의 핵심 성분이었다.

우주에서 볼 수 있는 유일한 소형 식물플랑크톤은 규조류의 대증식뿐만이 아니다. 석회비늘편모류(Coccolithophores)도 현미경으로 봤을 때 규조류만큼 아름다운 광합성 조류종이다. 이 단세포생물은 규산염으로 싸여 있는 대신, 복잡한 패턴의 탄산칼슘염 판으로 덮여 있다. 이들은 또한 바다 표면이 유백색으로 변하는 아주 넓은 규모의 대증식을 일으킬 수 있다. 잘 알려진 종 중 하나인 에밀리아나 헉슬리이(Emiliana huxleyi)는 북대서양에서 영국 크기에 해당하는 해양의 면적을 덮는 대증식을 형성한다. 백색 코콜리스(Coccoliths)의 높은 반사

특성으로 인해 이러한 대증식은 우주에서도 쉽게 볼 수 있어 위성으로 추적할 수 있다. 코콜리스는 가라앉아 퇴적물에 쌓이면서 엄청난 양의 탄산칼슘을 가두게 된다. 인상적인 백악(Chalk) 현상인 '도버의 하얀 절벽(white cliffs of Dover)'은 주로 석회비늘편모류의 탄산칼슘으로 이루어져 있다.

8_5 중형플랑크톤 및 대형플랑크톤

중형플랑크톤에는 식물플랑크톤이 거의 없으며, 대형플랑크톤에는 하나도 없다. 따라서 이들 크기 등급은 종생플랑크톤 및 일시플랑크톤의 유충과 동물플랑크톤이 지배한다. 이 범위에서 가장 큰 종 중 하나는 갑각류(외골격exoskeleton을 가짐)로, 요각류(Copepods)는 2,000종 이상 존재한다. 이들은 많은 어종과 심지어 일부 고래의 주요 식량원이기 때문에 매우 중요하다. 요각류는 물에서 걸러낸 더 작은 크기 등급의 조류와 다른 생물체를 주로 먹는다(초식성 또는 잡식성). 그러나 일부 종은 다른 요각류를 사냥하는 육식성으로, 먹잇감을 찢을 수 있는 중무장한 입

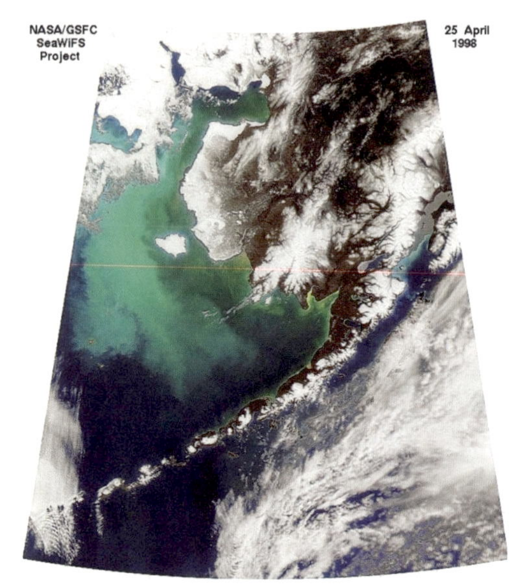

| 그림 8_9 | 바렌츠 해협의 석회비늘편모류 대증식은 규모가 매우 커서 위성으로 관찰 가능.(출처: NASA)

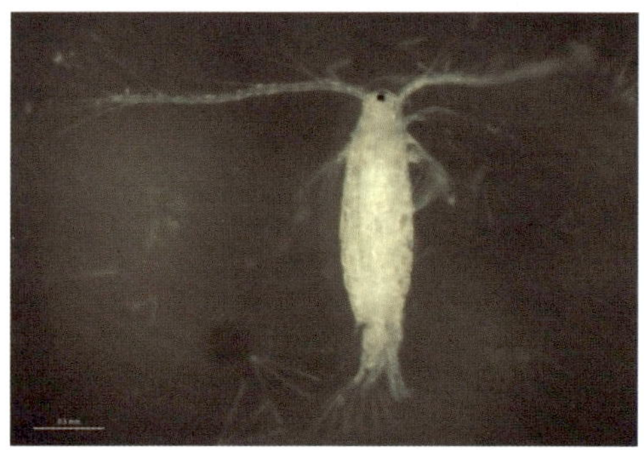

| 그림 8_10 | 요각류 성체.

을 가지고 있다. 이들은 해류에 맞서 수영할 수는 없지만 꽤나 유영 능력이 뛰어나, 포식자

를 피할 때는 초당 몸 길이의 수백 배까지 유영할 수 있다. 요각류는 암컷과 수컷 성체가 있으며 복잡한 생활사를 가진다. 일부 종에서는 짝짓기 후 암컷이 수정란을 특수한 난낭으로 운반하는 반면, 다른 종에서는 수정란이 물로 방출된다. 알이 부화하면 노플리우스(nauplius)라는 유충을 방출한다. 이들이 커감에 따라 요각류 유생은 성숙된 성체에 도달할 때까지 총 다섯 단계의 과정을 거친다.

대형플랑크톤 크기 범위에서 더 큰 쪽으로 가면 난바다곤쟁이류 또는 크릴도 있다. 이들은 크기가 1cm에서 약 10cm까지 다양한 종으로, 가장 잘 알려진 크릴 종은 남극크릴(*Euphausia superba*)로 메뚜기 떼에 버금가는 떼를 형성할 수 있다. 이 떼는 밀도가 너무 높아서 바다를 피처럼 붉은색으로 만들기도 한다. 남대양에는 거대한 규모의 크릴 군집이 존재하며, 이는 약 15억 톤을 초과하는 것으로 추정된다(지구상 모든 인구의 총질량은 약 5억 톤이다). 크고 밀집된 크릴 떼의 경우 세제곱미터당 최대 30,000마리로 구성되며, 각 개체는 하루에 체중의 25%까지 먹을 수 있기 때문에 크릴 떼는 물기둥에서 먹이 입자를 매우 효과적으로 제거할 수 있다. 결국 크릴은 오징어, 펭귄을 포함하여 많은 바다사자류와 수염고래류의 주요 먹이원이다.

이 그룹에서 가장 아름다운 생물의 일부는 유즐동물(ctenophore, 일반명은 빗해파리류comb

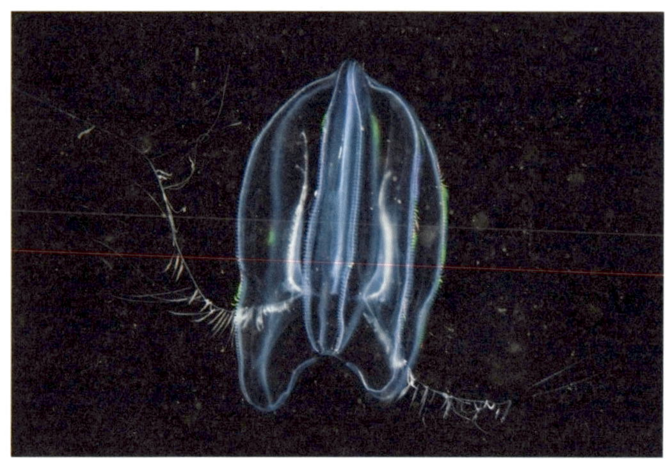

| 그림 8_12 | 빗해파리.

jelly)로, 유영할 때 사용하는 무지갯빛 섬모의 줄 또는 융합판을 가지고 있다. 이들은 젤리 같은 다세포생물로 특별한 내장을 가지고 있다(내장이 없는 단세포생물인 섬모충류와는 다름). 많은 종들은 늘어나는 긴 촉수를 가지고 있다(그림 8_12). 이들 촉수에는 요각류 및 기타 유사한 크기의 생물과 같은 먹잇감을 잡을 수 있는 끈적거리는 물질이 들어 있다. 살파류(salp)는 플랑크톤에서 자주 볼 수 있는 또 다른 젤리 같은 종이다. 이들 플랑크톤은 투명한 관 모양의 독립체로 발견되거나 긴 개체 사슬의 형태로 발견된다. 이들은 물로부터 입자, 특히 식물플랑크톤 세포를 매우 효율적으로 여과한다.

연체동물(Molluscs, 복족류와 이매패류를 포함)을 주로 저서생물로 여기는 것은 정상이다. 그러나 모든 저서 연체동물은 일시성 플랑크톤(meroplankton)으로 사는 유생기를 가지고 있다. 더구나 종생플랑크톤인 몇 그룹의 연체동물이 있는데 일부는 무거운 껍질을 가지고 있다. 후자의 좋은 예는 익족류(Pteropods, 일반명은 winged foot)로, 이들은 발(일반적으로 달팽이가 단단한 물체를 따라 이동하는 데 사용되는 부분)이 납작해져서 한 쌍의 날개로 유영한다(그림 8_13). 일부 익족류는 이들이 계속 부유할 수 있도록 돕는 점액 부양물을 생산하는 반면, 다른 종들은 무거운 껍질을 완전히 잃어버려도 여전히 부유 상태를 유지하고 먹잇감을 잡기 위해 점액 그물을 사용한다.

플랑크톤 세계에서 가장 무시무시한 포식자 중 일부는 길이가 1~10cm인 모악동물(chaetognaths, 화살벌레)로, 플랑크톤 시료에서

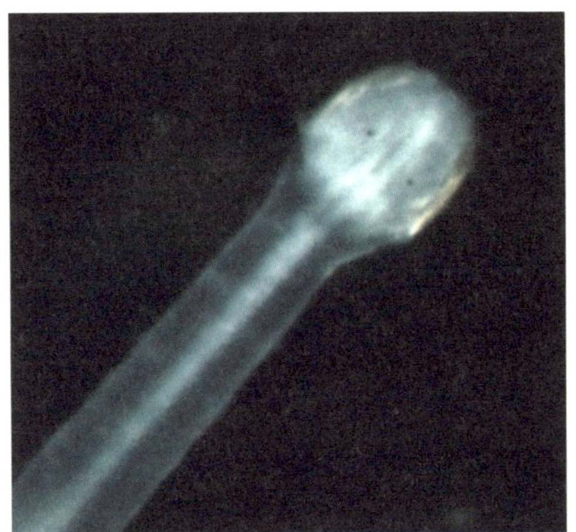

매우 흔하게 발견된다. 이들의 몸은 투명한 유선형으로 먹잇감(종종 요각류 및 유충)을 잡기 위해 빠른 속도로 쏜살같이 앞으로 나아갈 수 있어 그야말로 효과적인 수영 선수라고 할 수 있다. 또한 화살벌레의 일부 종은 강력한 신경 독소를 사용하여 먹잇감을 먼저 죽인 다음 섭취한다.

많은 동물플랑크톤이 수직 일주이동(DVM)을 할 만큼 충분히 헤엄을 잘 친다. 많은 동물플랑크톤 개체들이 매우 동기화된 방식으로 해 질 무렵에는 수심 100~400m에서 동시에 위로 이동하고 새벽에는 다시 아래로 이동하는 모습이 관찰된다. 이 이유에 대한 가장 일반적인 설명은 햇빛이 강한 낮 동안에는 수심이 깊은 곳에서 지냄으로써 시력을 사용하여 먹이를 찾는 물고기, 새, 오징어와 같은 포식자를 피하고, 이후 밤에 수면으로 올라가 먹이를 먹는다는 것이다. 그러나 이러한 DVM(수직 일주이동)의 이유는 당연히 그렇게 간단하지 않으며, 많은 생태학자들이 이 현상의 비밀을 밝히기 위해 상당한 노력을 기울여왔다. 예를 들어 한 가지 이론은 동물플랑크톤이 자외복사선으로 인한 손상을 피하기 위해 낮에 더 깊은 물로 이동한다는 것이다. 분명히 행동을 유도하는 주요 원인은 빛이지만 온도도 역할을 하는 것으로 여겨지며, DVM이 겨울이 아닌 여름에 발생하는 일부 수역에서는 계절적 차이가 관찰된다.

요각류의 일부 종은 표층수에서 먹이가 부족할 때는 겨울을 나기 위해 더 깊은 물로 이동하는 것으로도 알려져 있다. 이들은 몸을 움직이지 않고 먹지도 않는, 즉 휴면기(Diapause)라고 하는 생리학적 상태에 들어가 신진대사를 최소한으로 줄이고 중성부력 상태로 있을 수 있는 깊이(주변 해수의 밀도와 동일한 곳)까지 가라앉는다. 종에 따라 요각류는 이 상태로 500~3,500m 깊이에서 겨울을 보낼 수 있다.

8_6 거대플랑크톤

가장 주목할 만한 거대플랑크톤은 해파리다(자포동물 그룹에 속하며, 말미잘, 산호 및 빗해파리가 포함). 해파리는 반구체 모양의 윗부분처럼 생긴 종(bell)의 율동성 수축 운동으로 효과적으로 헤엄치는데도 불구하고, 해류에 대항하여 헤엄칠 수 없어 물덩어리가 데려다주는 곳으로 표류한다. 이는 놀라운 일인데, 예를 들어 최대 40m 길이의 촉수를 가진 북극의 '사자 갈기(lion's mane)' 해파리와 같은 몇몇 종은 크기가 거대하기 때문이다.

해파리는 주로 동물플랑크톤, 유충 및 작은 물고기를 먹는 육식동물이다. 많은 종들이 자포 또는 자세포(刺細胞, nematocyst)라고 하는 특수세포로 가득한 촉수들을 끌어서 먹잇감을 잡는다. 건드리면 이 세포들은 속이 빈 작살 모양의 구조를 방출하여 먹잇감(동물플랑크톤 및 유충)을 고정시킨 후 먹잇감이 움직이지 못하도록 강력한 독소를 주입한다.

상대적으로 작은 해파리 종은 거대플랑크톤에서 보다 일반적인데, 이들의 다수는 플랑크톤 메두사 단계를 거치며, 이 단계는 바다의 해저 또는 구조물에 부착하여 성장하는 폴립 단계와 서로 번갈아가며 나타난다. 폴립은 유충 메두사를 생산하여 방출하며 결국 눈에 더 잘 띄는 해파리로 성장한다.

관해파리목(Siphonophores)과 같은 일부 해

파리 종은 폴립 단계가 없는 군체이다. 이들의 놀라운 점은 군체 내의 개체들이 추진, 먹이 활동 또는 번식을 위해 다른 기능을 채택한다는 점이다. 작은부레관해파리(*Physalia physalis*)에서 군체의 한 부분은 가스로 채워진 큰 부유체(높이 30cm 이상)로 발전하여 군체를 계속 수면에 떠 있게 한다. 이들 군체 구조 중 하나를 떼서 보는 것도 어렵고, 이 군체가 단일 유기체가 아니라는 것을 깨닫는 것도 어렵다. 이들은 또한 자세포로 가득한 촉수를 가지고 있는데 가장 큰 개체는 떠 있는 곳에서 아래로 수십 미터까지 촉수를 끌고 다닐 수 있다.

자세포에서 방출되는 독소의 효력은 촉수를 만지는 불행을 겪은 수영자나 다이버에게는 익히 잘 알려져 있다. 이러한 접촉은 극도로 고통스러운 경험이 될 수 있다. 한편, 바다말벌이나 상자 해파리(*Chironex fleckeri*)가 생성하는 독소는 매우 강력하여 여러 사람의 죽음을 초래하기도 했다. 이런 이유로, 이들 종이 물속에서 발견되면 그 해수욕장은 종종 폐쇄된다.

8_7 유영동물 및 기타 생물군

유영동물이라는 해양생물은 보다 잘 알려져 있으며, 여기에는 이빨고래, 수염고래, 해달, 물범 및 듀공을 비롯한 포유류와 물고기, 파충류 및 오징어가 포함된다. 다른 해양동물 그룹도 유영동물과 같이 분명히 물의 수평 흐름에 대항하여 헤엄칠 수 있다. 그러나 유영동물은 물 밖에서 지내는 기간도 있는데, 여기에는 북극곰, 물범, 바다사자, 바다악어 및 바다거북이 포함된다. 물고기와 오징어는 성체일 때만 분명히 유영동물인데, 이는 이들의 알 또는 유생 단계는 플랑크톤에 속하기 때문이다.

짧은 단락 몇 개만으로 이처럼 다양한 동물을 정의하는 것은 불가능하다. 그러나 수염고래와 많은 종류의 물고기와 같이 이들 해양생물의 상당수는 매우 효과적으로 헤엄칠 수 있

| **그림 8_16** | 유영동물이 모두 그렇지는 않으나, 많은 대형 해양동물들은 물 밖에서 상당 시간을 보낸다. (A) 북극곰, (B) 레오파드 물범.

기 때문에 넓은 해역을 통과하여 상당히 먼 거리를 돌아다닐 수 있다. 물론 이보다 효과적으로, 일부 동물은 보다 깊은 물에 살면서 단지 먹이를 먹기 위해 표면으로 헤엄쳐 이동하기도 한다.

마지막으로 이 장에서 수산자원을 비롯한

| 그림 8_17 | 바닷새는 개방된 해양생태계의 중요한 부분을 차지한다. (A) 황제펭귄, (B) 가넷(Gannet), (C) 퍼핀(댕기바다오리), (D) 거대한 슴새(petrel)는 일부 잔해가 수면에 포착되면 어디에선가 불쑥 나타나는 것처럼 보인다.

주요 유영동물 그룹을 상세하게 소개하지 못하는 점은 이 개요서의 한계일 것이다. 유영동물은 아니지만 대부분 해양의 표층(0~50m 깊이)에서 물고기와 동물성 플랑크톤을 먹는 많은 종류의 바닷새가 있다(그림 8_17). 한편, 황제펭귄(*Aptenodytes forsteri*)과 같은 일부 종은 물고기, 오징어 및 크릴을 찾아 500m 깊이까지 다이빙할 수 있는 뛰어난 수영 선수이다. 바다를 터전으로 살아가는 다양한 종류의 바닷새의 엄청난 생물량은 이들이 해양생태계에서 분명히 필수적인 구성원임을 의미한다.

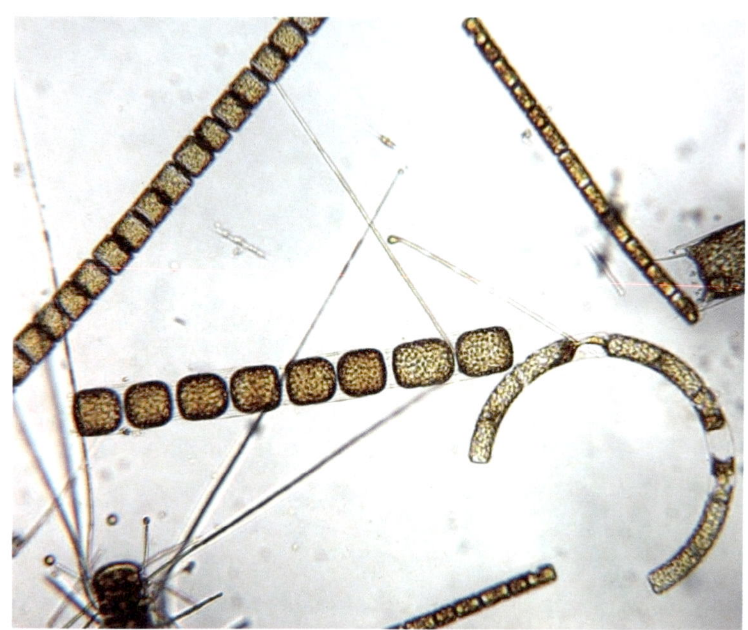

8_8 점성 매질에서의 서식 및 침강

　　물이 공기보다 점성이 더 높기 때문에 물에서의 이동은 공기에서의 움직임과 매우 다르다. 매질의 점도(외부 힘의 영향으로 유동하는 유체의 저항)는 물의 밀도, 즉 온도 및 염분도에 따라 달라진다. 동적 점도계수(kinematic viscosity)라는 용어는 유체를 통해 움직이는 물체에 대한 항력(抗力)의 척도이며, 물체의 관성은 물체를 계속 움직이게 하는

반면 점도는 물체를 멈추려고 한다. 기본적으로 매질의 점도가 클수록 매질을 통한 물체의 이동은 더 느려질 것이다. 예를 들어 올리브유는 물보다 점도가 훨씬 높으며, 따라서 돌은 물에 비해 올리브유에서 더 천천히 가라앉는다.

　　특정 매질 안에서 어떤 입자의 움직임에 대해 말할 때 우리는 다음에서 파생된 레이놀즈 수(Reynolds Number, RN)를 언급한다.

RN = (입자 속도 × 입자 크기) / 동적 점도

생물이 작을수록 레이놀즈 수도 작아진다. 해수에서 10m s⁻¹의 속도로 헤엄치는 큰 고래가 갖는 레이놀즈 수는 300,000,000이며, 같은 속도로 헤엄치는 큰 물고기의 레이놀즈 수는 30,000,000, 0.2m s⁻¹로 헤엄치는 요각류의 RN은 300, 그리고 0.01m s⁻¹로 헤엄치는 박테리아의 RN은 0.00001이다.

그 결과 작은 생물의 유체는 사실상 대단히 점성이 높아 움직이는 개체는 운동량이 거의 없다. 예를 들어 박테리아가 수영을 멈출 때 그 운동량은 10마이크로초(약 1nm) 미만의 움직임(동력을 쓰지 않고 관성을 이용)을 유지하는 반면, 큰 물고기나 고래는 적극적으로 헤엄치는 것을 멈춰도 물을 통해 상당한 거리를 계속해서 미끄러져 나갈 것이다. 초소규모에서 이러한 운동량의 결핍은 현미경으로 미생물을 관찰할 때 미생물이 기름이나 걸쭉한 시럽 속에서 움직이는 것처럼 보이는 것을 의미한다.

물론 이 효과는 상이한 크기의 생물들이 물기둥 속에서 얼마나 빨리 가라앉는지로 바꾸어 말할 수 있어, 유광층에 머무르고자 하는

광합성 생물에게는 엄청난 결과를 가져올 수 있다. 떨어지는 구체를 묘사하는 스톡스 법칙(Stokes' law)은 낮은 레이놀즈 수(실질적으로 직경이 최대 500μm인 입자 및 생물)에서 생물의 종단 속도(terminal velocity)를 계산하는 데 사용될 수 있다. 구체(반경 r)의 낙하 속도는 다음 방정식으로 설명된다.

$$V = \frac{2}{9} \frac{(\rho' - \rho)}{\eta} \, gr^2$$

여기서 V = 입자 속도, g = 중력가속도, ρ' = 입자 밀도, ρ = 물 밀도, η = 물의 동적 점도이다. 따라서 입자의 침강 속도는 입자의 반경의 제곱에 비례하여 증가한다. 식물플랑크톤 세포의 침강률을 관찰한 결과 실제로 제곱하는 세포 반경을 1과 2 사이에서 높여감에 따라 침강 속도는 증가하는 것을 보여준다. 그 이유는 많은 경우에서 세포 크기가 증가함에 따라 세포의 밀도(ρ')가 감소하기 때문이다. 이로 인해 침강 속도 방정식에서 세포의 크기가 거듭제곱 형태로 나타나는 지수가 상대적으로 낮아지게 된다.

9_ 해양화학

일반적으로 해양과학(marine science) 또는 해양학(oceanography)을 다루는 교재나 강의에서는 물리학적 과정을 먼저 설명하고, 그다음에 화학, 마지막으로 생물학을 다루는 것이 통례이다. 그러나 이 짧은 입문서에서는 생물학적 과정에 직접적인 영향을 미치는 해양화학에 초점을 맞추고자 한다. 앞에서 핵심 생물군을 먼저 소개한 이유도 여기에 있다.

해양생물들은 자신들을 둘러싼 해수의 화학적 조성에 크게 영향을 받으며, 동시에 그것을 변화시키기도 한다. 일부 생물들은 넓은 범위의 화학적 환경 조건을 견딜 수 있는 반면, 다른 생물들은 화학적 조성의 미세한 변화에도 민감하게 반응한다.

특히 미생물 활동은 해양화학자들이 일상적으로 관측하는 여러 화학적 과정의 핵심 동력이다. 그러므로 해양 연구에서 생물학자와 화학자 간의 협력이 긴밀하게 이루어진다. 이제는 해양 내에서의 생물학적 역학과 생물권과 비생물권 사이의 원소 이동을 함께 연구하고 있다. 이처럼 학문 간의 융합이 심화되면서, 오늘날에는 해양생지화학(ocean biogeochemistry)이라는 용어가 널리 사용되고 있다(용어 자체는 약 90년 전부터 존재했다).

생지화학(biogeochemistry)은 생물학(bio)과 화학(chemistry)을 의미하며, 'geo'는 지질학적 시간에서 일어나는 원소 순환 과정을 뜻한다. 이러한 과정들은 암석과 해양 퇴적물 또는 산호와 같은 장수 생물에 남겨진 지화학적 흔적을 해석하는 데도 매우 중요한 역할을 한다.

9_1 염분이 있는 물

1장에서 언급했듯이 해수는 본질적으로 염분을 포함하고 있으며, 그 농도는 염분도로 측정된다(그림 9_1). 평균적인 해양의 염분도는 약 35이다. 그러나 연안 해역에서는 담수의 유입으로 인해 염분도가 거의 0에 가깝게 낮아질 수 있으며, 반대로 홍

이온	무게 비(%)
염화물(Cl⁻)	55.03
나트륨(Na⁺)	30.59
황산염(SO₄²⁻)	7.68
마그네슘(Mg²⁺)	3.68
칼슘(Ca²⁺)	1.18
칼륨(K⁺)	1.11
중탄산염(HCO₃⁻)	0.41
브롬화물(Br⁻)	0.19
붕산염(BH₂O₃⁻)	0.08
스트론튬(Sr²⁺)	0.04
기타	〈 0.01

| **표 9_1** | 염분도 35에서 해수의 주요 성분.

해와 같은 일부 해역에서는 염분도가 40에 달하기도 한다.

이와는 달리 해양의 특정 영역에서는 용해된 염분이 극도로 농축되기도 한다. 예를 들어 해빙이 형성될 때 소금물이 얼음 속에 갇혀 만들어지는 고염수의 염분도는 100을 초과할 수 있다. 또한 동지중해 동부 해역의 심해 분지에서는 염분도가 250을 초과하는 초고염 환경이 발견되었는데, 이들은 형성된 지 수만 년이 지난 것으로 추정되며, 산소가 전혀 존재하지 않는 무산소 상태로 유지된다.

이처럼 해양 내 염분의 절대적인 값은 크게 달라질 수 있지만, 해수 내 주요 이온 성분들의 비율은 거의 일정하게 유지된다(표 9_1). 이러한 성분들은 화학반응에는 거의 영향을 받지 않고 농도와 비율이 거의 변하지 않는다. 해수에서는 약 90여 종의 자연 존재 원소가 검출되지만, 실제로 해수 내 이온의 대부분은 10개 미만의 주요 원소로 구성되어 있다(표 9_1).

해수 성분과 염분도 간의 이러한 관계는 하천수를 통해 해안으로 유입되는 물질의 이동을 이해하는 데 매우 유용한 도구이다. 일반적으로 하구의 강어귀에서 바다로 나아갈수록 염분도는 점진적으로 증가하며, 하천의 담수(염분도 0)에서 연안 해수의 염분도 수준으로 변화한다.

특정 이온의 농도가 하천수에서 해수보다 높고, 하구 내에서 물리적 혼합 이외의 다른 과정이 일어나지 않는다면, 염분이 증가할수록 해당 이온의 농도는 점차 감소한다. 이를 희석선(dilution line)이라 하며, 그림 9_2A에 나타나 있다. 반대로, 특정 이온의 농도가 해수에서 하

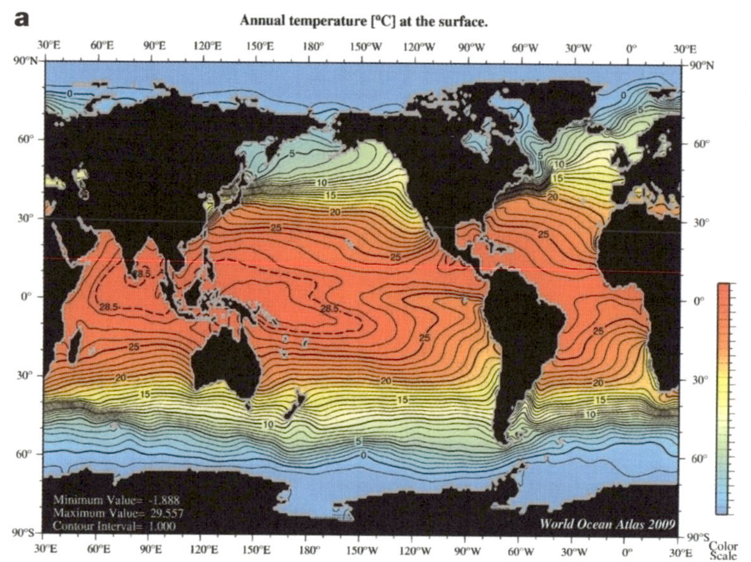

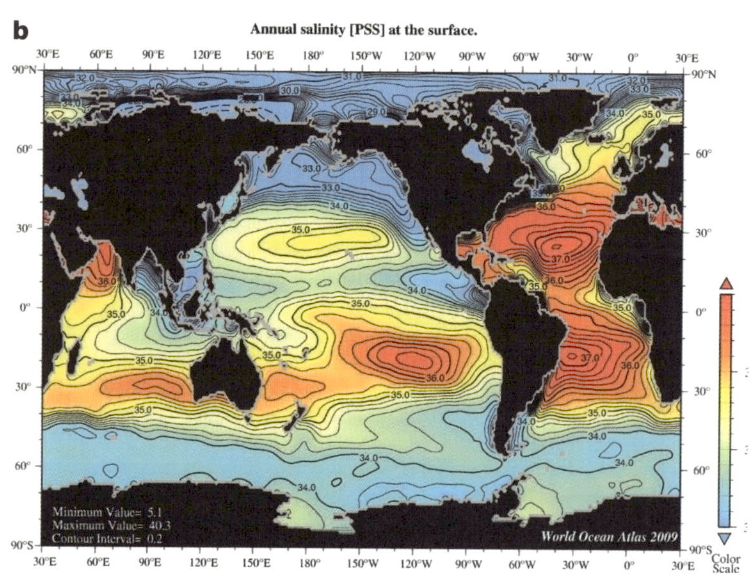

| 그림 9_1 | (A) 전 지구 해양의 표층 수온(빨강: 고온수, 파랑: 저온수). (B) 염분(빨강: 고염분, 파랑: 저염분)의 전 지구적 분포도.(출처: NOAA)

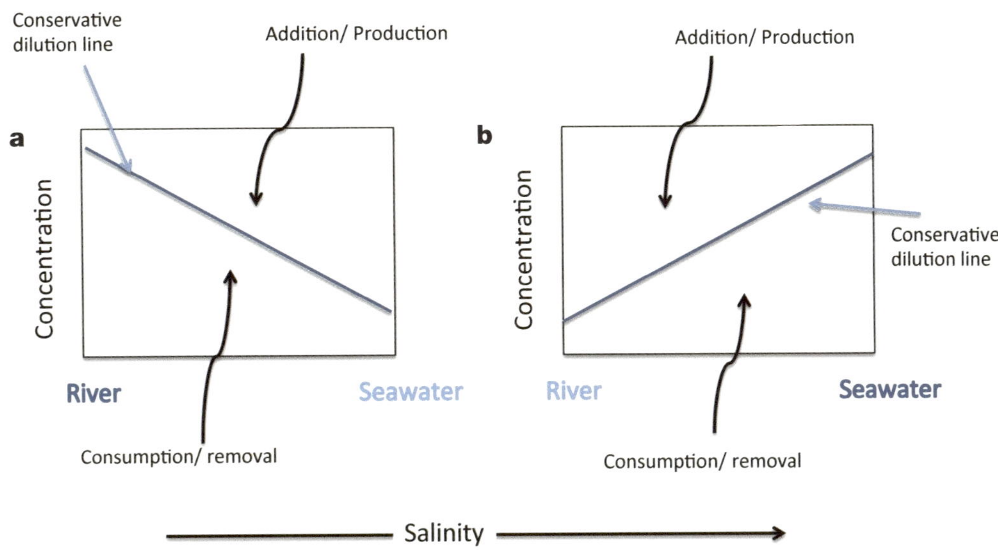

| **그림 9_2** | 직선은 염분 대비 특정 물질의 농도를 나타내는 보수적 혼합선이다. (A) 특정 이온 또는 물질의 농도가 하천수에서 해수보다 높은 경우, (B) 특정 이온의 농도가 해수에서 하천수보다 높은 경우.

천수보다 높을 경우, 두 수괴가 단순히 물리적으로 혼합된다면 염분이 높아질수록 해당 이온의 농도도 증가한다(그림 9_2B).

그러나 실제 관측값이 이론적인 희석선보다 아래쪽에 위치한다면, 하구 내에서 해당 이온이 제거되는 추가적인 과정이 있음을 의미한다. 반대로 관측값이 희석선 위쪽에 위치한다면, 하구 내에서 해당 이온이 추가적으로 유입되어 농도가 증가했다는 의미다. 이와 같이 염분과 이온 농도 간의 상관관계 분석은 하구에서의 화학적 과정을 이해하는 핵심적인 방법으로, 해양화학자들이 물질의 순환 및 기원 추적을 연구할 때 중요한 지표로 활용된다.

9_2 용존이란 무엇을 의미하는가?

물속에 이온이 용해되어 있다는 것은 비교적 단순한 개념이지만, 보다 넓은 관점에서 보면 해수는 훨씬 더 복잡한 화학적 혼합물이다. 해수는 단순히 염과 이온만으로 구성된 것이 아니라, 해양생물의 사멸과 분해, 배설과 방출 등에서 비롯된 다양한 부산물을 함께 포함하고 있다. 해수 속의 원소 이온과 그들이 형성할 수 있는 화합물은 무기물이다. 반면, 생물체 및 그로부터 유래한 물질은 유기물이다. 단, 조개껍데기와 같은 생물 기원의 구조물은 화학적으로는 무기물이다.

육상 환경에서는 대부분의 사체와 유기 폐기물이 토양에 흡수되어 미생물에 의해 분해된다. 반면, 해양에서는 이와 유사한 과정이 수주 내에서 일어난다. 그 결과, 해수에는 탄수화물, 지질, 단백질, 아미노산 및 다양한 크기의 복합 유기화합물이 존재한다.

해양화학 연구에서 일반적으로는 여과를 통해 용존과 입자상 성분을 구분한다. 보통 $0.2 \sim 0.45 \mu m$ 크기의 필터를 사용하여, 필터를 통과하는 물질은 용존, 필터 위에 남는 물질은 입자상으로 간주한다. 이때 사용되는 용어가 바로 용존유기물(DOM)과 입자상유기물(POM)이다.

그러나 실제로 이러한 크기는 절대적인 기준이 아니다. 가장 작은 세균과 바이러스의 크기는 $0.02 \sim 0.2 \mu m$ 범위에 있으므로, 이들 중 일부는 용존에 포함될 수 있다. 게다가 이러한 초미세 필터는 금세 막히기 때문에 실험적으로 지속적인 여과는 매우 어렵다.

일부 식물플랑크톤과 세균은 외부 환경 변화로부터 보호하기 위해 복잡한 당 분자를 분비한다. 이러한 물질을 세포외 고분자물질(EPS)이라고 하는데, 해수 중에 상당량 존재할 수 있다.

EPS는 특수 염색을 해야만 관찰할 수 있으며(그림 9_3), 겔 상태로 존재하여 해수의 점도를 변화시킨다. 특히 미세한 크기의 플랑크톤에게 매우 중요한 역할을 한다. EPS는 일정한 모양이나 크기가 없으며, 용존과 입자상 상태

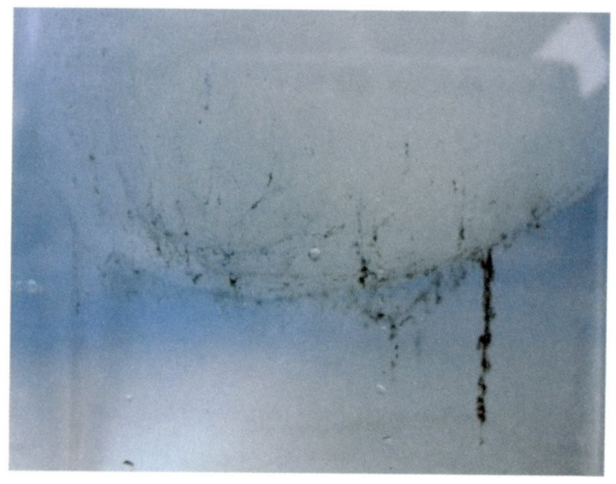

| 그림 9_3 | 해빙 속 북극 규조류가 생성한 EPS 겔이 푸른색으로 염색되어 나타난 이미지.

의 경계에 걸쳐 존재한다. 크기 범위는 수 마이크로미터(μm)에서 수 센티미터(cm)에 이르기까지 다양하다.

또한, EPS는 세균이 부착하여 성장할 수 있는 표면을 제공하므로, 세균의 활동이 집중되는 핫스팟을 형성한다. 이로 인해 EPS가 존재하는 미세 환경에서는 개방수역보다 훨씬 높은 밀도의 세균이 관찰된다.

해수 내 유기탄소를 살펴보면, 퇴적물을 제외한 해양수주에서는 용존유기탄소(DOC)가 가장 큰 유기탄소 저장소이다. 처음에는 다소 의아하게 들릴 수 있다. 왜냐하면 입자상유기탄소(POC)에는 바이러스부터 대형 해양 포유류(대왕고래)까지, 모든 유기 입자와 생물이 포함되기 때문이다. 그러나 해수에는 약 700기가톤(Gt)의 탄소가 DOC 형태로 존재하는 반면, POC는 약 30기가톤에 불과하다. 그중에서도 실제 생물체가 차지하는 양은 약 3기가톤에 지나지 않는다.

때로는 해수 내 용존유기물(DOM)이 너무 풍부해서, 거센 바람이나 폭풍으로 물이 격렬하게 뒤섞일 때 거품이 형성되어 해변으로 밀려오는 경우가 있다(그림 9_4). 이 거품은 종종 오염 현상으로 오해되기도 하지만, 사실은 해수 속의 유기화합물 혼합물이 거세게 휘저어지며 생기는 자연스러운 현상이다.

이는 마치 카푸치노 커피를 만들 때, 우유 속의 단백질과 탄수화물이 거품을 형성하는 원리와 동일하다. 다시 말해 해안의 바다 거품은 단순히 유기물의 일시적 기포화 현상일 뿐 우려할 만한 일이 아니다.

| 그림 9_4 | 해변으로 밀려온 거품은 유해 화학물질이 아니라, 북웨일스의 앵글시 하구에서 볼 수 있듯이 용존유기물(DOM)이 휘저어져 생긴 것이다.

9_3 해수 속의 기체

해수 속에 녹아 있는 기체의 용해도는 여러 환경 요인에 의해 달라진다. 일반적으로 온도와 염분도가 높아질수록 기체의 용해도는 감소한다. 반대로 압력이 증가하면(즉, 수심이 깊어질수록) 기체는 더 잘 용해된다.

이 원리를 잘 보여주는 간단한 예는 탄산음료 병을 여는 상황이다. 공장에서 탄산음료는 이산화탄소(CO_2)를 고압 상태에서 액체에 주입하여 만든다. 병이 밀봉된 상태에서는 내부 압력이 매우 높아서 많은 양의 CO_2가 액체 속에 녹아 있다. 그러나 병마개를 열면 내부 압력이 급격히 낮아지면서 용해되어 있던 CO_2가 기포 형태로 빠져나온다. 병을 따뜻하게 하면, 온도가 상승함에 따라 기체의 용해도가 더 떨어져 더 많은 기포가 발생한다. 또한 여기에 소금을 넣으면 염분이 높아져 용해도가 더욱 낮아지고, 결과적으로 더 많은 기체가 방출된다.

이러한 원리로 생각하면, 극지방 해역은 온도가 낮기 때문에 더 높은 농도의 용존 기체를 가진 것으로 예상된다. 또한 심해는 압력이 높기 때문에 역시 기체 용해도가 증가하여 더 많은 용존 기체를 포함할 가능성이 크다. 반대로 열대 해역에서는 온도가 높아 기체 용해도가 낮고, 염도가 높은 바다는 담수보다 기체 농도가 낮을 것으로 예상된다.

그러나 실제 해양에서는 단순한 물리적 관계가 항상 그대로 적용되지는 않는다. 해수 속 기체의 분포는 물리적 요인뿐 아니라 생물학적 활동과 화학적 반응에 영향을 받기 때문이다. 이로 인해 해양의 용존 기체 농도는 지역, 수심, 수온, 생물 생산성 등의 다양한 요인에 따라 복잡한 양상을 보인다.

대기 중의 주요한 네 가지 기체는 부피비로 질소(N_2, 78.1%), 산소(O_2, 20.9%), 아르곤(Ar, 0.9%), 그리고 이산화탄소(CO_2, 0.03%)이다. 그러나 여기에서는 산소(O_2)와 이산화탄소(CO_2)만을 다룰 것이다. 일반적으로 액체가 공기와 접촉할 때, 그 액체의 기체 함량은 공기 중의 해당 기체의 농도, 또는 보다 정확히는 그 기체가 단독으로 그 부피를 차지할 때의 압력인 분압과 평형 상태에 도달하도록 변화한다. 그러나 이산화탄소(CO_2)의 경우에는 그렇게 단순하지 않다. 해양에서는 CO_2가 물과 반응하여 탄산(H_2CO_3, carbonic acid)을 형성하기 때문이다.

$$CO_2 + H_2O \Leftrightarrow H_2CO_3$$

탄산은 이어서 빠르게 해리되어 중탄산이온(HCO_3^-)을 형성한다.

$$H_2CO_3 \Leftrightarrow H^+ + HCO_3^-$$

더 나아가 중탄산이온(HCO_3^-)은 추가적으로 해리되어 탄산이온(CO_3^{2-})을 형성한다.

$$HCO_3^- \Leftrightarrow H^+ + CO_3^{2-}$$

따라서 해수에서 용존 무기탄소는 용존 CO_2 기체, 탄산(H_2CO_3), 중탄산이온(HCO_3^-), 그리고 탄산이온(CO_3^{2-})의 형태로 존재한다. 이들 각각의 비율은 주로 pH에 의해, 그리고 부차적으로는 염분과 온도에 의해 지배되는 평형 상태에 놓여 있다.

$$CO_2 + H_2O \Leftrightarrow H_2CO_3 \Leftrightarrow H^+ + HCO_3^- \Leftrightarrow H^+ + CO_3^2$$

염분이 35이고 전형적인 pH가 약 8인 해수에서는, 전체 무기탄소의 약 90%가 중탄산이온 형태로 존재하며, 약 0.5%만이 CO_2 기체 형태로 존재한다(그림 9_5). 수소이온 농도가 높아져 pH가 낮아지는 산성 환경에서는, 화학적 평형이 왼쪽으로 이동하여 CO_2 기체의 비율이 증가한다. 반대로 pH가 높아지는 염기성 환경에서는, 평형이 오른쪽으로 이동하여 탄산이온(CO_3^{2-})의 비율이 증가한다. 따라서 농축된 산을 해수에 떨어뜨려 pH를 2 이하로 낮추면, 전체 평형이 왼쪽으로 이동하게 된다.

그러나 일반적인 해양의 pH 범위 내에서는, 해수에서 CO_2 기체가 제거되면 위 식의 평형은 왼쪽으로 이동한다. 그 결과, 다른 이온들의 농도가 변하여 더 많은 CO_2가 생성되며, 결국 평형이 다시 회복된다. 단, 빠져나간 CO_2의 양만큼 전체 탄소의 총량은 감소한다.

산소(O_2)는 이산화탄소만큼 복잡하지 않다. 산소는 단순히 해수 속에 용해되며, 대기와의 평형 상태에서 기대되는 농도보다 해수 표층의 산소 농도가 종종 과포화 상태로 나타난다. 이는 해수면의 파도가 기포를 형성하고, 이 기포들이 수주 아래로 이동하면서 압력이 높아

짐에 따라 기체가 더 많이 용해되기 때문이다. 그 결과, 해수에는 대기 평형 농도를 초과한 농도의 산소가 존재하게 된다.

O_2가 과포화 상태가 되는 또 다른 원인은 광합성 때문이다. 이는 유광층에서 식물플랑크톤에 의해 일어나며, CO_2를 사용하고 O_2를 생산한다(자세한 내용은 10장에서 다룸). 낮 동안 광합성이 활발히 일어나면 표층으로 더 많은 산소가 공급되어 O_2 농도가 증가한다.

반면, 호흡은 세균부터 고래에 이르기까지 모든 해양생물이 낮과 밤을 막론하고 수행하는 과정으로, O_2를 소비하고 CO_2를 생성한다(역시 10장에서 자세히 다룸). 특히 세균이 용존유기물(DOM)과 입자유기물(POM) 같은 부패 유기물을 분해할 때, 상당한 양의 산소가 소모되고 CO_2가 방출된다.

이러한 과정들이 결합되어, 외양의 수심별 산소 농도는 일반적으로 다음과 같은 전형적인 분포를 보인다(그림 9_6). 표층(약 100m 이내)에서는 광합성과 기체 교환으로 인해 산소 농도가 높으며, 종종 과포화 상태에 이른다. 그러나 200~1,000m 깊이에서는 호흡과 분해 과정으로 인해 산소가 소비되어 산소 최소층이 형성되고, 이에 대응하여 CO_2 농도는 최대치를 보인다.

하지만 산소 농도는 그 이하의 심해에서 계

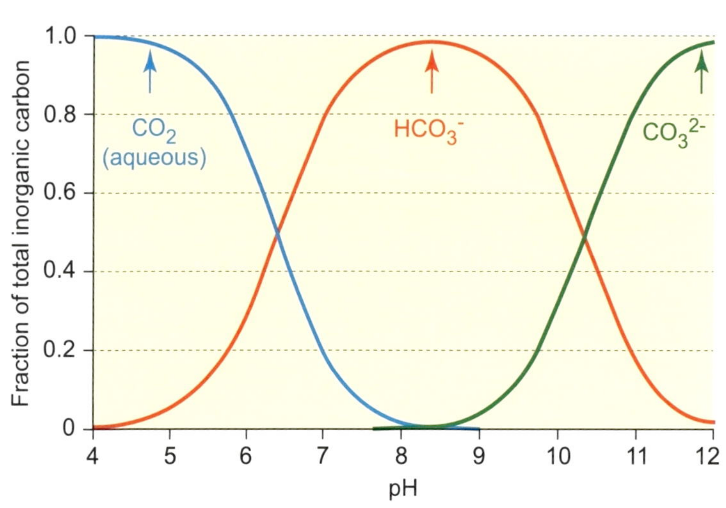

| **그림 9_5** | 물속의 CO_2 형태는 pH에 강하게 의존한다.

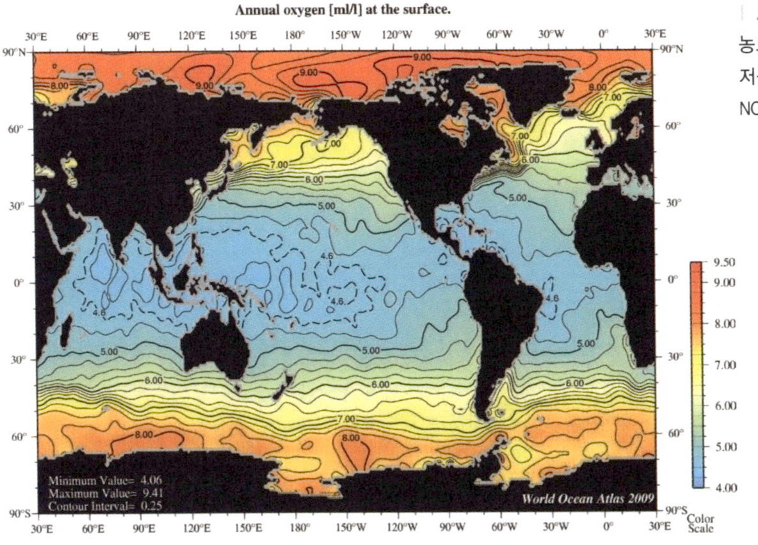

| 그림 9_6 | 표층해수의 산소 농도(ml/l).(빨강: 고농도, 파랑: 저농도).(그림 9_1 참조).(출처: NOAA)

속 감소하지는 않는다. 세균과 동물은 해저까지 호흡을 지속하지만, 심해수가 본래 극지방 해역에서 형성되기 때문이다. 극지 해수는 매우 차가워 많은 양의 산소를 함유한 상태로 가라앉아 심해로 공급되므로, 깊은 바다에서도 산소가 존재한다.

때때로 세균에 의해 유기물이 대량으로 분해될 경우(조류 대번식 이후), 산소 최소층의 농도는 매우 낮아져 준무산소 상태가 된다. 그러나 연안의 얕은 해역에서는, 특히 수괴 교환이 적고 성층이 강할 경우, 유광층 아래에서 호흡이 너무 강해 가용 산소가 모두 소모되기도 한다.

이렇게 되면 무산소 상태가 되며, 산소 호흡이 필요한 모든 생물(조류, 세균, 어류까지)이 죽음에 이르게 되는 생태학적 재앙이 발생한다. 단, 해양포유류는 수면에서 호흡하기 때문에 영향을 받지 않는다.

마지막으로, 해수 내 탄산염 평형의 복잡성을 더하는 또 다른 요인이 있다. 이전 장에서 다룬 바와 같이, 석회비늘편모류는 중요한 대번식성 식물플랑크톤으로, 탄산칼슘($CaCO_3$)으로 이루어진 코콜리스로 몸을 덮고 있다. 이러한 탄산칼슘 구조가 형성될 때, 그 부산물 중 하나가 바로 CO_2이다. 따라서 석회비늘편모류는 광합성을 통해 CO_2를 흡수하면서도, 동시에 호흡과 외피 형성 과정에서 다시 CO_2를 방출한다.

$$Ca^{2+} + 2HCO_3^- \Rightarrow CaCO_3 + CO_2 + H_2O$$

9_4 해수 속의 영양염류

표 9_1의 기타 항목에는 식물플랑크톤의 성장에 필요한 주요 영양염류가 포함되어 있다(10장 참조). 이는 곧 이들이 무한정 존재하지 않는다는 것을 의미하며, 실제로 해양의 많은 지역에서는 이러한 영양염류의 농도가 매우 낮아 식물플랑크톤이 성장할 수 없다. 반대로 특히 농경지로부터의 유출이 많은 연안해역에서는 영양염류의 농도가 지나치게 높아, 이를 이용한 식물플랑크톤의 과도한 증식이 문제가 되기도 한다. 이러한 현상은 부영양화라 하며(13장 참조), 해양생태계의 불균형을 초래할 수 있다.

식물플랑크톤의 성장에 중요한 영양염류는 여러 가지가 있으나, 해양과 육상 모두에서 가장 중요하고 흔히 제한 요소가 되는 것은 질소와 인이다. 이러한 이유로 농업에서도 질소와 인 비료를 첨가하여 작물의 성장을 촉진한다. 그러나 해양과 육상의 비교는 제한적이다. 왜냐하면 해수 중 가장 높은 농도의 영양염류조차 대부분의 비료를 사용하지 않은 토양에 존재하는 영양염 농도의 극히 일부분에 불과하기 때문이다.

해수에서 질소는 용존 질소기체(N_2), 암모늄(NH_4^+), 아질산염(NO_2^-), 질산염(NO_3^-), 그리고 다양한 유기분자 형태로 존재한다. 이 중 질소기체는 대부분의 생물이 직접 이용할 수 없으며, 오직 일부 남세균만이 질소 고정(Nitrogen fixing)을 통해 아미노산 및 단백질 합성에 사용할 수 있는 형태로 전환시킨다. 식물플랑크톤이 주로 이용하는 질소원의 형태는 질산염(NO_3^-)이며, 그다음으로는 암모늄(NH_4^+)이 중요하다. 한편 인은 해수에서 여러 무기 형태로 존재하지만, pH가 8일 때는 대부분이 수소인산이온(HPO_4^{2-}) 형태로 존재하며, 이는 세포의 흡수와 대사에 가장 용이한 형태의 무기 인이다.

질소와 인은 해수 중에 풍부하지 않고, 강으로부터의 공급량 또한 장기적으로 식물플랑크톤의 성장을 유지하기에는 충분하지 않다. 따라서 해양 내에는 이러한 영양염류의 또 다른 공급원이 존재해야 한다. 이러한 공급원은 동물플랑크톤과 중형생물이 배설하는 요소(urea) 및 암모늄(NH_4^+), 그리고 물기둥(water column)과 해저 퇴적물 내에서 세균이 죽은 유기체와 배설물을 분해하는 과정에서 비롯된다. 세균은 단백질과 아미노산을 분해하여 NH_4^+를 생성하고, 이 NH_4^+는 질화세균에 의해 NO_3^-로 전환된다. 이러한 일련의 유기물질을 무기영양염으로 전환하는 과정은 영양염 재생 또는 재광물화라 불린다. 인산염 역시 세균의 유기물 분해 활동을 통해 해수로 다시 방출된다.

대양에서는 표층수의 질산염(NO_3^-)과 인산염(HPO_4^{2-})의 농도가 일반적으로 낮지만, 약

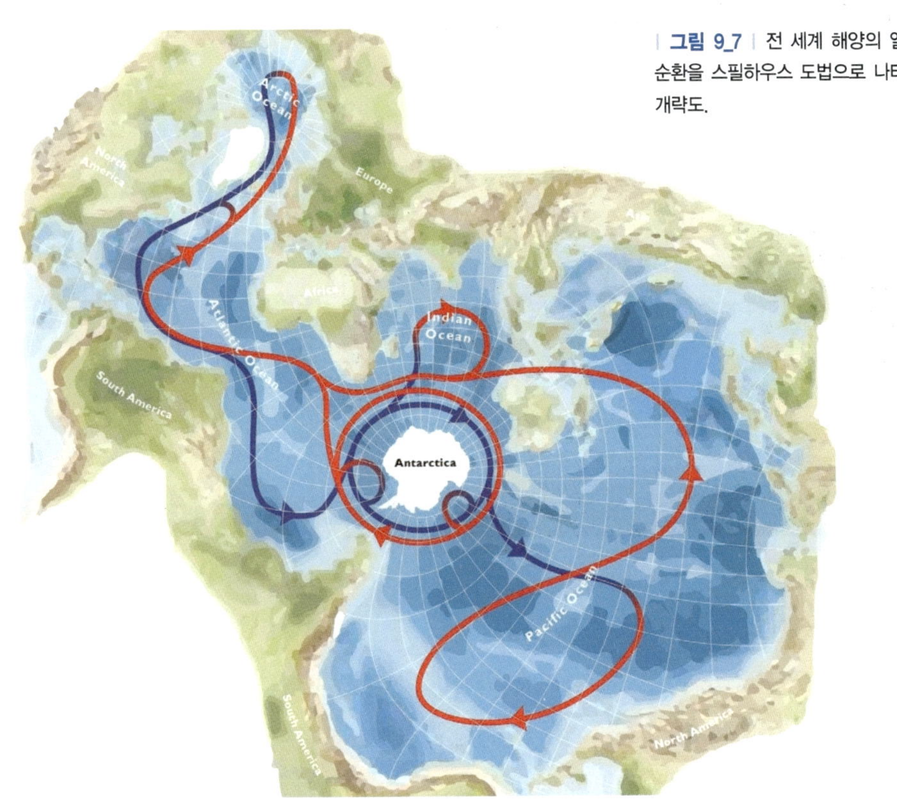

| **그림 9_7** | 전 세계 해양의 열염 순환을 스필하우스 도법으로 나타낸 개략도.

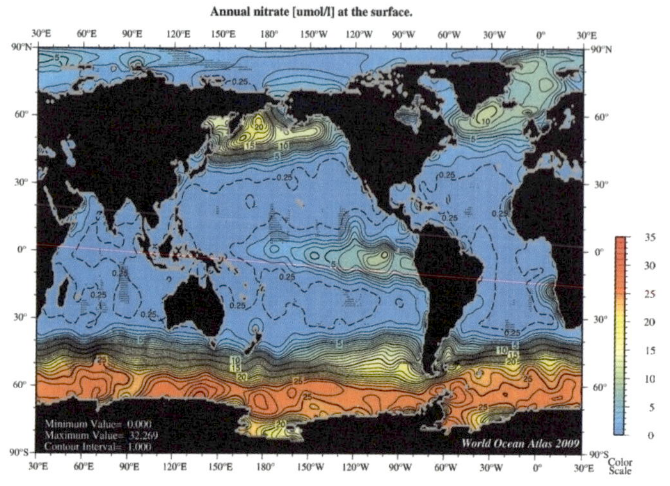

| 그림 9_8 | 표층해수의 질산염 농도 (μmol/l).(빨강: 고농도, 파랑: 저농도).(출처: NOAA)

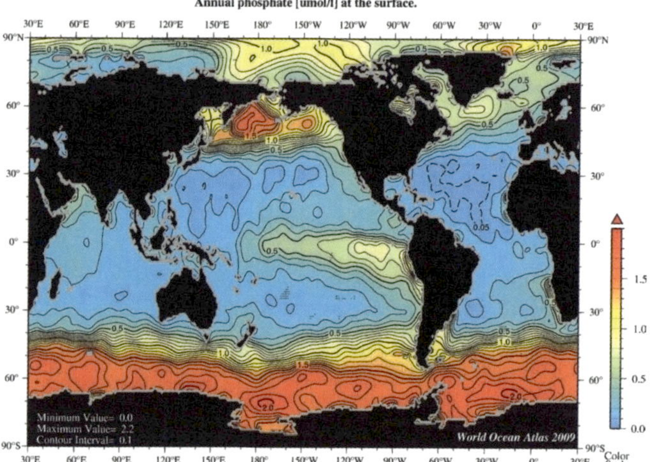

| 그림 9_9 | 표층해수의 인산염 농도 (μmol/l).(빨강: 고농도, 파랑: 저농도).(출처: NOAA)

100~500m 수심의 산소 최소층에서는 세균 활동이 활발하여 산소가 소모되고, 이로 인해 영양염류의 농도가 높아지는 경향을 보인다. 표층 혼합층 아래의 해수는 일반적으로 더 많은 영양염류를 함유하고 있으며, 혼합 현상이 발생하여 심층수가 표층으로 상승할 때 이러한 영양염류가 유광층으로 공급된다.

특히 대륙붕 해역에서는, 가을과 겨울에 계

절성 수온약층이 붕괴되면서 심층의 영양염류가 표층으로 공급된다. 이로 인해 표층수는 영양염으로 풍부해지고, 이듬해 봄의 식물플랑크톤 대번식을 가능하게 한다(10장 참조).

해수의 영양염 농도에 따라 수역은 세 가지로 구분된다.

빈영양수역: 영양염 농도가 낮은 해역

중영양수역: 중간 수준의 해역

부영양수역: 영양염 농도가 높은 해역

이러한 구분은 해양생태계의 생산성과 탄소순환을 이해하는 데 중요한 기준이 된다.

9_5 상호 연결된 해양

막대한 규모의 수괴 이동인 열염순환(1장 참조)이 해양을 상호 연결한다. 북극해와 남극해(남빙양)에서 수백만 제곱킬로미터의 해수가 결빙될 때(12장 참조), 차갑고 염분이 매우 높은 염수가 생성되어, 해수의 밀도가 증가하고 가라앉는다.

열염순환(그림 9_7)에서는, 0~1,000m 깊이의 따뜻한 표층수와 중층수가 북대서양을 따라 북극으로 수송되며, 그곳에서 냉각되어 가라앉아 북대서양 심층수를 형성하고 남쪽으로 흐른다. 남빙양에서는 해빙 형성이 차갑고 고밀도의 해수를 생성하여 남극저층수를 형성한다. 이러한 심층수들은 남인도양과 태평양으로 흘러들어가 상승한다. 되돌아오는 흐름은 북동태평양의 표층수에서 시작되어 인도양을 거쳐 대서양으로 이어진다. 이 과정은 빠르지 않으며, 만약 북대서양에서 물 분자 하나를 표식한다면, 그것이 출발점으로 돌아오기까지 수천 년이 걸릴 것이다.

심층수 형성에서 중요한 것은 극지방의 온도와 염분만이 아니다. 위에서 언급했듯이, 극지의 산소가 풍부한 해수는 심층의 유기물 분해를 수행하는 세균 활동에도 불구하고 해수가 충분히 산소화된 상태를 유지된다. 그러나 수괴가 해수면으로부터 멀리 떨어져 있는 시간이 길수록, 세균이 이러한 재광물화 과정을 수행할 시간이 많아진다. 그 결과, 북동태평양으로 상승하는 해수는 NO_3^-와 HPO_4^{2-}의 농도가 훨씬 높고, O_2 농도는 북대서양 해수보다 낮다(그림 9_8, 9_9).

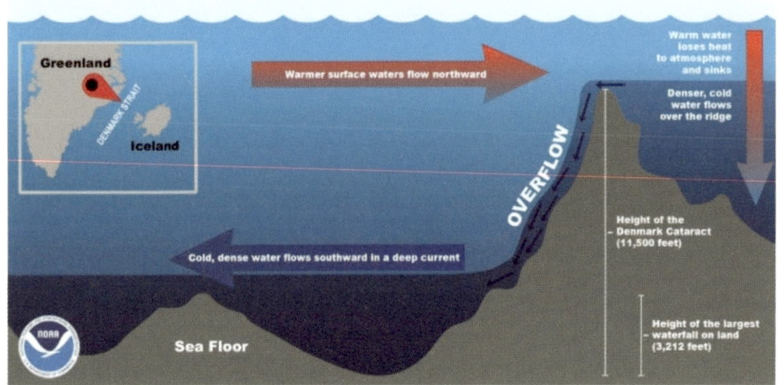

9_6 덴마크 해협의 거대한 폭포

고밀도의 차가운 해수가 북대서양으로부터 유입되는 비교적 따뜻한 표층수 아래를 따라 덴마크 해협(그림 9_10)을 통해 북극해로부터 흘러나온다. 이곳은 지구상에서 가장 큰 폭포가 존재하는 장소로, 저층수가 3.2km 아래로 폭포처럼 낙하한다. 이에 비해 지상에서 가장 높은 폭포인 베네수엘라의 엔젤 폭포의 낙차는 979m에 불과하다. 이 해저 폭포를 따라 흐르는 해수의 유량은 초당 약 350만m^3, 즉 3.5스베르드루프(Sv)(45쪽 참조)로 추정된다.

10_ 해양의 일차생산력

모든 해양 먹이그물의 기저를 이루는 기본 과정은 식물플랑크톤과 일부 극미소플랑크톤(Picoplankton)에 의해 이루어지는 광합성을 통한 유기물 생산이다. 광합성 생물에 의해 만들어지는 새로운 생물량(일차생산)은 궁극적으로 동물플랑크톤, 어류, 고래 및 바닷새 군집의 크기를 결정한다(11장 참조). 따라서 해양의 일차생산을 제어하는 요인을 이해하는 것은 해양 생물 자원을 관리하고 활용하는 데 가장 중요하다.

10_1 광합성 및 호흡

해양에는 식물종이 거의 없다. 많은 조간대 해안을 덮고 있는 해조류와 조하대 내 수심 50m 정도의 구간에서 자라는 해조류는 식물로 분류되어야 하는 것처럼 보인다. 그러나 해조류는 실제로는 조류(Algae, 대형 조류 또는 큰 조류)에 해당된다. 이들은 광합성을 하지만 꽃을 피우지 않고 물과 영양분을 운반하기 위한 뿌리, 잎 또는 고도로 체계화된 조직이 없다는 점에서 식물과 다르다. 해양 내 유일한 진짜 식물은 비교적 작은 그룹의 해초이다. 식물플랑크톤의 단세포 조류는 해조류와 관련이 있어 미세조류라고 불린다.

이들 문제는 제쳐두고, 광합성 플랑크톤은 육상의 식물과 같은 방식으로 광합성을 할 수 있다. 즉, 빛을 에너지원으로 삼아 이산화탄소로 새로운 유기물을 만들어내며, 그 과정에서 산소가 방출된다. 광합성 과정은 명반응과 암반응으로 구분할 수 있다. 명반응은 빛을 대사 에너지와 환원력으로 변환시킨다. 엽록소와 같은 특수한 빛 민감성 색소는 빛 에너지를 흡수하여 이루어지는 암반응에서 CO_2를 유기화합물(CH_2O)로 환원(고정)하는 데 사용된다. 이에 대한 전체 반응은 다음과 같다.

명반응(light reaction): $2H_2O + 빛 \Rightarrow 4[H^+] +$

대사 에너지 + O_2

암반응(dark reaction): $4[H^+]$ + 대사 에너지

+ $CO_2 \Rightarrow [CH_2O]$ + H_2O

일반적으로 광합성(명반응과 암반응의 결합)은 다음 방정식으로 표현된다.

$6CO_2$ + $6H_2O$ + 48광자(photon of light) $\Rightarrow$ $6O_2$ + $C_6H_{12}O_6$

(CO_2 1몰을 고정하기 위해서는 8개의 광자가 필요하므로 6개의 탄소 분자를 고정하여 포도당을 만들기 위해서는 48개의 광자가 필요하다.-옮긴이)

식물과 같이 식물플랑크톤이 빛을 포획하는 데 사용하는 가장 일반적인 색소는 클로로필a(Chl.a)로 청색 파장(최대 430nm)과 적색 파장(최대 680nm)의 빛을 흡수하고 녹색 파장을 반사한다(식물이 녹색인 이유). 그러나 PAR(광합성유효복사, 광합성을 유발하는 방사선으로 400~700nm의 스펙트럼 범위 내 방사선의 총량으로 정의된다. 7장 참조)의 서로 다른 파장을 흡수하기 위해 다양한 종들이 여러 형태의 엽록소와 색소를 사용한다. 즉, 베타카로틴 및 푸코산틴과 같은 카로티노이드와 클로로필-b는 빛 스펙트럼의 녹색 부분(400~520nm)의 빛을 흡수하는 반면, 피코에리트린(phycoerythrin, 홍조류는 심해에서 클로로필a를 증가시키는 피코에리트린이라고 하는 여분의 색소를 가지고 있어 매우 깊은 수심에서도 살 수 있다)은 다른 범위의 녹색 영역(490~570nm)을 흡수한다.

피코시아닌(phycocyanin, 해조 중에 존재하는 청색 단백질)과 알로피코시아닌(allophycocyanin, 빛을 수확하는 피코빌리단백질 계통으로 엽록소의 부속 색소)은 각각 스펙트럼의 녹색-노란색(550~630nm)과 주황색-빨간색(650~670nm) 부분의 빛을 흡수한다. 이들 색소는 부속 색소의 예로서, 식물플랑크톤은 수심에 따라 달라지는 빛의 PAR 스펙트럼의 다양한 요소를 흡수하기 위해 집광성색소(集光性色素)의 조성과 농도를 조정한다. 따라서 빛이 잘 드는 표층수에서 발견되는 식물플랑크톤 세포는 투광대의 바닥 근처에서 발견되는 것과는 다른 색소 구성을 갖게 된다. 또한 식물플랑크톤이 빛이 강한 곳에서 약한 곳으로 이동하는 동안 더 많은 클로로필과 색소를 합성하여 광자의 수확을 극대화할 수 있다. 반대로, 빛이 약한

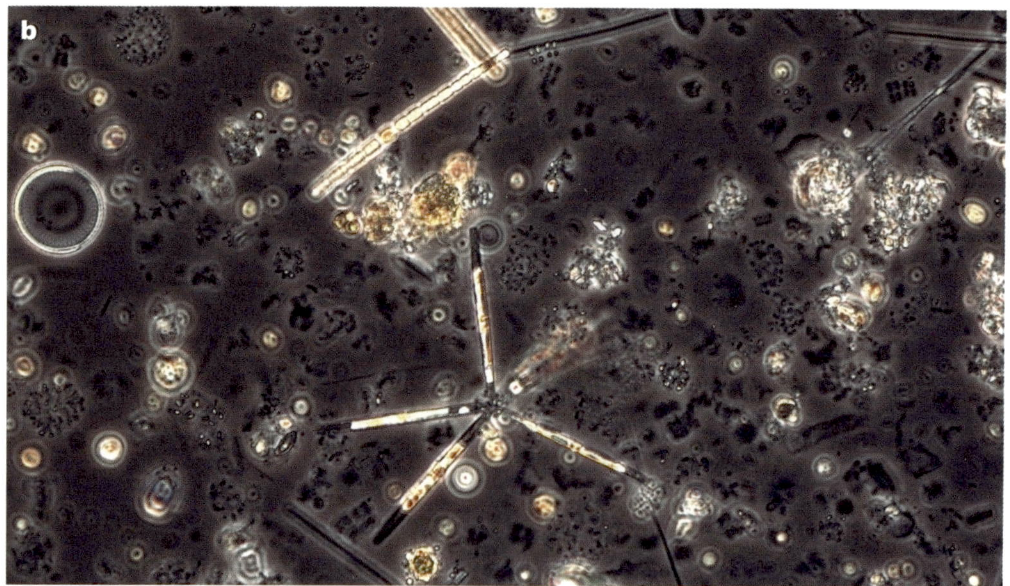

| **그림 10_1** | 해조류는 대형갈조류(A)로 대표되며, 식물플랑크톤(B)과 연계된다. 둘 다 육상식물과는 거리가 먼 조류이다.

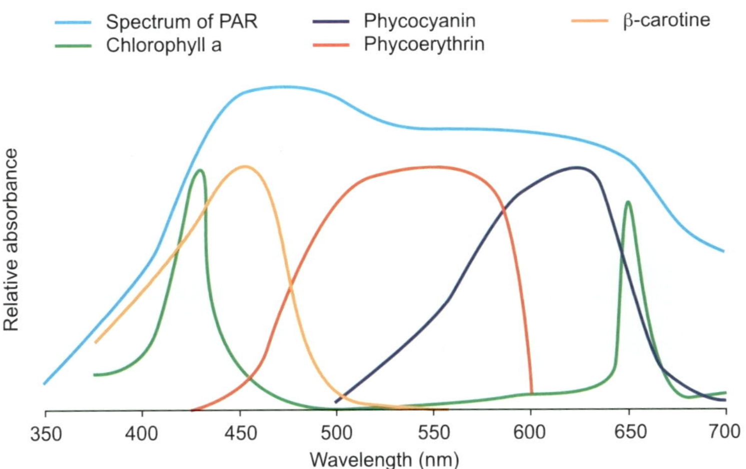

그림 10_2 클로로필 및 기타 색소의 흡수 스펙트럼이 표시된 PAR 스펙트럼.

조건에서 강한 조건으로 이동할 때는 세포 내부의 클로로필과 기타 색소의 농도를 감소시키는 경향이 있다. 일부 부속 색소는 빛 스펙트럼의 자외선(UV, 세포에 막대한 손상을 일으킬 수 있음)을 차단하는 데 매우 효과적이며, 종종 빛이 강한 환경에서 UV 차단 색소는 매우 빠르게 생산된다.

생물체의 다른 필수 대사 경로는 호흡이다. 모든 생물은 에너지를 만들기 위해 호흡하는데, 빛이 있어야만 하는 광합성과 달리 호흡은 지속적으로 일어난다. 그러나 호흡은 산소가 필요하다. 호흡에 대한 방정식은 광합성에 대한 방정식의 반대이다.

$$6O_2 + C_6H_{12}O_6 \Rightarrow 6CO_2 + 6H_2O + 에너지$$

생산되는 에너지의 양은 출발 물질의 특성에 따라 크게 달라진다. 즉, 주어진 물질 중량에 대해 지질(지방)의 호흡은 탄수화물(설탕)보다 적어도 두 배의 에너지를 생산하기 때문에 지방은 모든 생명체 그룹에서 저장물질로 널리 사용된다.

10_2 식물플랑크톤 성장

식물플랑크톤 세포는 광합성에 의해 생성된 탄수화물로만 구성되는 것이 아니라 세포벽, 막, 단백질,

효소 등으로 구성된다. 따라서 복잡한 생명체를 만들기 위해서는 광합성 작용뿐만 아니라 질소, 인 및 황과 같은 무기 영양소의 동화가 필요하다. 필요한 원소의 총목록은 엄청나지만 이들 중 일부는 미세 또는 미량 단위로 필요하다. 제대로 기능하는 식물플랑크톤 세포는 아주 대략 추정치로 약 40%의 단백질, 5%의 핵산 및 뉴클레오티드, 40%의 탄수화물, 15%의 지질로 구성된다. 이를 활용하여 질소와 인이 필요하다는 점을 고려해 좀 더 단순하게 표현한 광합성 방정식은 다음과 같다.

$$106CO_2 + 16NO_3^- + HPO_4^{2-} + 122H_2O$$
$$+ 18H^+ \Rightarrow C_{106}H_{263}O_{110}N_{16}P + 138O_2$$

위 방정식에서 얻을 수 있는 활발히 성장하는 건강한 해조류 세포당 탄소 : 질소 : 인의 비율은 106 : 16 : 1이다. 이 비율은 해양 내 입자성 유기물 덩어리의 원소 구성을 설명하는 레드필드비(Redfield ratio, 미국 해양학자 A. C. 레드필드의 이름을 땄다)와 동일하다. 위에서 C : N 비율은 6.6 : 1인데, 이는 조류의 생리적 상태를 측정하기 위해 일반적으로 사용되는 척도이다.

왜냐하면 질소가 제한적이거나 조류 세포가 노화 또는 죽어가는 경우 이 비율은 상당히 증가하기 때문이다.

10_3 광합성과 빛

광합성과 빛(조도)의 관계는 광합성/조도 곡선(P/I 곡선, 그림 10_3)으로 설명된다. 광합성은 빛의 영향을 받지만 호흡은 일정하다는 점을 기억하는 것이 중요하다. 빛이 증가하면 광합성은 광합성률이 호흡률과 동일해지는 특정 복사조도에 도달할 때까지 직선으로(a의 경사로) 증가한다. 이 지점을 보상광량 I_c라고 한다. 보상광량(Compensation irradiance)은 종에 따라 달라지며 단일 종 내에서도 심지어는 계절에 따라 달라지거나 또는 이보다 더 짧은 시간 척도에 따라서도 달라질 수 있다.

복사조도가 증가함에 따라 추세는 점차 비선형이 되어 복사조도가 더 증가해도 광합성률은 증가하지 않는 지점에 도달한다. 즉, 광합성률은 빛이 포화된 최대 광합성률(P_{max})에 도달한다. 포화조도 I_k는 그림 10_3에 표시된 두 선의 절편에서의 조도이다. 일부 생물에서

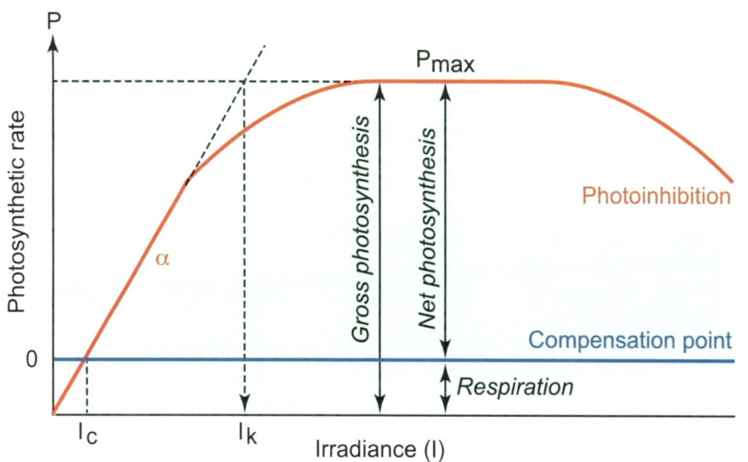

는 세포막 또는 단백질 손상으로 인해 매우 높은 복사조도에서도 광합성 속도는 감소한다 (광저해).

두 가지 다른 중요한 용어를 주목해야 하는데, 이들은 총광합성과 순광합성이다. 총광합성은 전체 광합성을 말하며, 순광합성은 총광합성에서 호흡을 뺀 것과 같다. 오직 순광합성 에너지 증가만 세포의 성장과 번식에 도움을 줄 수 있기 때문에 두 용어를 적절히 구분해야 한다.

10_4 광합성과 성장

투광대를 통해 빛이 어떻게 감소하는지에 관해 우리가 알고 있는 것을 P/I 곡선의 정보와 결합하여 비교함으로써 해수면에서 광합성 경향을 설명할 수 있다. 만약 세포가 정확히 해수면에 계속 있을 수 있다면 당연히 최대광을 사용하여 최적의 광합성을 할 수 있다. 세포가 투광대의 맨 아래(입사광의 1%)에 있는 경우, 빛은 여전히 광합성을 하기에는 충분할 수 있으나, 잠재적으로 보상점에 도달하거나 보상점을 능가하기에는 충분하지 않다. 보상수심은 물기둥 내에서 식물플랑크톤에 의한 총광합성 탄소동화가 호흡에 의한 탄소 손실과 같아지는 지점으로, 순광합성이 0(P/I 곡선의 I_c에 해당)이 되는 곳이다.

그러나 식물플랑크톤 세포는 해수 내에서 정지 상태에 있지 않고 물기둥 전체(수층화가 일어난 곳) 또는 표면혼합층 내에서 가라앉고 혼합된다(3장 참조). 혼합층의 수심이 보상수심 아래에 있을 수 있으므로, 순 식물플랑크톤 성장을 고려하면 이 경우에는 물기둥(낮과 밤) 전체의 통합 호흡 손실에 대한 일일 통합 광합성 증가는 혼합층 수심까지 관련시키는 것이 더 적절하다.

임계 수심은 통합 일일 광합성 탄소동화와 일일 통합 호흡 탄소 손실이 같아지는 수심이다. 충분한 영양소가 존재하는 한 순 식물플랑크톤 성장은 혼합층 깊이가 임계 수심보다 얕을 때 일어난다. 혼합층이 임계 수심 아래로 확장되면 조류의 성장은 빛에 의해 제한되며 순 식물플랑크톤의 성장은 없다.

물이 너무 탁해 혼합층 바닥에 아주 적은 빛만이 도달하는 경우, 세포가 경험하는 평균 복사조도는 $I_0 / (kh)$와 같음을 알 수 있다. 여기

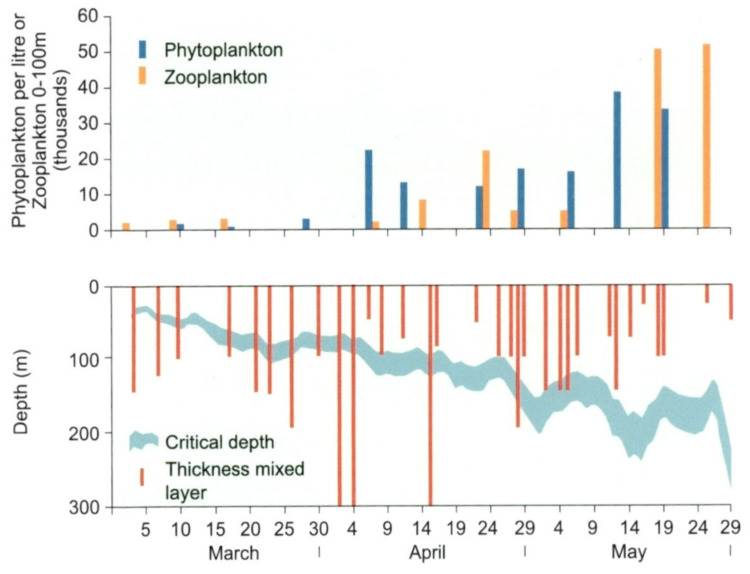

| 그림 10_4 | 1949년 노르웨이해의 데이터로, 혼합층 깊이, 임계 수심, 식물플랑크톤 및 동물플랑크톤 풍도 사이의 관계를 보여준다. 식물플랑크톤의 성장은 혼합 깊이가 지속적으로 임계 수심 이상일 때만 발생한다(스베르드루프의 원본 데이터를 수정한 그림).

서 I_0은 해수면의 복사조도, h는 혼합층의 깊이, 그리고 k는 감쇠계수이다. 이 평균 복사조도가 세포에 대한 I_c보다 크면 세포는 표면 혼합층에서 성장할 수 있다.

봄철 온대 위도의 바다에 형성된 계절성 수온약층은 상대적으로 얇은 표면혼합층에 식물플랑크톤을 가두어두게 된다(6장 참조). 동시에 봄철 해수면의 조도는 증가한다. 증가하는 해수면의 조도(I_0)와 감소하는 표면혼합층의 깊이(h)로 인해 봄철 표면혼합층의 평균 복사조도는 급격히 증가한다(그림 10_4). 종종 표층수의 부유 퇴적물이 가라앉아 물이 맑아지면 빛의 감쇠는 줄어들어 표층의 평균 복사조도는 증가한다. 식물플랑크톤이 빠르게 증식하여 물의 색을 녹색으로 만드는 봄철 대증식은 표면혼합층의 평균 복사조도가 보상광량을 초과할 때 시작된다.

10_5 영양염류 제한에 따른 식물플랑크톤 성장

식물플랑크톤의 성장은 모든 영양소가 적절하게 공급되는 한 지속될 수 있으며, 계절적 조류 대번성은 일반적으로 영양소(일반적으로 인 또는 질소)가 다 소모되고 나면 끝난다. 온대 대륙붕 바다에서 가을 및 겨울에 수온약층이 붕괴되면 영양분이 고갈된 표층수가 영양소가 풍부한 심층수와 섞여서 영양분은 다시 표층수로 돌아온다. 이 수온약층의 붕괴가 시작될 때 여전히 주위에 충분한 빛이 남아 있다면(이 경우 때로는 가을에 있을 수 있음) 식물플랑크톤의 두 번째 짧은 대번성이 있을 수 있다.

일반적으로 우리는 질소 또는 인이 식물플랑크톤의 성장을 제한하는 것으로 언급한다. 그러나 성장을 막는 것은 이들 주요한 영양소

중의 하나가 부족해서가 아니라 단지 미량으로 필요한 영양소 중의 하나가 부족해서일 수 있다. 식물플랑크톤 성장만으로는 표층수에서 질소와 인을 고갈시킬 수 없는 일부 해역이 있다. 이러한 해역은 고영양-저클로로필(HNLC) 해역으로 알려져 있으며, 아북극태평양, 남대양 및 적도태평양에 위치한다. 이 HNLC 해역의 공통점은 육지에서 비교적 멀리 떨어져 있다는 것이다. 철은 식물플랑크톤 세포의 몇몇 대사 과정을 위한 필수적인 원소이나 이들 해역에서는 용해된 철의 농도가 현저하게 낮다는 것이 밝혀졌다.

해양 표층수로 유입되는 철의 주요 공급원은 육지로부터 오거나 대기로부터 먼지 낙하(직접 또는 경유)에 의한 것이다. 지난 20년 동안 일부 HNLC 해역에서 용해된 철을 표층수에 주입하는 수많은 대규모 실험이 시행되었으며, 이 모든 실험에서 놀라운 식물플랑크톤 성장을 보였다. 따라서 미량으로만 필요하지만 철은 분명히 식물플랑크톤의 성장 시스템에서 제한 영양소이다.

앞서 살펴본 바와 같이, 성층화된 수역 상부 혼합층에서 조류의 증식은 조류의 성장이 불가능한 수심까지 영양분을 고갈시킬 수 있다. 그러나 이러한 영양분 고갈 현상이 일반적으로 관찰되는 곳은 식물플랑크톤 성장이 여전히 일어나고 있는 수온약층이나 바로 그 위로, 이 층을 아표층 클로로필 최대층(SCM)이라고 한다. 이 SCM은 표층혼합수(영양소가 고갈된)와 저층 수괴(영양소가 충분한) 간의 경계가 임계 수심 위에 있을 때 형성된다. 경계층 아래의 물에서 나온 영양분은 소규모 난류의 도움을 받아 위쪽의 수온약층으로 확산된다. 이 구역 안으로 혼입된 식물플랑크톤은 영양분을 이용할 수 있는데, 이는 식물플랑크톤의 순성장이 일어나기에 충분한 빛이 여전히 존재하기 때문이다.

이는 서로 다른 물리적 및 화학적 특성을 가진 두 수체가 합쳐져 식물플랑크톤 성장이 어떻게 촉진되는지에 대한 예시다. 표층수는 안정화되어 있으며 따뜻하고 빛이 잘 들지만 영양소는 부족하며, 수온약층 아래의 물은 차갑고 어두우나 영양분을 가지고 있다. 따라서 수층 간의 전선에서 두 수층은 일차생산이 일어나기에 유리한 조건을 제공할 수 있도록 서로의 특성을 보완한다. 유사한 보완 효과는 조석

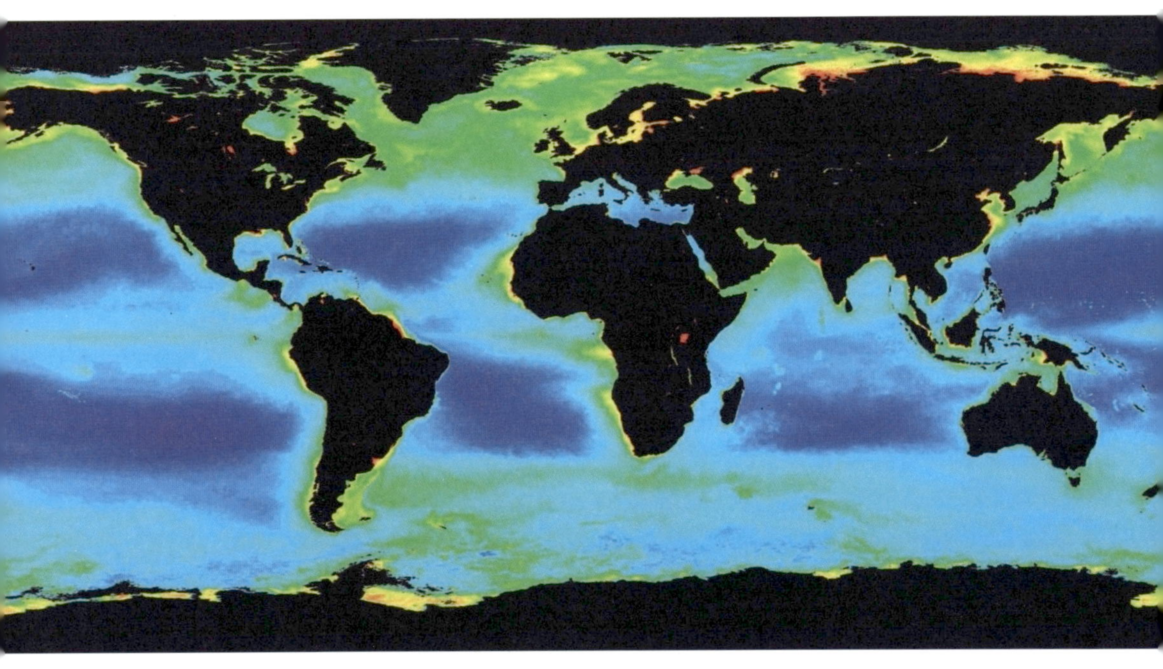

전선이나 대륙붕 바다 전선, 그리고 강하구 담수 흐름과 관련된 전선과 같이 대륙붕 바다에서의 다른 전선 시스템에서 볼 수 있다.

특히 페루, 칠레, 아프리카 남부 및 북동부 해안의 몇몇 연안 지역에서 해안선과 평행하게 부는 바람은 영양분이 고갈된 표층수를 육지로부터 먼 해역까지 운송한다. 이 표층수는 저층으로부터 올라온(용승) 영양소가 풍부한 물에 의해 대체되며, 그 결과 용승이 발생하는 해역은 지구상에서 가장 높은 일차생산을 지원하며, 이는 결국 동물플랑크톤과 어류의 생산도 돕는다.

영양이 풍부한 물의 용승은 무역풍(Trade winds)에 의해 서쪽으로 향하는 두 개의 표층류인 북적도 해류와 남적도 해류가 만들어지는 적도태평양과 같은 공해의 주요 해양 전선

6 October 2002
Chlorophyll Concentration (mg / m³)
<0.04 .06 0.1 0.2 0.3 0.5 1 2 3 4 >5
SeaWiFS Project   NASA / GSFC   ORBIMAGE

시스템에서도 발생한다. 코리올리 효과는 해류가 북반구에서는 북쪽으로, 남반구에서는 남쪽으로 편향되게 한다. 이들 표층수가 적도에서 멀어지면서 두 방향으로 분기하는 흐름은 영양분이 풍부한 물을 표면으로 용승하게 만들어 주변 해역에 비해 비교적 높은 일차생산율을 갖도록 지원한다. 일부 지역에서 발견되는 저기압성 소용돌이(Cyclonic gyres, 북반구에서는 반시계 방향, 남반구에서는 시계 방향)도 4장 4절(4_4)에서 언급했듯이 밀도경사에서 기울기를 만드는 코리올리 효과로 인해 영양분이 풍부한 물이 수온약층 아래에서 표층으로 용승하게 하는 결과를 낳는다. 이들 해역이 주변 해역에 비해 비교적 높은 일차생산율을 나타내는 이유는 이와 같은 프로세스에 의한 영양분 교환의 결과이다.

| 그림 10_6 | 표층 클로로필 농도에 대한 위성 이미지로 드러나듯이 캘리포니아 연안에서 발생하는 영양이 풍부한 해수의 용승은 일차 생산의 증가를 가져온다.

10_6 글로벌 규모의 일차생산량

　　모든 해양을 연간 일차생산량에 따라 구분하기는 물론 어렵지만 원격 감지 기술을 이용하면 지역적 차이는 잘 추정할 수 있다(그림 10_7). 용승 해역뿐만 아니라 연안해역, 그리고 대륙붕 위에 형성된 표해수층도 매우 높은 일차생산력을 지원한다는 것은 분명하다.

　좋은 광 조건으로 인해 열대 및 아열대 해역은 생산성이 매우 높을 것으로 예상된다. 그러나 이는 사실이 아닌데, 왜냐하면 이들 해역에는 일반적으로 영구적인 열적 성층이 존재하여 장기간 심층수와의 혼합이 없어 상부 혼합층은 일반적으로 주요 영양분이 고갈된 상태이기 때문이다. 이와는 완전히 대조적으로, 극지 해양은 일반적으로 표층수와 영양이 풍부한 저층수 간에 상당한 교환이 존재하며, 따라서 이들 해역에서 일차생산은 이를 심각하게 제한하는 장기간의 낮은 광 조건과 해빙 커버에 의해 특정 지어진다. 그러나 빛이 들어오면 낮의 길이는 길어지고 태양의 각도는 높아지므로 북극해과 남대양에서의 일차생산 기간은 짧지

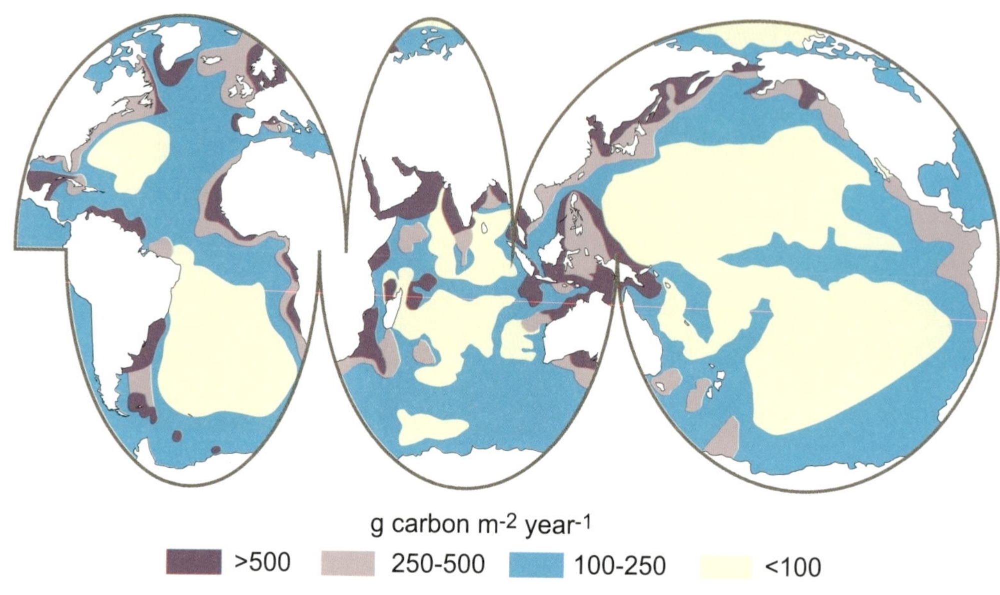

| **그림 10_7** | 전 지구 해양의 연간 일차생산량.

만 강한 경향이 있다. 그렇다고 할지라도, 후자는 HNLC(고영양-저클로로필) 해역이자 철이 제한된 해역임을 기억해야 한다.

결론적으로, 전 세계 해양의 순 일차생산성 추정치는 40-50 Pg carbon year-1 범위다(P = peta, 1Pg는 10^{15}g에 해당). 이 값은 육상의 총 일차생산량 추정치와 놀랄 만하게 유사하다. 다시 말해 해양의 상부 200m에서의 해조류와 광합성 박테리아의 생산성은 육지의 산림, 초원 및 농지에 있는 모든 식생의 생산성과 동일하다(50:50).

11_ 해양생태계 먹이망

지금까지 해양생물에 관해서는 식물플랑크톤의 성장을 일으키는 요인에 집중했다. 그러나 해양에는 미세한 단세포 조류와 박테리아보다 훨씬 더 많은 것들이 존재하며, 이 장에서는 식물플랑크톤에 의해 확보된 에너지가 다양한 먹이그물을 통해 어떻게 궁극적으로 고래와 같이 상위에 있는 거대한 동물에게 도달할 수 있는지를 살펴볼 것이다(그림 11_1).

11_1 성장 및 먹이사슬 효율성

궁극적으로 모든 생물의 성장은 생명 유지를 위한 에너지 투입과 산출 사이의 균형의 결과이다. 생물이 성장할 때 일어나는 일부 에너지의 증가, 투자 및 손실에는 다음이 포함된다.

물질 및 에너지 증가: 광합성(조류의 경우), 먹이 섭취(동물의 경우)

물질 투자: 새로운 세포·조직 또는 골격의 형성, 에너지 저장 화합물의 생산 및 생식 물질의 형성

에너지 및 물질 손실: 운동, 부력, 섭이, 배설, 수분 함량 조절

| **그림 11_1** | 식물플랑크톤 대증식이 일어난 곳을 헤엄치고 있는 고래. 먹이사슬의 시작과 끝을 보여준다.

| **그림 11_2** | 공해에서 먹잇감을 찾는 데는 상당한 에너지가 소비되어 생물의 성장수율이 매우 크게 감소한다.

먹이그물 단계	생산(%)	손실(%)	무게의 예(kg)
1. 식물플랑크톤			1,000
2. 동물플랑크톤	10	90	100
3. 소형 어류	1	99	10
4. 중형 어류	0.1	99.9	1
5. 대형 어류	0.01	99.99	0.1
6. 거대 어류	0.001	99.999	0.01

| **표 11_1** | 먹이그물의 각 수준에서 어떻게 생산 및 손실이 상호작용하여 최종 산물의 생산량(무게)이 감소되는지를 보여주는 예. 거대한 물고기가 고작 0.01kg이 성장하는 데 1,000kg의 식물플랑크톤이 필요하다.

당연히 이 모든 에너지는 조류의 광합성으로 만들어진 산물의 분해와 환원으로부터 나오거나, 기타 생물이 섭취한 먹이의 환원 과정에서 나온다. 생물이 섭취한 에너지가 성장으로 전환되는 효율을 성장수율(Growth yield)이라고 하는데, 일반적으로 대략 10~30% 정도다. 섭취한 에너지 중 많은 부분은 생물이 움직이는 데 소비된다. 이와 같은 소비로 인한 '에너지 손실' 또는 '비효율'은 먹이사슬에서 생물 간의 에너지 전달 효율(Transfer efficiency)을 고려할 때도 나타날 수 있다. 생물들은 먹이를 섭취하는 과정에서조차 에너지를 크게 소모할 수 있다. 참고래의 일종인 북방긴수염고래의 경우, 먹이 섭취에 소비하는 에너지와 균형을 맞추기 위해서는 고래의 체적을 기준으로 최소 4,500 copepods m^{-3}을 소비해야 하는 것으

| 그림 11_3 | 혹등고래는 동물플랑크톤을 섭식하며, 고래의 먹이사슬은 어류를 주 먹이로 섭식하는 돌고래의 먹이사슬에 비해 짧다.(출처: NOAA)

로 추정되었다(그림 11_2).

많은 연구에서 식물플랑크톤의 양과 어류 및 오징어의 총생산량 사이에는 강한 긍정적인 상관관계가 있다는 것을 보여주었다. 즉, 어획되어 양륙되는 모든 어류가 그 정도로 성장하기 위해서는 그 배후에 엄청난 양의 식물플랑크톤 생산이 있어야 한다. 표 11_1에서 볼 수 있듯이, 각각의 생물 수준에서 성장 효율성이 10%인 경우, 거대한 어류 10g의 성장을 지원하기 위해서는 1톤의 식물플랑크톤이 필요하다. 효율성이 30%에 달하더라도 식물플랑크톤 1톤은 궁극적으로 여전히 이 거대한 어류의 2.4kg을 만드는 데 기여할 뿐이다. 전 지구적 규모로 확장하면, 식물플랑크톤은 연간 약 45×10^9톤이 생산되는 것으로 추정되나, 이와 대조적으로 총 어류 생산량은 연간 2×10^8톤 미만일 것이다.

이는 식물플랑크톤을 직접 먹는 멸치와 정어리와 같은 어종이 표 11_1에 주어진 예와 유사한 긴 먹이사슬의 맨 위에 있는 참치와 상어와 같은 어류에 비해 왜 생산성이 더 높고 풍부한지를 설명해준다. 먹이사슬에서 기본적인 법칙은 사슬이 짧을수록 더 효율적이라는 것이다.

예를 들어 남대양에서 크릴을 섭식하는 무게 30톤 이상의 혹등고래는 '식물플랑크톤 → 크릴 → 고래'로 이루어지는 매우 효율적인 먹이사슬의 최상위를 점한다(그림 11_3). 또 다른 효율적인 먹이사슬에서 최상위를 차지하는 대형 생물로는 돌묵상어가 있으며, 이 생물은 오직 플랑크톤만 먹으면서 길이 10m, 무게 4톤 이상까지 자랄 수 있다.

또 다른 일반적인 규칙으로, 표영동물은 생물을 통째로 먹기 때문에 입의 크기가 먹이의 크기를 결정하는 핵심 요인이다. 생물을 통째로 먹는 포식자들은 일반적으로 자신보다 훨씬 작은 먹이를 섭식하지만 미생물의 세계에서 이는 사실이 아니며(8장의 와편모조류 참조), 돌묵상어에는 명백히 적용되지 않는 규칙이다. 어류는 자신보다 체질량이 400배 적은 음식을 먹는 것으로 추정되었다. 이는 해양 먹이사슬의 맨 위에 있는 동물이 왜 더 큰지를 말해준다. 당연히 이러한 논의는 잡식성과 육식성의 종에 한해서이다.

물론 일반적인 정상 상황에서 해양의 먹이사슬은 간단한 사슬보다 훨씬 더 복잡하다. 종종 먹이사슬 대신 최상위 포식자에게 에너지를 전

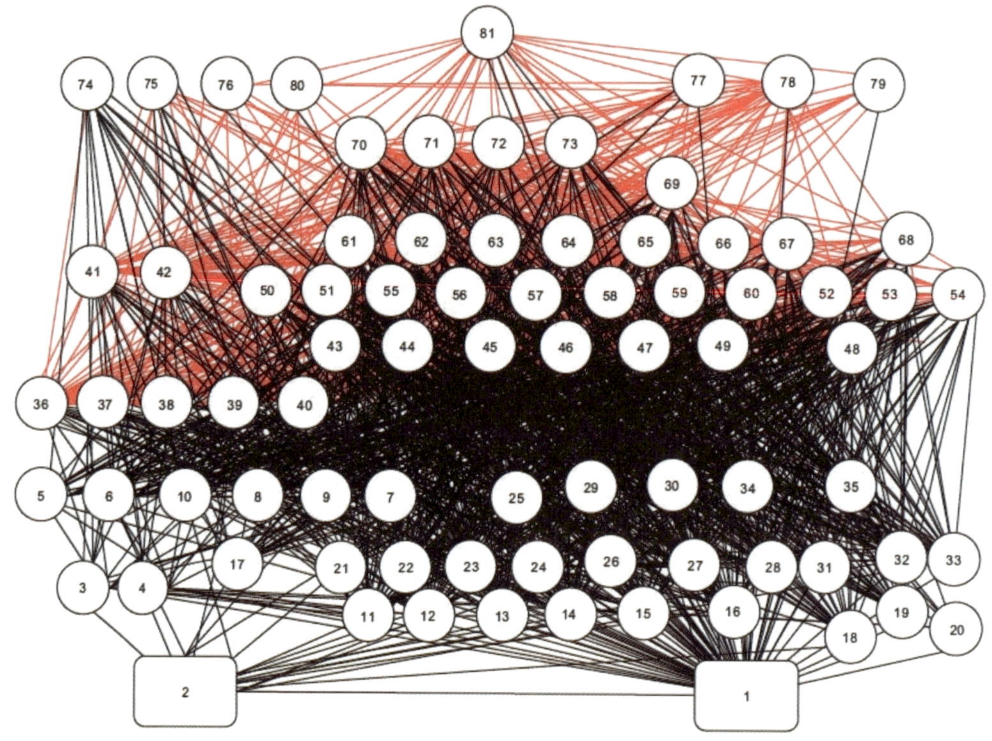

| 그림 11_4 | 저서종과 표영종을 포함하는 북대서양 먹이그물과 같이 일부 먹이그물은 엄청나게 복잡할 수 있다. 1은 사체 등 생물 기원 폐기물, 2 식물플랑크톤, 74 수염고래류, 75 이빨고래류, 76 물범류, 77 이동성 고등어과류, 78 이동성 새치, 80 조류, 81 인간이다.

달하는 과정을 묘사하는 복잡한 먹이그물이 사용되는데, 그림 11_4는 이것이 얼마나 복잡한지를 보여준다.

그림 11_5는 북해의 청어에 대한 더 이해하기 쉬운 먹이그물을 보여준다. 가장 직접적인 경로는 식물플랑크톤 → 요각류 → 청어의 짧은 사슬임에도 불구하고 에너지가 식물플랑크톤에서 청어까지 가는 일부 추가적인 '경로'가 있음을 보여준다.

그림 11_5에서 누락된 중요한 항목은 먹이그물 중 미생물 순환고리(Microbial loop)로 알려진 부분이다. 이는 9장에서 설명된 경로로, 먹이그물 내 모든 수준에 의해 생산된 유기물질(용해성 및 입자성 모두)은 박테리아에 의해 분해

178

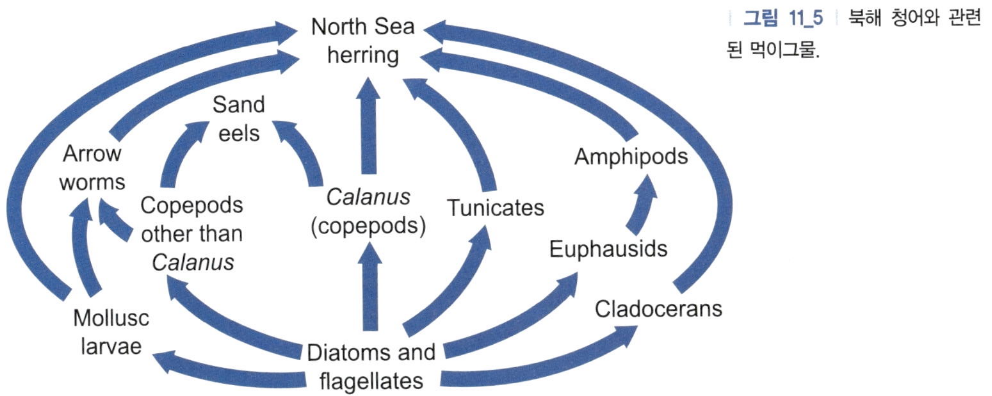

되며, 그 결과 재생산된 영양분은 새로운 식물 플랑크톤의 성장에 사용된다. 이러한 미생물 순환고리는 30년 전까지는 간과되었으나, 궁극적으로 다른 모든 것을 가능하게 하는 먹이 그물의 보이지 않는 부분이기 때문에 현재 상당한 관심을 받고 있다.

11_2 식물플랑크톤에 일어나는 일

10장의 봄철 대증식 관련 내용은 다소 부족한 면이 있으며, 대증식이 초래하는 결과에 대한 내용도 언급되지 않았다. 봄철 대증식을 일으킨 식물플랑크톤은 동물플랑크톤과 작은 유영동물(정어리, 멸치와 같은)에 의해 섭식된다. 이들 동물플랑크톤과 소형 유영동물은 식물플랑크톤 대증식이 일어났을 때만 성장할 수 있으므로, 일반적으로 동물플랑크톤 생물량의 최대치는 식물플랑크톤 대증식이 최대일 때에 이어서 발생한다 (그림 11_6). 요각류의 일부 종은 식물플랑크톤 대증식이 일어나기 전 이른 봄에 휴면기를 끝내고 표층수로 이동하여 산란하며, 그 결과 어린 유생은 식물플랑크톤 대번성이 시작될 때 표층수에서 식물플랑크톤을 섭식할 수 있다. 동물플랑크톤 수가 최대치에 달하면 자치어와 같은 포식자가 먹이를 공급받게 되고 이후 더 큰 포식자가 자치어를 섭식하며 그렇게 계속하여 먹이사슬 위의 단계로 올라간다(그림

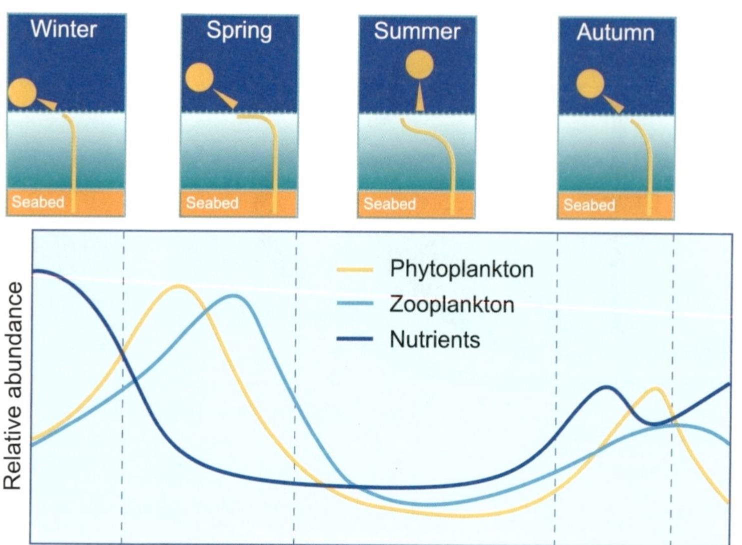

| **그림 11_6** | 계절성 수온약층의 형성과 이에 따른 식물플랑크톤 및 동물플랑크톤의 역학관계.

11_5). 식물성 플랑크톤 대증식은 크기뿐만 아니라 발생 시기도 중요한데, 이는 이른 봄에 대증식이 발생하는 경우 자치어의 굶주림을 줄여 궁극적으로 성어의 수에 영향을 미칠 수 있다고 여겨지기 때문이다.

이 장의 결론으로 소위 플랑크톤의 역설을 고려할 가치가 있다. 생물학에서는 일반적으로 자원이 제한되고(식물성 플랑크톤에 필요한 영양소와 같은) 균일한 매질 내에서 생태적 지위가 동일한 종 간의 경쟁이 있을 때 경쟁 배타의 원리에 의해 결국 단일 종이 우점하게 되는 것으로 받아들여지고 있다. 그러나 플랑크톤의 경우 제한된 자원에도 불구하고 많은 종이 공존하고 있으므로 이는 명백한 생태 역설에 해당된다. 이 플랑크톤의 역설은 1961년 허친슨(G. E. Hutchinson)에 의해 소개된 후 일반 생태학자와 해양생물학자에 의해 오랫동안 열띤 논의가 있었다. 이에 대해 구체적으로 다루는 것은 이 입문서의 범위를 벗어나지만, 분명히 플랑크톤 생물체의 속성을 결정하는 생물학적(광합성, EPS(세포외 고분자물질), 영양분 획득, 섭식) 및 비생물학적(빛, 온도, 성층 등) 요인들의 복잡성은 플랑크톤이 균일한 매질에 살고 있다는 발상을 의심하게 한다.

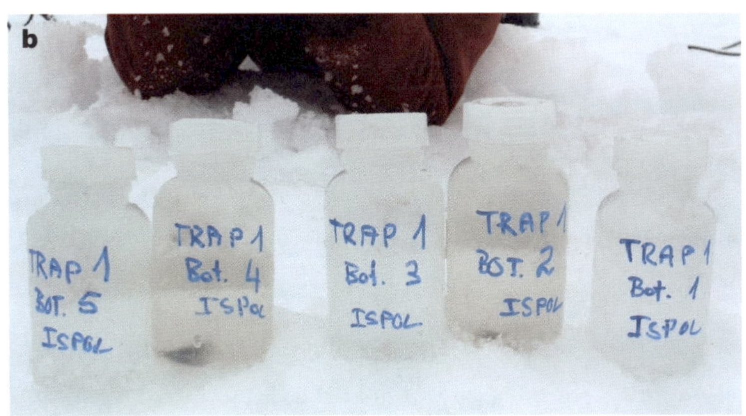

11_3 심해로의 유기물질 공급

투광층 아래에 살고 있는 모든 생물들은 그들 스스로 먹이를 구하기 위해 상층부로 헤엄쳐 올라갈 수 없으면 궁극적으로 위에서 내려오는 먹이에 의존한다. 따라서 생산성이 매우 높은 표층수 아래의 심해는 생산성이 낮은 표층수 아래의 심해에 비해 가용할 수 있는 먹이가 확실히 더 많다. 그렇다 하더라도 어떤 해역이든 표층수에서 죽은 유기체의 일부는 결코 심해에 도달하지 못한다. 9장에서 언급했듯이, 이는 박테리아에 의한 분해 때문이다. 빈영양의 심해 해저면에 도달하는 유기탄소 유입량은 표층 일차생산량의 3% 미만으로 추정된다. 또한 박테리아 먹이인

| 그림 11_7 | (A) 남극 부빙 아래에 설치된 소형 침전물 트랩. 트랩 하부에 있는 병들은 4일 동안 침전물을 수집하도록 프로그램되어 있다. (B) 트랩에서 회수된 병 안에 수집된 침전물이 보인다.

| 그림 11_8 | 해수면으로부터 400m 아래에 설치된 침전물 트랩 안에 수집된 다양한 크기의 분립.

죽은 유기체는 가라앉으면서 질이 변하는데, 이는 아미노산과 단백질이 탄수화물이나 지질보다 빨리 소모되기 때문이다. 따라서 해저면에 도달하는 물질은 박테리아에 의한 분해 가능성이 거의 없도록 빠른 속도로 수층을 통과하여 운반되지 않는 한 질적인 측면에서는 상대적으로 빈약하다.

물론 입자가 심해까지 가라앉는 데 걸리는 시간은 입자가 물기둥을 통과하여 얼마나 빨리 가라앉는지에 달려 있다. 예를 들어 당연히 크기와 모양에 따라 다르겠지만 일부 규조류 종의 경우 하루에 0.1~10m를 가라앉는 것으로 측정되었으며, 활발하게 자라고 있는 규조류에 비해 오래되거나 죽은 규조류가 더 빨리 가라앉는 듯하다. 이는 규조 세포가 100m의 물을 통과하여 가라앉는 데 10일에서 1,000일이 걸릴 수 있음을 의미한다.

물기둥을 통해 떨어지는 입자들을 모으기 위해 물속에 침전물 트랩을 설치하면(그림 11_7) 그 속에 떨어지는 많은 물질은 동물플랑크톤에 의해 생성되는 분립의 형태로 존재한다(그림 11_8). 이들 분립은 얇은 막으로 싸여 있고, 식물플랑크톤과 박테리아의 잔해를 포함하고 있으며, 직경은 수 마이크로미터에서 수백 마이크로미터로 측정되는 효과적인 유기물 패키지다. 모든 분립이 다 똑같은 내구성

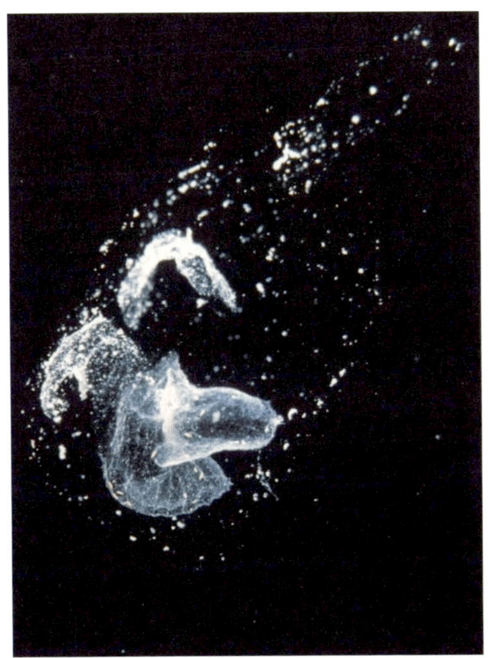

을 가지는 것은 아니며, 섭식자가 클수록 분립
도 커지며 분립이 커질수록 내구성은 더 약해
진다. 예를 들어 크릴의 분립은 다소 약해 빨리
부서지나, 많은 소형 요각류 종에 의해 생산되
는 분립은 훨씬 더 견고하고 오래 형태를 유지
한다. 분립은 하루에 약 50~200m의 빠른 속
도로 물에 가라앉을 수 있으며, 심지어 일 최

대 1,500m의 속도까지 측정된 바 있다. 해양에
서 수많은 분립이 쏟아져 내리는 것은 인상적
일 수 있다. 대량의 요각류가 섭식하고 있는 생
산성이 높은 물에서 분립 수는 300,000 pellets
m^{-2} day^{-1} 이상에 달하여, 확실히 이러한 분립
은 투광대에서 심해로의 유기물질 흐름을 크
게 가속화한다.

많은 경우 침전물 트랩의 내용물은 일종의 무정형 겔로 존재하는데, 이는 물기둥 아래로 흘러 내리는 입자의 대부분이 해설(海雪)로 떨어지기 때문이다. 9장에서 소개된 EPS(세포외 고분자물질)는 많은 식물플랑크톤과 박테리아에 의해 생산된 끈적끈적한 점액과 같은 물질로, 덩어리를 형성할 수 있다. 따라서 해설 입자는 종종 죽거나 죽어가는 수많은 식물플랑크톤 세포와 박테리아, 그리고 기타 플랑크톤의 잔해를 감싸는 EPS가 쌓인 것이다(그림 11_9). 이와 같은 해설 덩어리의 크기는 마이크로미터에서 센티미터까지 다양하게 존재할 수 있으나, 극단적인 경우 직경이 수 미터에 달하는 괴물 입자도 발견된다. 해설은 물질을 심해로 운반하는 주요 매개체로 여겨진다.

해양에서 가라앉는 물질(해설), 조류 세포, 박테리아 및 분립은 결국 해저면에 도달하게 되는데, 이를 총칭하여 식물플랑크톤의 유기쇄설물이라고 한다. 조류 대증식 후와 같이 물질이 대량으로 해저로 떨어지면 이 물질은 퇴적물 상부 최대 수 센티미터 깊이까지 느슨하고 푹신한 층을 만들 수 있다(그림 11_10). 물론 이 물질들은 저서 부유물과 퇴적물을 섭식하는

생물의 먹이원이다. 그러나 식물플랑크톤의 유기쇄설물의 낙하가 엄청나게 큰 경우에는 실제 문제가 될 수 있는데, 일반적으로 먹이 공급이 매우 빈약한 곳에서 갑작스럽게 풍부한 유기물질이 아래로 떨어지는 것은 유기물질이 궁핍한 상태에 더 익숙해진 생물들을 압도할 수 있기 때문이다. 또한 유기쇄설물과 같이 유기질이 풍부한 물에서는 당연히 박테리아의 활성이 높으며, 이로 인해 상당한 양의 산소를 소모할 수 있다. 박테리아의 활성이 충분히 높으면 퇴적물은 국부적으로 저산소 또는 심지어 무산소 상태가 될 수 있다.

바다를 관통해 해저면으로 가라앉는 모든 입자에는 물론 작은 것만 있는 것은 아니며, 죽은 어류와 포유류와 같이 큰 것도 있다. 해저면에 가라앉은 고래 사체는 수십 년 이상 다양한 청소부와 기타 생물들에게 먹이를 제공할 수 있는 것으로 여겨진다. 썩어가는 고래 사체는 미생물 활동에 있어 거대한 핫스팟이 될 것이라는 점은 자명하다. 고래의 사체가 바다 밑으로 가라앉는 장면을 직접 관찰하는 것은 매우 어렵지만, 심해 연구가 확대되면서 밝혀진 바에 따르면 다양한 변수가 존재하더라도 고래 낙

하는 먹이가 부족한 심해 지역에서 중요한 영양 공급원임이 분명하다(그림 11_11).

해양 표층에서 심해로의 유기물 낙하로 유기물 내 함유된 탄소도 같이 수송되는데 이를 일컬어 생물학적 펌프라고 한다. 탄소는 이 생물학적 펌프를 통해 대기로부터 수백 년 또는 수천 년 동안 격리될 수 있다. 해저면에 도달하는 물질은 궁극적으로 퇴적물 내에 다양한 형

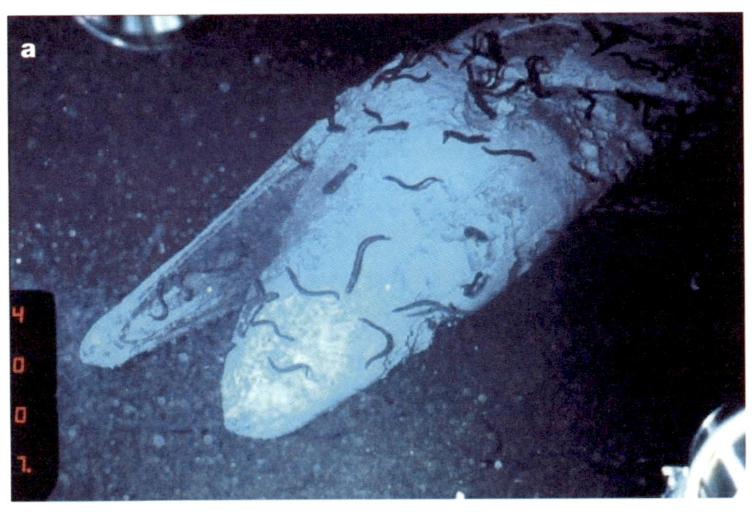

| 그림 11_11 | 해저로 가라앉은 고래의 사체. (A) 죽은 지 얼마 지나지 않은 모습, (B) 몇 년이 지난 모습.

태로 결합되지만, 미생물 프로세스로 인해 심해에 도달하는 물질의 극히 일부만이 실제 영구적으로 퇴적물 내에 격리된다. 이들 물질의 느린 침강 속도를 고려하면, 해저 퇴적물을 통해 역사적 기록을 유추하는 것은 해양지질학자들이 주목할 만한 매혹적인 부분임에 틀림없다. 그러나 지난 몇 장에서 원론적인 부분만 다루었던 생물학적 펌프는 잠재적으로 수백만 년 동안 대기로부터 탄소를 퇴적물에 전달하여 묻어두는 방법 중의 하나일 뿐이다.

12 _ 극한 환경에 사는 생물

1800년대 중반에 널리 퍼진 이론 중 하나는 약 500m 이하의 해양에는 생명체가 없다는 소위 무생설(azoic hypothesis)이다. 이 가설은 사람들이 심해를 보다 체계적으로 샘플링하거나, 심해에 설치한 케이블을 수리하기 위해 수면 위로 올렸을 때 그 외피를 관찰하기 시작하면서 곧 사라졌다.

해양에서 생명이 살지 않는 곳은 없다. 생물체들은 얼어붙은 물과 총빙(pack ice)의 얼음 안에서도 발견되며, 가장 깊은 심해 해구의 퇴적물과 열수분출공 부근에서도 발견된다. 극한의 온도에서 서식하는 생물체는 크기가 작은데, 북극의 -20°C 이하의 해빙과 100°C 이상의 열수 분출 유체에서 생존하는 박테리아도

| 그림 12_1 | 거친 파랑에 노출된 조간대 암반 해안은 해양생물에게 가장 극한 환경의 서식지 중 하나이다.

발견되었다. 이들 박테리아는 극한의 환경 조건에 고도로 적응된 상태이다. 우리에게는 극한의 환경으로 보이지만 거기에 살고 있는 생물체에게는 정상에 해당된다. 논란의 여지가 있지만, 조간대 해안이나 얕은 바위 사이에 형성된 웅덩이에 서식하는 생물은 심해저에 살고 있는 생물보다 더 극한의 상황에 처해 있다(그림 12_1). 파랑과 매우 가변적인 기온, 극도의 강우나 증발(주변의 염분도 변화)이 발생하는 환경에서 생물체는 실제로 종잡을 수 없는 염분도, 온도 및 빛의 변화에 빠르게 적응해야 한다.

12_1 얼어붙은 해양

남대양과 북극해에서 일어나는 가장 극적인 변화 중 하나는 개방해역이 바다 경치보다는 육지 경치 같은 얼어붙은 황무지로 변하는 것이다. 이것이 총빙(해빙)인데, 1년 중 대부분을 극지 해양의 광대한 면적을 덮고 있다. 총빙은 겨울 동안 북극 해빙 위에서 먹이를 찾아 먼 거리를 배회하는 북극곰과 북극여우와 같이 일반적으로 얼어붙은 지역에서 활동하는 야생생물에게 중요한 플랫폼이다. 남극 대륙을 둘러싼 얼음은 펭귄류와 물개류가 포식자를 피하기 위한 피난처와 이주를 위한 장소로 사용된다(그림 12_2). 북극과 남극 극지방의 해빙은 물개류가 새끼를 낳고 기르는 서식지로 사용된다.

하얀 눈의 덮개 아래에서 해빙은 번성하는 해빙생물(Sea ice biota)로 인해 종종 옅은 갈색에서 짙은 커피색을 띠며, 여기에는 규조류가 우점하는 다수의 아주 미세한(대부분 현미경으로 보아야 보이는) 생물뿐만 아니라 박테리아, 균류, 요각류, 단각류, 와충류 및 선충류가 포함된다(그림 12_3). 해빙생물은 개방수역에서 기원한 다수의 식물플랑크톤 및 동물플랑크톤을 포함한다. 그러나 더 따뜻한 바다 및 해양에 서식하는 플랑크톤과는 달리 극지방의 플랑크톤 생물체들은 반용융의 해빙 속에 갇혔을 때 계절적 순환에서 독특한 단계를 가진다.

개방해역에서 자유롭게 돌아다니는 생활에서 해양 표면의 얼음층에 갇힌 생활로의 전환은 영하의 찬바람이 해양 상층부의 수 미터를 급속히 냉각시켜 해수의 온도가 -1.8°C 이하로 떨어져 얼음 결정이 형성될 때 시작된다. 이후 몇 시간 내에 밀리미터 규모의 결정들은

결합하여 해수면에 매끄러운 윤빙(grease ice)을 형성한다. 물을 통과하여 떠오르는 결정들은 그 과정에서 효과적으로 작은 플랑크톤 생물을 포함한 입자들을 '수확'하는데, 이렇게 수확된 플랑크톤의 일부는 얼음 결정에 달라붙고 나머지는 점성이 있는 슬러시 얼음층에 단순히 갇혀 있다. 요각류, 크릴새우, 어류와 같이 큰 동물은 대부분 적극적으로 헤엄쳐서 빠져나가기 때문에 얼음 속에 갇히는 것을 피할 수 있다.

윤빙이 몇 시간 더 얼면 얼음 결정이 축적되어 직경 5~10cm의 느슨하게 응집된 원형의 해빙 팬케이크(Ice pancake)를 형성한다. 이것들은 더 커져서 수 미터 너비에 20~50cm 두께의 '슈퍼 팬케이크'가 된다(그림 12_4). 바람과 파도의 작용으로 이들 팬케이크는 종종 여러 개가 서로 겹쳐져 한데 묶인다. 겹쳐진 해빙 팬케이크들은 함께 얼려져 하루나 이틀 후에는 평

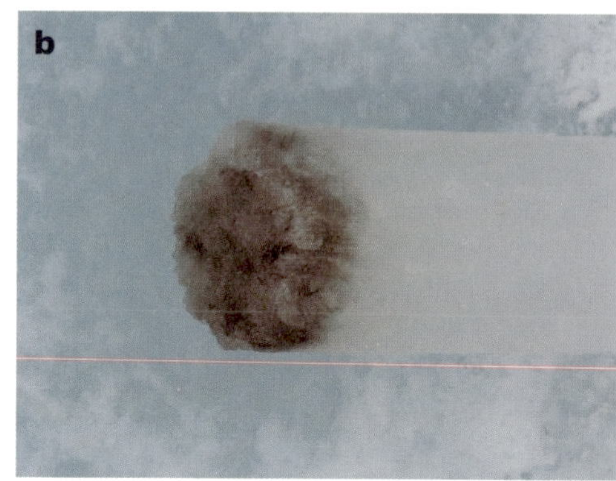

| 그림 12_3 | (A) 갈색 유빙, (B) 코어로 수직 채취한 유빙의 바닥부.

| 그림 12_4 | 해빙 팬케이크.

균 두께 1.5m 이하의 밀폐 해빙 덮개가 형성되는데, 오랫동안 집적되어 변형된 부빙은 10m를 초과하는 것으로 알려져 있다(그림 12_5).

해빙에 갇힌 생물은 얼음이 커지면서 상당한 물리적 및 화학적 환경 변화에 직면한다. 얼음 결정은 순수한 물이므로 해수 내의 이온들은 결정체에서 빠져나가 염수용액으로 농축된다. 담수에서 형성된 얼음과 비교하면 해빙은 덜 단단하며, 염수로 채워진 복잡하게 얽힌 수로와 공극의 망으로 묶여 있다. 해빙생물이 사는 곳은 액체로 채워진 스위스 치즈나 스폰지처럼 보이는 짠 미로 속이다(그림 12_6).

밀폐된 공간과 낮은 기온, 그리고 높은 염분 농도를 견딜 수 있는 능력은 해빙 안에서 생물이 생존하기 위한 전제 조건이다. 얼음이 차가워질수록 염수로부터 더 많은 얼음 결정이 만들어지므로 염수는 더 농축된다. 동시에 생물 서식 공간도 제한된다. −2°C의 해빙에서 염수 수로는 크고(직경 밀리미터/센티미터) 염수는 해수보다 아주 약간 더 농축되어 있을 뿐이다. 반대로 약 −8°C에서 수로의 수는 상당히 줄어들고 직경도 상당히 좁아져 염수의 염분도는

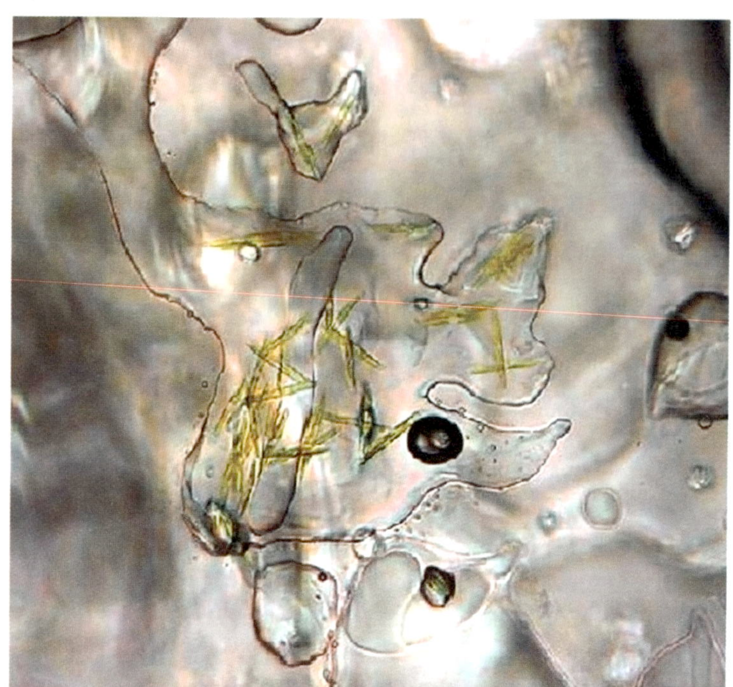

약 145가 된다. -25°C에서는 수로나 공극은 사실상 없으며 염수는 너무 농축되어 일부 미네랄이 고체 염으로 침전된다. 늦가을이나 겨울쯤 유빙의 차가운 표면(-30°C까지 내려감)과 해수(-1.8°C)와 접촉하고 있는 해빙 바닥 사이에는 온도 구배가 존재한다. 온도 구배와 결합하여 이에 상응하는 공극률 및 염분도 구배가 존재한다. 즉, 상부에는 적은 수의 수로와 매우 농축된 염수가, 그리고 바닥에는 일반적인 해수의 염분도를 가진 큰 수로가 있다.

해빙에 사는 생물들은 그 자체로도 아주 흥미로운 생물학의 재료이나, 남극과 북극 생태계의 계절 역학에서 이들의 역할은 훨씬 더 중요하다. 해빙 내에 있는 풍부한 생물량은 해수에 달리 먹을 것이 없을 때 수중생물을 위한 귀중한 먹이자원을 제공한다. 예를 들어 크릴새우는 겨울철 유빙 아래에서 섭식 활동을 하는 경우가 자주 관찰되는데, 연도별 해빙 규모의 변동은 크릴 풍부도의 변화와 연관되어 있다.

12_2 열수 시스템

해양과학자들은 1970년대에 처음으로 태평양 대양중앙해령에서 열수분출공을 발견했다. 열수분출공은 해저면으로부터 생성되는 뜨거운 물기둥으로 때로 검은색을 띠며 $400°C$를 초과할 수 있으나, 온도가 훨씬 더 낮은($10~100°C$ 사이) 경우도 종종 있다. 분출되는 유체의 온도는 뜨겁지만, $2°C$ 미만의 심해수와 혼합되면 빠르게 냉각된다. 분출되는 유체의 급속한 냉각은 유체 내의 광물이 빠르게 침전하는 결과를 초래해 굴뚝을 연상시키는 구조(높이 20m 이상)를 만드는데, 이것이

일반적으로 '스모커(smoker)'라고 불리는 이유 중 하나이다(그림 12_7). 검은 연기 열수공은 분출 유체에 검은 광물을 함유하고 있으며, 흰 연기 열수공은 색깔이 있는 광물을 명백히 덜 운반한다. 많은 열수분출공은 지난 30년 동안 수심 2,000~3,000m 사이에서 발견되었다. 이들의 형성은 지각판의 이동 또는 새로운 대양 지각의 형성과 관련되어 있어 동태평양 융기부와 대서양중앙해령에서 집중적으로 발견된다.

이러한 분출구 시스템의 발견이 많은 사람들을 매료시킨 이유는 풍부한 다양성과 종종 벌레, 새우 및 조개를 비롯한 매우 풍부한 동물 군집이 머무는 곳이기 때문이다. 이들은 상부의 투광대로부터 떨어지는 먹이를 섭식하는 것이 아니라 오히려 이들 군집의 먹이사슬에서 기저를 이루는 박테리아를 섭식한다. 분출구에 서식하는 많은 박테리아는 화학합성(광합성은 빛을 필요로 함)을 위해 CO_2와 분출 유체에 포함되어 있는 화학물질인 황화수소를 사용한다.

$$CO_2 + H_2S + O_2 + H_2O \Rightarrow [CH_2O] + H_2SO_4$$

이들 박테리아는 물에서 독립생활을 하거나, 동물들의 먹이를 섭식하는 장소에 고밀도의 매트(mat)를 형성한다. 박테리아와 동물 사이의 다소 특수한 유대는 'Vestimentifera'로 알려진 벌레 그룹에서 발견된다. 가장 일반적으로 묘사되는 종 중 하나는 관벌레류(리프티아, *Riftia pachyptila*)로(그림 12_8), 분출구에 부착되어 있는 흰색 관에 서식하는 몸 길이 1~2m의 벌레다. 이 벌레는 입이나 소화기관 대신 앞서 설명한 화학합성 박테리아를 다량 포함하고 있는 영양기관(Trophosome)이라는 특수한 기관을 가지고 있다. 숙주인 관벌레 무게의 절반까지 차지할 수 있는 이 박테리아는 벌레의 성장에 필요한 탄소를 공급하고 관벌레는 붉은색 기둥의 촉수를 주변 물속으로 뻗어 자신과 박테리아를 위한 영양분을 취한다. 유사하게 분출구 생물 군집에 서식하는 일부 조개 종들의 아가미와 조직에도 이들 박테리아가 공

| **그림 12_8** | 열수분출공 주변에 서식하는 관벌레와 홍합류.(출처: NOAA)

생한다.

분출구 주변의 동물 대부분은 분출수가 10°C 미만으로 냉각되는 해저면에 서식한다. 주목할 만한 예외로 폼페이 벌레(*Alvinella pompejana*)가 있으며, 이 벌레는 분출구 굴뚝 개구부에서 가까운 관 속에서 살 수 있다. 이 벌레의 서식이 확인된 관 속의 수온은 약 80°C 정도였으며, 이들은 심지어 105°C에서도 짧은 기간 동안 생존하는 것으로 확인되었다. 한 연구에서, 전체 몸 길이 10cm인 이 동물의 꼬리는 수온 70°C에, 머리는 20°C에 두고 있어 머리와 꼬리 사이에 50°C의 온도 구배를 갖는 것으로 기록되었다.

분출구는 특별히 오래 지속되지 않으며, 생긴 지 10년 이내에 분출을 멈출 수 있다. 분출이 멈추면 박테리아에 영양분을 공급하는 분출구의 에너지 공급이 없어지게 되어 생물체는 죽게 되므로 당연히 분출구 주변에 형성된 동물 군집, 특히 착생(sessile) 동물에게는 재앙이다. 따라서 분출구 생물들은 다른 분출 시스템에 정착하기 위해 심해에서 해류를 따라 이동할 수 있는 많은 유충 자손을 생산해야 한다.

12_3 심해

심해의 주된 특징은 당연히 높은 압력과 암흑 상태이다. 압력은 수심이 10m 증가할 때마다 1기압씩 증가한다(1기압은 1kg cm^{-2}에 해당). 따라서 수심 약 10,000m에서의 압력은 하나의 접시 위에 몇 마리의 코끼리가 서서 가하는 압력과 유사하다. 그러나 어느 깊이에서나 그 수심에 사는 생물체에게 이 압력은 문제되지 않는다. 압력은 생물체들이 심해의 높은 압력에서 표층으로 빠르게 이동할 때만 문제되는데(샘플링될 때와 같이), 일반적으로 급격한 압력 변화로 인해 동물들은 형태가 뒤틀리고 심지어 때로는 폭발하기도 한다. 이러한 결과는 생물체들이 상당한 압력 변화를 겪으며 이동하지 않는다는 것을 의미하는 것이 아니다. 샛비늘칫과(科) 어류의 일부 종은 낮 동안은 약 1,700m 수심에서 살고, 밤에는 먹이를 먹기 위해 수심 약 100m 정도까지 위로 이동한다. 위쪽으로 향하는 이동과 아래쪽으로 향하는 이동은 각각 3시간의 여정이다.

300m 이하에는 햇빛이 침투하지 않는데도 심해는 빛이 아예 없는 곳은 아니며, 이는 왜 많은 심해생물의 눈이 잘 발달되었는지를 설

| **그림 12_9** | 발트해 올란드 제도 근처를 이동하는 보트 선외기 스크류의 물리적 자극으로 만들어진 생물 발광 장면(와편모조류의 일종인 야광충).

명해준다. 여기에서의 광원(광합성에 충분할 정도로 강하지 않은)은 생물 발광이다(그림 12_9). 박테리아, 와편모조류, 어류 및 오징어를 포함하는 바다의 많은 생물 그룹은 생물 발광을 할 수 있다. 이 빛은 생물 스스로에 의해 만들어지거나 생물체의 특별한 조직 내에 생물 발광 박테리아를 가짐으로써 생성될 수 있다. 이들 생물체의 대부분이 만드는 빛은 청색에서 녹색

(440~480nm)이며, 이는 루시페라제 효소에 의해 화학물질인 루시페린이 분해되어 발생한다. 몇몇 동물들은 녹색 또는 노란빛을 내며, 붉은색을 내는 동물은 많지 않다.

생물 발광의 이유는 다양하지만, 심해생물에서 나타나는 빛은 먹이를 찾거나(아귀의 경우) 짝을 유인(오징어의 경우)하는 데 사용될 수 있다. 일부 생물들은 포식자를 혼동시키거나 겁을 주기 위해 빛을 내기도 한다. 그 밖에 포식자의 주의를 분산시키기 위해 발광 입자 구름을 뿜어내는 등 미끼를 방출한다.

생물 발광은 심해에서만 발생하는 것은 아니며, 와편모조류의 대증식 기간 동안 해수면에서도 발생하는데 이로 인해 해수면은 다소 으스스한 빛을 띤다.

해양민속학(maritime folklore)에서 잘 알려진 유백색 바다는 달이 없는 밤의 완전한 어둠 속에서 눈밭을 항해하거나 구름 위를 미끄러지는 것에 비유된다. 최근 몇 년 동안 위성 전문가들이 이러한 현상을 기록한 항해일지를 위성 이미지와 함께 정리한 결과, 수천 제곱킬로미터에 걸친 생물 발광이 발생한다는 것을 확인했다. 이것은 식물플랑크톤 대증식이 끝나갈 때쯤 증가하는 발광 박테리아 종이 대량 축적되어 발생하는 것으로 여겨진다.

심해의 많은 생물들이 해수면에서 우연히 발견되면 뉴스 헤드라인을 장식할 것임에 틀림없다. 이들 현상과 관련된 생물 중 가장 주목할 만한 것은 길이 15m가 넘는 대왕오징어(*Architeuthis dux*) 또는 콜로살 오징어(*Mesonychoteuthis hamiltoni*)이다. 신화와는 달리 이들은 배를 공격하지도 않으며 향고래에 대적할 상대가 되지도 못한다. 그러나 큰 개체들은 하루에 50kg 이상을 먹어야 하는 심해의 주요 포식자다. 이는 이들이 생물학에서 알려진 가장 큰 직경 30cm에 달하는 눈을 가지고 있는 이유 중 하나이다.

거대증은 오징어에만 국한되지 않으며, 심해생물(다른 심해생물 중 단각류, 등각류, 바다거미류)이 따뜻한 바다에 사는 유사종보다 더 큰 경우가 많다. 심해의 환경은 많은 생물들이 오래 살 수 있는 이유 중 하나인 것처럼 보이며, 이들 생물이 어떻게 그렇게 오래 살 수 있는지는 집중 연구 대상이다(인간의 장수와 노화에 관한 단서를 찾기 위한 연구의 일환). 한 가지 가능한 이론은 이들의 긴 수명은 저온에서의 낮은 세포

대사와 관련이 있다는 것이다.

정상적인 대사는 산소 라디칼(oxygen radical)과 과산화수소와 같은 활성산소 산물을 생산하며, 이러한 잠재적 독성 산물은 노화에 영향을 미친다. 심해와 극지방의 저온에서는 세포 호흡률이 낮아 활성산소 산물도 더 적게 만들어지므로 생물체가 더 오래 살 수 있다. 심해에서 고령에 이를 수 있는 생물은 무척추동물만이 아니다. 예를 들어 오렌지라피(*Hoplostethus atlanticus*)와 같이 수명이 긴 어종도 있는데, 이들 어종은 최소 149년까지 살 수 있으며, 20대 중반 이후에서야 성적 성숙 상태에 도달한다.

13 _ 변화하는 해양

인류가 직면한 주요 환경 논의 가운데 하나는 흔히 지구온난화라 불리는 기후변화이다. 그린란드와 남극의 빙상에서 채취된 빙하 코어 기록은 수십만 년에 걸쳐 기후변화가 여러 차례 발생했음을 보여준다. 그러나 대중의 인식 속에서, 그리고 전 지구적 환경정책의 의제들을 주도하는 것은 1850년대 이후의 전 지구적 기후변화이다.

정교한 기후모델이 활용되어 앞으로 전 지구의 평균기온이 얼마나 상승할지를 예측하고 있으며, 현재의 예측치는 2100년경까지 약 1.8~4°C 상승을 제시하고 있다.

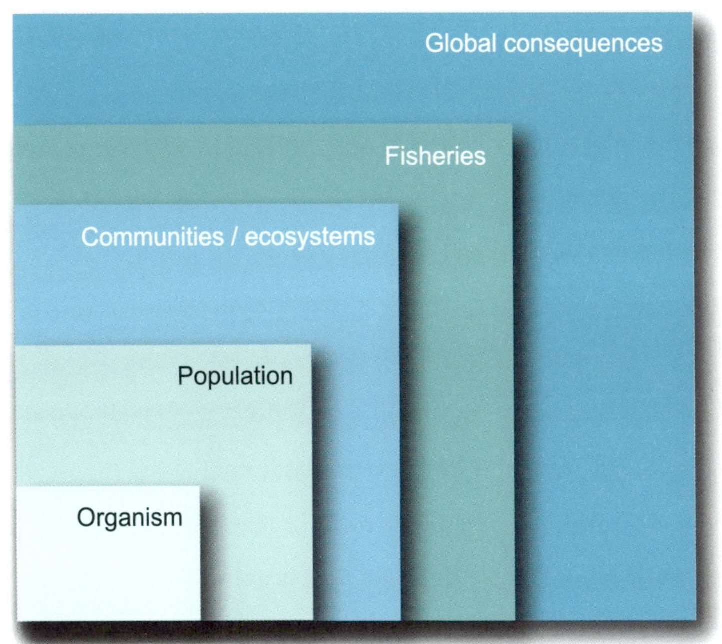

| 그림 13_1 | 대규모 환경 변화는 다양한 수준에서 광범위한 영향을 미친다. 개체 수준에서는 일차생산, 성장률, 생식 및 분산의 변화가 나타나며, 개체군 수준에서는 개체군 성장, 종 분포 및 개체 수의 변화가 관찰된다. 생태계나 군집 수준에서는 이러한 변화가 먹이그물 상호작용, 생물 다양성 및 군집 구조의 변화를 초래한다. 수산업 수준에서는 어획량과 자원 관리 정책의 변화를 초래하며, 전 지구적 수준에서는 식량 및 에너지 공급의 변화를 통해 인구 증가와 인구 이동에 영향을 미친다.

이 장에서는 서로 다른 세 가지(그러나 종종 서로 연관된) 대규모 환경 변화를 소개하며, 이들 모두는 개별 생물 개체 수준부터 전 지구적 규모에 이르기까지 막대한 영향을 미친다(그림 13_1).

13_1 전 지구적 기후변화

전 지구적 기후변화가 해양에 미치는 영향은 매우 다양하며, 대기 온도, 기상 패턴, 해양 순환 간의 복잡한 상호작용과 긴밀히 얽혀 있다. 여기서는 이러한 변화들 중 일부를 북극해의 사례를 통해 살펴본다.

1980년대 초 이후, 북위 60도 이상의 평균 대기 온도는 10년당 약 0.5°C에서 0.9°C씩 상승하였다. 일반적으로 봄철은 더 따뜻해지고, 시기 또한 점점 앞당겨지고 있다. 이러한 온난화의 직접적인 결과로, 그린란드 빙상의 일부 지역에서 빙하 융해율이 증가하였으며, 다른 북극 지역의 대형 빙하들도 더 빠르게 녹고 있다. 이러한 융해는 1880년 이래 해수면이 약 200mm 이상(또는 현재 기준으로 연평균 약 3.3mm 상승) 상승하는 데 부분적으로 기여하였다. 또한 해수의 온도가 상승하면서 발생하는 열팽창 역시 해수면 상승의 주요 원인 중 하나이다.

온도 상승 자체만이 극적인 변화를 야기하는 것은 아니다. 지난 수십 년간 북반구의 해양학적 경향과 해빙 동역학이 북대서양 진동(NAO, North Atlantic Oscillation) 및 밀접히 연관된 북극 진동(AO, Arctic Oscillation)과 긴밀히 연결되어 있음이 밝혀졌다.

NAO 지수는 그린란드/아이슬란드 지역과 아조레스 부근 북대서양 아열대 지역 간의 대기압 차이를 나타내는 지표이다. NAO 지수는 겨울철(12~3월) 아이슬란드 저기압과 아조레스 고기압 간의 차이로 정의된다. NAO 지수가 양의 값일 때는 아이슬란드 저기압과 아조레스 고기압이 강해져 남북 간의 기압 경도가 커진다. 반대로 NAO 지수가 음의 값일 때는 기압 경도가 약해지며, 아이슬란드 고기압과 아조레스 저기압이 나타난다. 북극의 온난화는 지난 100년 동안 점진적으로 진행되어 왔으나, 급격한 온난화 추세는 NAO 지수의 양(+)의 위상 증가와 관련된 것으로 보인다.

지난 50년간 해양계에서 가장 극적인 대규모 변화로 기록된 것은 북극해의 연중 최소 해

| **그림 13_2** | NASA의 블루마블 이미지는 2020년 9월 15일의 북극해 해빙 분포를 보여주며, 이 시점은 해당 연도의 해빙 최소 범위에 해당한다. 2020년 9월 15일의 해빙 면적은 평균 374만 km²로, 위성 관측 사상 두 번째로 낮은 기록을 나타냈다. 주황색 선은 1981년부터 2010년까지 기록된 평균 해빙 경계를 표시한 것이다.(출처: NSIDC/NASA Earth Observatory)

※ 주의: 해수면 상승은 빙하와 빙상의 담수 유입 증가로 인한 것이며, 해빙의 융해와는 무관하다. 해빙은 바닷물이 얼어 형성된 것으로 해수보다 밀도가 낮기 때문에, 바다 위에 떠 있을 때 자신의 무게와 같은 양의 해수를 밀어낸다(2장 참조). 따라서 지구상의 모든 해빙이 녹더라도, 그 녹은 물은 기존 얼음이 차지하던 부피를 단순히 대체한다. 이로 인해 매년 수백만 제곱킬로미터에 달하는 해빙이 생성되고 녹더라도 연간 해수면 변동은 발생하지 않는다.

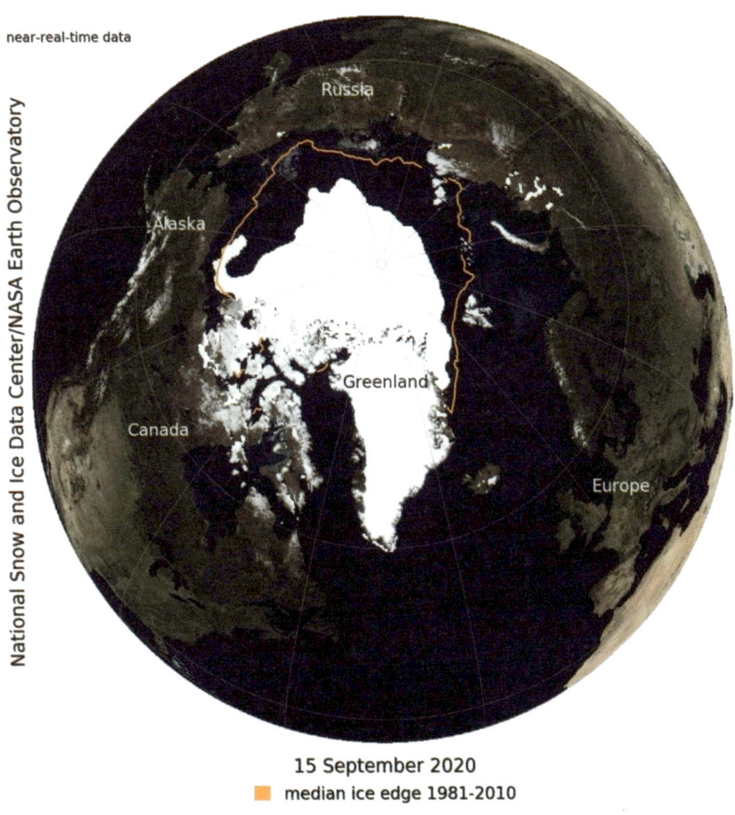

빙 범위(9월 기준)의 감소이다. 이 범위는 10년 당 12% 이상 감소율을 보이며(그림 13_2, 13_3), 범위뿐 아니라 두께 또한 감소했다. 북극 중앙부의 해빙 두께는 1970년대 이후 2m 이상 감소하였다(그림 13_4).

이러한 결과를 바탕으로 일부 연구자들은 2050년대 이후 북극의 여름철에는 해빙이 완전히 사라질 것이라고 예측한다. 즉, 겨울철에 형성된 해빙이 봄과 여름에 완전히 녹아 과거 북극의 특징이었던 두꺼운 빙괴가 존재하지 않게 되는 것이다. 이러한 계절적 해빙 역학의 극적인 변화는 북극해의 물리 해양학적 과정뿐 아니라 연중 해빙을 기반으로 진화해온 생태계의 계절적 역학에도 막대한 영향을 미치게 될 것이다.

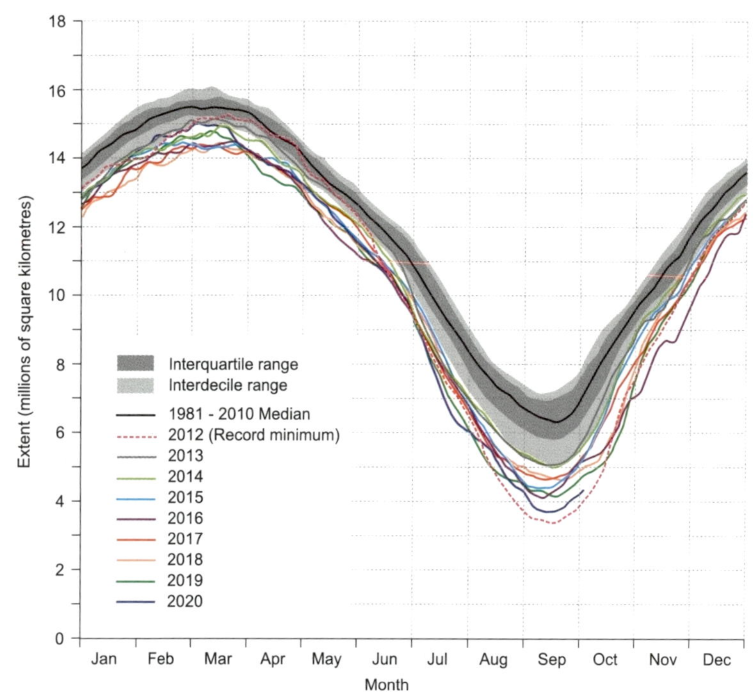

| **그림 13_3** | 북극 해빙 범위의 변화를 나타낸 그래프로, 2012년 이후의 해빙 상태는 1981~2010년에 위성으로 측정된 평균 범위보다 지속적으로 낮은 수준을 유지하고 있다.(출처: NSIDC)

얼음은 태양복사에너지를 매우 잘 반사하는 반면, 해수는 태양복사로부터 열에너지를 잘 흡수한다. 따라서 얼음과 눈은 반사율(Albedo)이 높고, 어두운 해수는 낮은 반사율을 가진다(그림 13_5). 얼음이 녹으면 남은 얼음의 알베도는 감소하고, 이에 따라 더 많은 에너지가 흡수되어 융해가 가속된다. 이를 양의 알베도 피드백 루프라 하며, 열에너지의 흡수가 결국 더 큰 열 흡수를 유발한다. 따라서 북극해의 해빙이 증가된 융해를 겪으면, 알베도의 감소로 인해 표층수의 온도가 상승하고, 더 얇은 해빙이 더욱 빠르게 녹는 가속화가 발생한다.

또한 빙하의 융해로 인해 고위도 해역의 염분이 낮아지고 있다. 1장에서 설명했듯이 해양의 심층 순환의 중요한 부분은 극지방 해수의 침강이다. 극지 해수는 매우 밀도가 높기 때문에 가라앉아 적도를 향해 흐르며, 다시 상승하여 해양의 열염순환을 완성한다. 이러한 순환

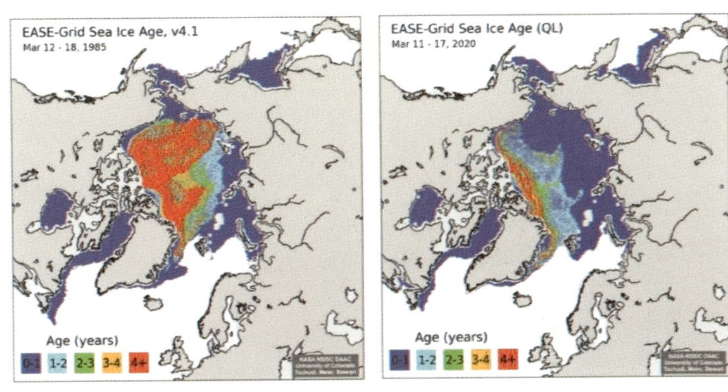

그림 13_4 1985년부터 2020년 사이 북극 해빙의 나이, 즉 두께 감소를 보여주는 이미지다. 상단 왼쪽은 1985년 3월 12~18일의 해빙 연령 분포, 상단 오른쪽은 2019년 3월 12~18일의 해빙 연령 분포를 나타낸다. 하단 그래프는 1985~2020년 북극해 지역(보라색 음영) 내 해빙 연령 비율의 변화를 보여준다.(출처: NSIDC 및 NOAA Arctic Report Card: Update for 2020)

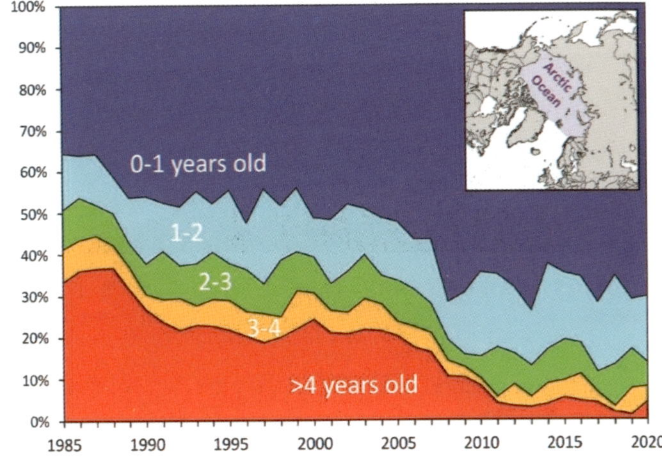

은 적도의 열을 고위도로 전달하는 지구 열수송 메커니즘의 핵심이다.

그러나 빙하 융해로 인해 표층수의 밀도가 낮아지면, 극지 해역에서 침강 속도가 느려지고, 결국 열염순환이 약화될 수 있다. 이 경우 지구의 열펌프가 둔화되어 유럽과 북미의 기후가 냉각될 가능성이 있다.

유사한 현상은 과거에도 있었을 가능성이 있다. 역사적 기록에 따르면, 중세 유럽은 소빙기를 겪었으며, 런던의 템스강에서 스케이트를 탈 정도로 강이 얼었던 시기가 있었다. 그 원인은 명확하지 않지만, 해양 열염순환의 약화가

그중 하나였을 가능성이 제기되고 있다.

13_2 해양 산성화

기후과학자들이 예측하는 미래의 온난화 환경에서, 해양의 탄소화학과 관련하여 상반된 두 가지 주요 문제가 존재한다.

1. 해수의 온난화에 따른 CO_2 용해도의 감소: 해양이 따뜻해질수록 대기 중의 CO_2를 흡수하는 능력이 감소한다. 이는 CO_2가 따뜻한 물에 덜 용해되기 때문이다.

2. 대기 중 CO_2 농도 증가에 따른 해양의 산성화: 대기 중 CO_2 농도가 증가함에 따라 해양은 더 많은 CO_2를 흡수하고, 그 결과 해수의 pH가 낮아진다.

이러한 과정이 바로 일반적으로 해양산성화

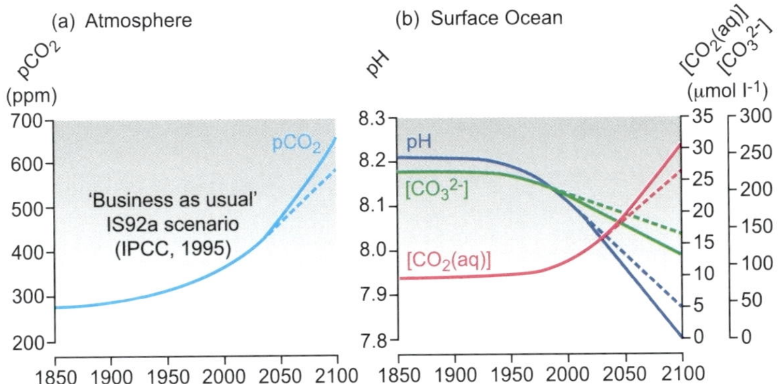

| 그림 13_6 | 2100년까지 대기 중 이산화탄소 농도 변화 예측과 그에 수반되는 해양의 pH 및 탄산염 화학 변화를 나타낸 그래프(9장 참조).

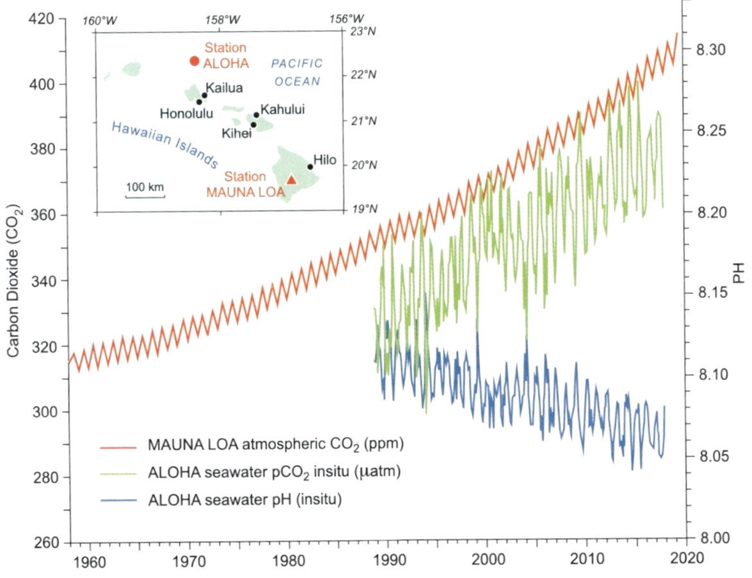

| 그림 13_7 | 북태평양에서 측정된 대기 중 이산화탄소 농도와 해수면의 이산화탄소 농도, 그리고 pH 수치의 비교를 보여준다.(출처: NOAA)

라 불리는 현상이다. 산업혁명(18세기) 이후 전 지구 해양의 평균 pH는 8.16에서 8.05로 감소한 것으로 추정된다. 또한 2100년까지 전 지구 해양의 평균 pH가 약 0.4 단위 더 감소할 것으로 예측된다(그림 13_6).

이러한 변화는 지난 3억 년 동안 발생한 어

떤 시기의 pH 변화보다 더 큰 규모다. 현재 해양 표층수는 다양한 탄산칼슘(CaCO₃)의 광물 형태에 대해 포화 상태를 유지하고 있기 때문에 이들이 용해되지 않는다. 반면, 심층수에서는 탄산칼슘이 불포화 상태이므로 쉽게 용해된다. 그러나 해수의 pH 감소와 이에 따른 탄산이온(CO_3^{2-}) 농도 감소로 인해 표층수의 탄산칼슘 포화도가 점점 낮아지고 있다(그림 13_7).

예측에 따르면 향후 150년 내에 북극 및 남극과 같은 한류 해역에서는 탄산칼슘으로 포화된 표층수가 완전히 사라질 수도 있다. 많은 해양생물들은 탄산칼슘(CaCO₃)을 이용하여 골격이나 외피(껍질)를 형성한다. 이들에는 산호, 연체동물, 극피동물, 갑각류, 일부 해조류, 유공충, 그리고 석회비늘편모류 등의 석회성 식물플랑크톤이 포함된다(8장 참조). 따라서 탄산염 농도의 감소는 이들이 구조물을 형성하는 능력에 직접적인 영향을 미치며, 생장과 생존을 위협한다. 현재 해양생물학자들은 장기 실험을 통해 낮은 pH 환경이 생물에 미치는 영향을 연구하고 있으며, 이미 여러 연구에서 낮은 pH 조건에서 껍질이나 골격 구조가 얇아지고 약해지는 현상이 보고되고 있다. 이러한 현상이 실제 해양 환경에서도 발생한다면, 석회화 생물의 개체군에 중대한 영향을 미칠 것이 분명하다. 이 문제는 단순히 성체의 반응만을 관찰하는 것이 아니라, 생활사의 모든 단계에 걸친 영향을 파악하는 것이 중요하다. 왜냐하면 유생기와 같은 특정 단계가 다른 단계보다 훨씬 더 취약할 수 있기 때문이다. 흥미롭게도 북극의 생물과 생태계는 현재 해빙 역학의 극적인 변화뿐 아니라, pH 변화에 의한 화학적 스트레스 역시 동시에 겪고 있다.

13_3 부영양화

9장에서 11장까지 설명한 바와 같이, 식물플랑크톤의 성장은 빛, 무기 영양염, 그리고 동물플랑크톤에 의한 섭식 여부에 의해 제한된다. 만약 빛과 무기 영양염이 풍부하고 섭식이 일어나지 않는다면, 수체 내에서 형성되는 조류 생체량은 매우 커질 수 있다(그림 13_8).

지난 100년 동안 농업 생산량을 늘리기 위해 토양에 투입되는 질소와 인의 양이 급격히 증가하였으며, 특히 최근 20년 동안 그 추세가 더욱 두드러졌다. 결국 이들 질소와 인의 상당 부분은 하천을 따라 유출되어 하구를 거쳐 연

안 해역으로 유입된다(그림 13_9).

이로 인해 식물플랑크톤의 성장이 증가하며, 이러한 현상은 부영양화(Eutrophication)라 불린다. 인위적 영양염 축적은 가장 일반적인 부영양화의 원인이지만, 부영양화는 단순히 영양염 공급의 증가에만 국한되지 않는다. 생태계로의 유기물 공급 속도를 증가시키는 모든 요인이 부영양화를 유발할 수 있다. 예를 들어 부유 입자의 농도가 감소하여 광량이 증가하

| **그림 13_8** | 바닷새들의 배설물로 인해 비옥해진 얕은 암반 웅덩이로, 풍부한 광량이 더해져 미세조류의 성장이 매우 활발하게 일어났다. 배경의 바다색과 비교하면 웅덩이의 짙은 녹색은 조류 번성의 정도를 뚜렷이 보여준다.

| **그림 13_9** | 농경지에서 유출된 영양염이 하천을 통해 연안해역으로 운반되는 모습을 보여준다. 이러한 영양염 유입은 연안의 생산성과 생태계 구조에 중대한 영향을 미칠 수 있다.

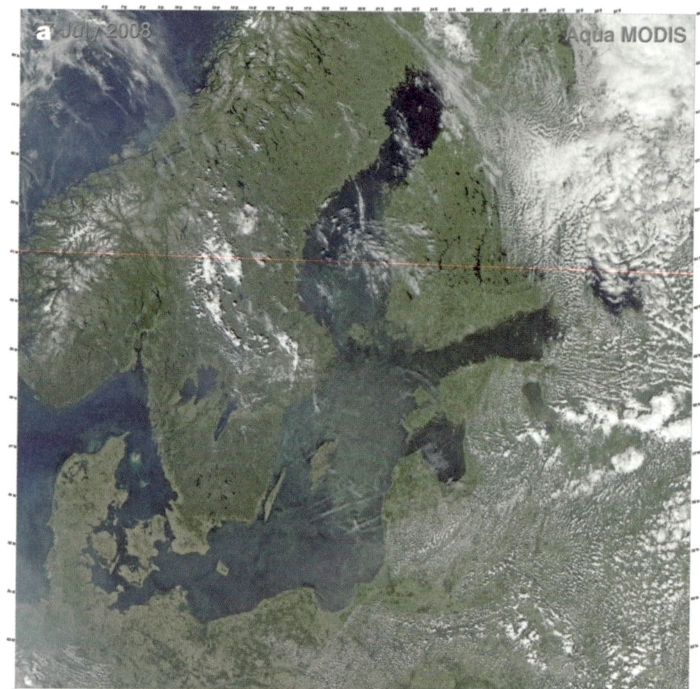

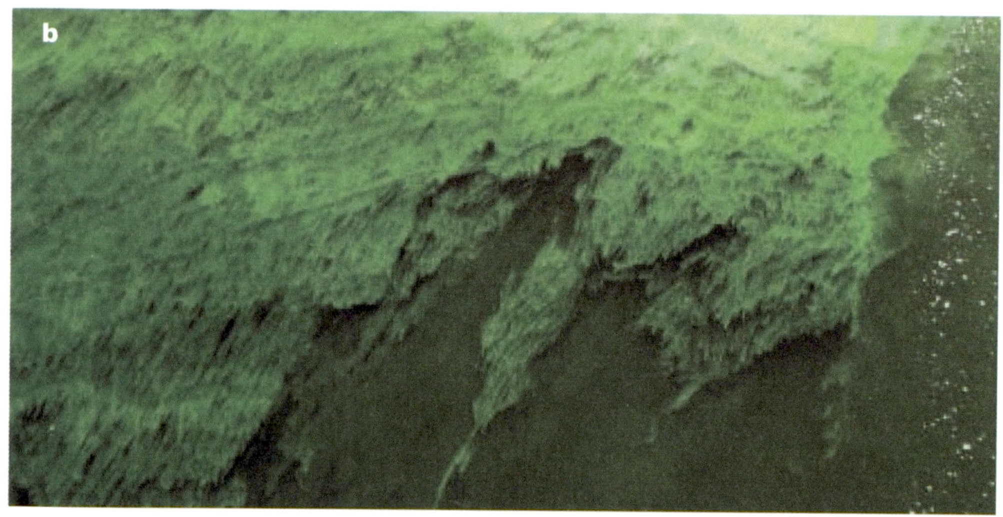

| 그림 13_10 | (A) 수십 년간 부영양화가 진행된 발트해에서 일어난 조류 대번성 현상으로, 해수면의 넓은 녹조 확산이 위성 이미지로 관찰된다.(출처: NASA) (B) 부영양화된 연안수에서 형성된 발트해 해수면의 남세균 대번성 관찰 이미지로, 부영양화가 생태계에 미치는 직접적인 영향을 보여준다.

면 광합성이 촉진되어 조류 생장이 증가하고 부영양화가 발생할 수 있다.

또한 하구 내 체류 시간이 길어지면 조류의 생산이 증가하여 부영양화가 유발될 수도 있다. 부영양화는 일반적으로 부정적 환경 과정으로 인식되며, 이는 시스템 내 유기물 생산의 과잉 증가로 생태계에 복합적이고 해로운 영향을 초래한다. 그 해로운 영향은 다음 두 가지로 나눌 수 있다.

직접적 영향: 식물플랑크톤의 과도한 성장으로 인한 조류 생체량 증가, 녹조, 적조 등.

간접적 영향: 시스템 내 과도한 유기물 축적으로 인해 발생하는 생물 다양성 감소, 기회종의 증가, 저층 산소 결핍 등.

부영양화는 전형적으로 인위적 문제이지만, 적절한 관리를 통해 되돌릴 수 있다는 점 또한 중요하다. 또한 부영양화의 수준이 낮을 경우에는 오히려 수괴나 연안 생태계의 생산성을 높이는 긍정적인 역할을 할 수도 있다. 그러나 부영양화가 대규모로, 그리고 장기간에 걸쳐 지속적으로 발생할 경우 생태계에는 극단적인 결과가 나타날 수 있다.

이러한 현상은 특히 발트해와 같이 폐쇄적 혹은 반폐쇄적이고 강한 성층이 존재하는 해역에서 두드러진다(그림 13_10). 발트해에서는 남세균과 식물플랑크톤의 과도한 성장이 일어나, 수층의 탁도가 증가하고, 이에 따라 수중 식물 및 해조류의 광합성에 필요한 빛의 투과율이 감소하였다. 또한 식물플랑크톤 군집 구성이 변화하여 과거와는 다른 종들이 우점하게 되었다.

가장 극적인 변화는 이렇게 과도하게 번성한 식물플랑크톤 침강이 저서 생태계에 미치는 영향이다. 발트해는 영구적인 염분 성층을 가지고 있어, 저층수로의 산소 공급이 매우 느리다. 그 결과, 증가한 유기물 분해로 인한 호흡이 크게 증가하였고, 이에 따라 저층 인근의 산소 농도가 매우 낮아졌으며, 일부 지역에서는 산소가 거의 사라져 저서생물이 사멸하기도 하였다.

13_4 해양의 플라스틱 문제

2015년 이후 해양 플라스틱 쓰레기 문제는 전 세계적인 관심을 끌고 있으며, 사실 이 문제는 그보다 훨씬 이전부터 과학적 연구를 통해 지속적으로 경고되어온 환경 위기다. 현재 전 세계적으로 매년 3억 톤 이상의 플라스틱이 생산되고 있으며, 생산량은 꾸준히 증가하는 추세다. 그 결과, 플라스틱 폐기물의 양 또한 비례적으로 증가하며, 해양으로의 플라스틱 유입은 불가피한 현실이 되었다. 이 문제의 심각성은 부정할 수 없으며, 해양에 버려진 플라스틱의 양은 상상을 초월할 정도로 방대하다.

추정에 따르면 전 세계적으로 매년 약 800만 톤의 플라스틱 쓰레기가 해양으로 유입되고 있으며, 이 중 일부는 미세입자로 분해되지만, 대부분의 플라스틱은 수십 년에서 수백 년에 이르는 장기간 동안 분해되지 않고 잔존한다. 플라스틱 오염은 단지 연안해역에 국한되지 않는다. 심해, 북극해, 남극해를 포함하여 지구의 거의 모든 해양 구역에서 플라스틱 잔류물이 발견되고 있다. 가장 널리 알려진 사례는 북태평양 아열대 해역, 즉 북아메리카 서안과 일본 사이에 위치한 '북태평양 거대 쓰레기 지대(Great Pacific Garbage Patch, GPGP)'이다. 실제로는 일본 근해의 서부 쓰레기 지대와 하와이와 캘리포니아 사이의 동부 쓰레기 지대로 구분되며, 그 동역학적 거동은 북태평양 아열대 환류의 해양학적 특성에 의해 결정된다.

예측에 따르면, 약 45,000~129,000톤의 해양 플라스틱이 약 160만 km^2 면적에 걸쳐 떠다니고 있는 것으로 추정된다. 그러나 주의할 점은, GPGP가 해수면 전체를 덮는 연속적인 플라스틱층이 아니라, 국지적으로 밀집된 구역이라는 것이다. 해양 플라스틱의 상당 부분은 미세플라스틱($1\mu m$~5mm) 형태로 존재한다. 최근 대서양을 대상으로 한 연구에서는, 상부 200m 수층에 1,160만~1,210만 톤의 1,000μm 미만 크기의 미세플라스틱 입자(주로 폴리에틸렌, 폴리프로필렌, 폴리스티렌)가 부유하고 있는 것으로 추정되었다. 많은 연구에서 이러한 미세 입자들이 여과 섭식을 하는 생물이나 퇴적물 입자섭식자에 의해 쉽게 섭취될 수 있음이 보고되었다. 그러나 동물플랑크톤, 유생, 저서무척추동물, 어류 등 다양한 생물군이 미세플라스틱을 섭취할 때 그들의 생존과 성장에 어떤 영향을 받는지는 여전히 명확히 밝혀지지 않았다. 일부 연구에서는 측정 가능한 부정적 반응이 보고된 반면, 다른 연구에서는 유의한 영향이 없는 사례도 존재한다. 또한 일부 플라스틱은 분해 과정에서 유해 화학물질을 방출하여, 이를 섭취한 생물에 독성을 유발할 가능성이 있다. 이러한 화학물질이 플랑크톤 내에 축적될 경우, 먹이 사슬을 따라 상위 영양 단계로 이동하면서 독성 수준이 농축될 위험도 존재한다. 반면 대형 해양생물에게는 대형 플라스틱 폐기물이 더욱 직접적이고 치명적인 위협이 된다. 어류, 해양포유류, 바닷새 등이 플라스틱 폐어구에 얽히거나, 혹은 대형 플라스틱 조각을 섭취함으로써 심각한 상해나 폐사에 이르는 사례가 빈번하게 보고되고 있다.

13_5 조석 마찰

흐르는 조석수와 지구의 딱딱한 표면 사이의 마찰은 지구의 자전을 서서히 느리게 만들고 있다. 그 결과, 하루의 길이는 매우 천천히 증가하고 있으며, 현재 그 증가율은 매년 약 2천만 분의 1초 정도이다. 지구 자전으로부터 손실된 각운동량은 달로 전달되며, 이로 인해 달은 매년 약 4cm씩 지구로부터 멀어지고 있다. 따라서 시간의 흐름을 거슬러 올라가면, 과거에는 달이 지금보다 지구에 훨씬 가까웠음을 알 수 있다.

만약 조석 마찰이 지금과 같은 일정한 속도로 항상 작용해왔다고 가정하면, 시간을 거꾸로 계산했을 때 달의 궤도가 완전히 사라질 때까지 걸리는 시간을 추정할 수 있다. 이 계산에 따르면, 달의 궤도가 형성된 지 약 15억 년이 되는 것으로 나타난다. 그러나 아폴로 14호 우주비행사들이 채취한 달 암석의 분석 결과, 달의 실제 형성 연대는 약 45억 년 전으로 밝혀졌다. 이 두 수치를 일치시키려면, 초기의 해양에서는 조석 마찰이 현재보다 훨씬 약했어야 한다는 결론이 나온다. 이 가설을 검증하기 위해, 연구자들은 지질시대적 시간 척도에 따라 해양의 형태와 수심이 대륙 이동에 따라 변해왔다는 사실을 고려한 과거 조석의 수치 모델을 실행한다. 이러한 모델 결과에 따르면, 초기의 해양에서는 현재보다 조석 마찰이 실제로 약했을 가능성이 높다. 즉, 현재의 해양은 과거 어느 시기보다도 조석력과의 공명 상태에 가까우며, 그 결과 현대의 조석은 바다가 처음 형성된 이후 평균적으로 가장 큰 규모를 보이고 있다.

14_ 해양조사 및 측정

에드워드 포브스(Edward Forbes, 1815~1854)는 종종 해양학의 창시자로 평가된다. 그러나 현대 해양학의 토대를 마련한 인물은 그의 후임으로 에든버러대학교 자연사학 교수직을 맡았던 찰스 와이빌 톰슨(Charles Wyville Thomson, 1830~1882)이다. 그는 챌린저 탐험(1872~1876)을 기획하고 이끌었던 인물로, 이 항해는 북극을 제외한 전 세계의 모든 대양을 탐사한 놀라운 여정이었다. 이 탐험은 학문적 접근이 이루어진 최초의 해양 연구 항해로 평가되며, 그 결과물로 완성된 50권에 달하는 보고서는 현대 해양학의 기초를 세우는 데 결정적인 역할을 했다.

현대의 해양 조사 항해 또한 여전히 발견의 연속이라 할 수 있다. 해양과학자들은 수심에 따른 해수의 물리적 특성 변화를 측정하기 위해 다양한 계측기를 바닷속으로 내리고, 그물, 채수기, 그리고 해저 퇴적물 채취기 등을 사용하여 시료를 채집한다. 일부 장비, 예를 들어 유속계는 계류장치에 장기간 설치되어 몇 주에서 수년에 걸쳐 데이터를 기록하기도 한다.

최근에는 지구 궤도를 도는 인공위성을 통해 해양에 관한 정보가 점점 더 많이 수집되고 있으며, 이러한 기술의 발전은 급변하는 바다를 전 지구적 규모에서 이해할 수 있는 새로운 시대를 열고 있다.

14_1 연구선

많은 국가들은 해양조사를 위해 특별히 제작된 연구선단을 운용하고 있다. 대륙붕 해역에서의 조사 항해에 적합한 중형 연구선의 예가 그림 14_1B에 제시되어 있다. 과학자들은 교대 근무를 하며 24시간 내내 작업하고, 선상에서 숙식하며 생활한다. 연구 항해는 며칠간의 짧은 일정부터 세계 대양의 외딴 해역을 탐사하는 2~3개월간의 장기 항해에 이르기까지 다양하다. 심해 연구에는 그림 14_1A와 같은 대형 선박이 이용되며, 연안

조사에는 그림 14_1C의 소형 조사선이 적합하다.

대부분의 연구선은 1년 내내 운항하며, 과학자 팀은 일정 기간 동안만 승선한다는 점을 이해하는 것이 중요하다. 따라서 선박 내의 실험실은 대부분의 기간 동안 비어 있으며, 항해가 시작될 때마다 장비를 설치하고 실험 환경을 세팅해야 한다. 이는 매우 힘든 작업일 수 있다. 선내 공간이 제한되어 있을 뿐 아니라, 연구 장비를 놓을 작업 공간 확보 경쟁이 치열하기 때문이다. 또한 출항 전 짐 꾸리기를 철저히 해두는 것이 무엇보다 중요하다. 북대서양이나 남극해 한가운데에는 상점이 없기 때문에, 일단 항구를 떠나면 몇 달 동안은 어떤 물품도 구입할 수 없다.

그럼에도 불구하고, 단 몇 시간 만에 텅 빈 공간이 고성능 분석 실험실로 변신하는 것은 놀라운 일이다(그림 14_2). 물론 거친 파도 속에서 기기들이 실험대에서 떨어지지 않도록 모든 장비를 단단히 고정해야 한다. 더욱 놀라운 점은, 과학자들이 종종 멀미에 시달리면서도 새로 꾸민 실험실에서 작업해야 한다는 것이다. 이러한 어려움은 많은 해양과학자들에게 피할 수 없는 직업적 위험이다.

14_2 수층 구조의 측정

모든 해양조사 항해의 핵심 장비는 전기전도도(염분)−온도−수심 측정기(Conductivity-Temperature-Depth probe, CTD)다(그림 14_3). CTD는 해양의 깊이에 따른 수온과 염분을 측정하는 기본 장비로, 해양 물리 관측의 중심 역할을 한다. CTD는 내부에 전기 케이블이 포함된 강철선에 매달려 해저로 하강하며, 장비에서 수집된 데이터는 케이블을 통해 실시간 선내 컴퓨터로 전송된다.

CTD는 물의 전기전도도와 온도를 측정하며, 이 두 값으로부터 염분이 계산된다. 또한 CTD에는 압력 센서가 장착되어 있어 수심을 측정할 수 있다. CTD의 프레임에는 일반적으로 다른 장비들도 부착된다. 예를 들어 형광 측정기는 엽록소 형광을 측정하며, 투광도계나 광산란 센서는 투명도(탁도)를 측정한다.

그림 14_3A는 아일랜드해 약 50m 수심에서 얻은 CTD 수직분포도를 보여준다. 이 지역의 수층은 잘 혼합되어 있으며, 온도(파란색),

염분(빨간색), 형광(녹색) 값이 표층에서 저층까지 일정하다. 그러나 그림 14_3B의 다른 지역에서는 매우 다른 양상이 나타난다. 표층에서 약 30m 깊이까지 수온약층이 존재하며, 흑색의 투명도 분포값은 수온약층 깊이와 해저 근처에서 투명도가 감소하는 것을 보여준다. 또한 녹색의 형광 프로파일은 수온약층 하부에

| **그림 14_1** | 연구선의 네 가지 유형: A) 대형으로 심해 연구에 적합한 선박, B) 중형으로 대륙붕 해역 연구에 적합한 선박, C) 소형으로 연안 및 하구 연구에 적합한 선박, D) 필리핀에서 어선을 개조하여 임시로 사용한 연구선.

| 그림 14_2 | 대형 연구선 내에서 실험실을 설치하기 전(A)과 설치 후(B)의 모습. 이에 대비되는 것은 그린란드의 소형 선박 갑판 위에 설치된 임시 실험실(C)로, 이곳의 작업 온도는 5°C를 넘지 않았다.

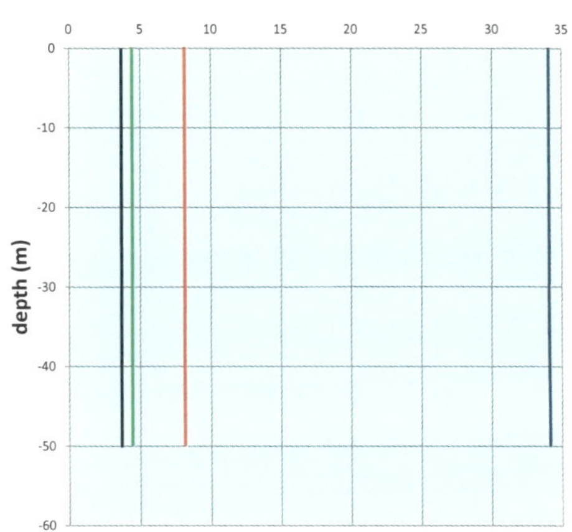

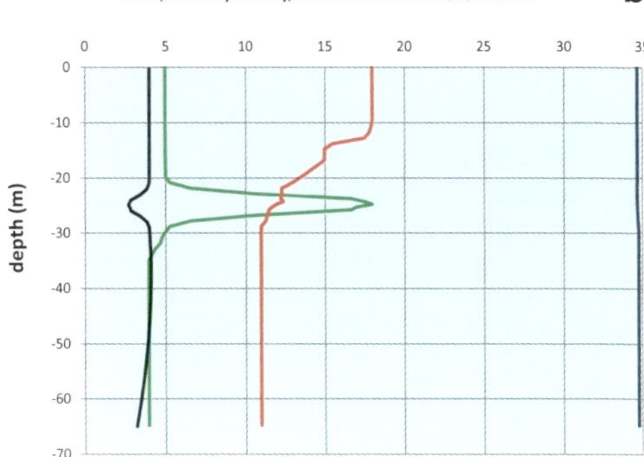

| 그림 14_3 | A) 수직적으로 혼합된 수괴와 B) 성층화된 수괴에서 CTD 조사 결과. 참고: 온도는 섭씨(°C) 단위, 염분은 염분 단위로 표시되어 있다. 그러나 형광도(클로로필a의 지표)와 투명도(전달률)는 전압의 임의 단위로 표시되며, 이는 공인 표준 시료와의 비교를 통해 실젯값으로 환산된다.

서 형광값의 최대치를 나타낸다.

CTD 주위에는 로젯샘플러(rosette sampler)라 불리는 원형의 병 세트가 장착되어 있으며(1장 참조), 이를 통해 다양한 수심에서 해수를 채취할 수 있다. 각 채수병은 상단과 하단에 뚜껑이 달린 원통형 구조이며, CTD가 수면 아래로 내려갈 때는 뚜껑이 열린 상태이다. 선내에서 전기 신호를 보내면 선택된 깊이에서 뚜껑이 닫히며, 그 수심의 해수가 병 안에 채취된다. 로젯샘플러에 장착된 병의 개수만큼 여러 수심에서 시료를 동시에 채취할 수 있다.

채수병이 선상으로 회수된 후에는, 내용물을 신중히 옮겨 담아 다양한 분석에 사용한다. 일반적으로 수행되는 분석에는 염분 분석(CTD 센서 보정용), 영양염, 용존 기체, 미생물 및 입자수 측정 등이 포함된다. 채수병은 박테리아와 식물플랑크톤 채집에는 적합하지만, 동물플랑크톤, 유생, 중형생물 채집에는 다른 장비가 필요하다. 또한 용존 철 등 미량 원소 분석용으로는 특수 제작된 병을 사용해야 하며, 내부 오염을 막기 위해 파라필름으로 코팅하고 강철 부품(강철 핀, 경첩 등)은 절대 포함하지 않는다.

수심이 얕은 연안에서는 CTD 관측이 몇 분만에 완료되지만, 심해에서는 수 킬로미터 깊이까지 측정하는 데 몇 시간이 소요된다. 일반적으로 격자 형태의 관측 정점을 설정하여 수직 및 수평적 수층 구조를 함께 파악한다.

또한 CTD는 선박 뒤쪽에서 견인식 조사 장비 장치에 부착되어 예인될 수도 있다(그림 14_4). 이 장치는 제어 가능한 핀을 갖추고 있어 선박이 이동하는 동안 위아래로 반복 잠수와 상승을 수행하며, 선박 후류 내에서 연속적인 상하 수층 프로파일을 생성한다. 이러한 방식으로 해양의 세밀한 구조 변화를 고해상도로 연속 관측할 수 있다.

14_3 해류의 측정

기록식 유속계의 한 예가 그림 14_5A에 제시되어 있다. 이 유속계에는 방향타가 부착되어 있어 흐름 방향에 맞추어 스스로 정렬되며, 장비 내부의 나침반이 유속 방향을 기록한다. 또한 임펠러가 유속에 의해 회전하며, 일정 시간 동안 회전 횟수는 유속에 비례한다. 이러한 유속계는 배터리로 작동되는 장비로, 고정된 위치의 계류장치에 설치되어 일정 기간 동안 자료를 수집하므로, 오

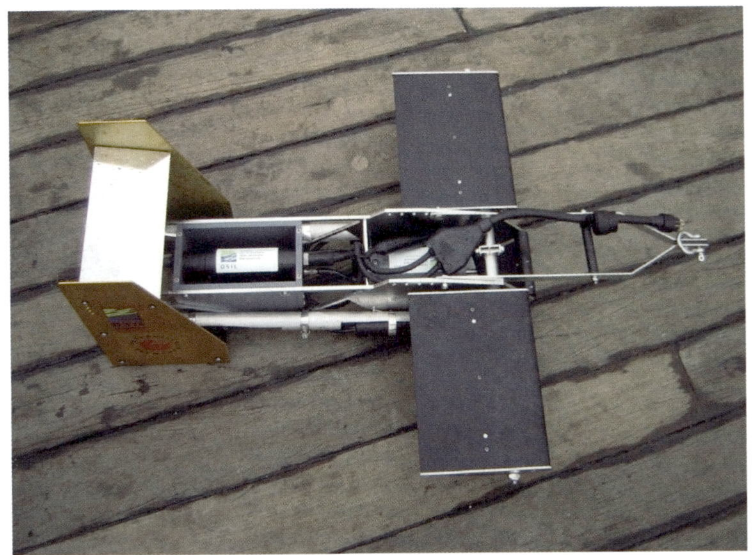

| 그림 14_4 | 항해 중인 연구선 뒤에서 예인하기 위한 소형 기체형 조사장비. 이 프레임에는 CTD와 같은 계측기가 장착될 수 있으며, '날개'의 피치를 조절하여 선박의 항적 내에서 상하로 비행하듯 움직이도록 설계되었다.

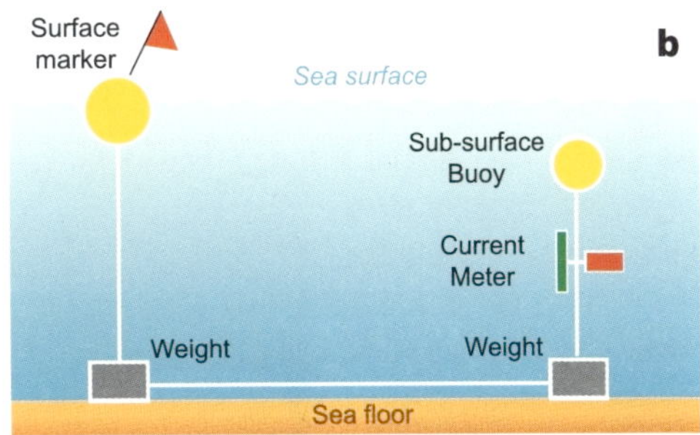

| 그림 14_5 | A) 기록식 유속계. B) 연속적인 유속의 속도와 방향을 측정하기 위해 기록식 유속계를 설치할 수 있는 U자형 계류 개념도.

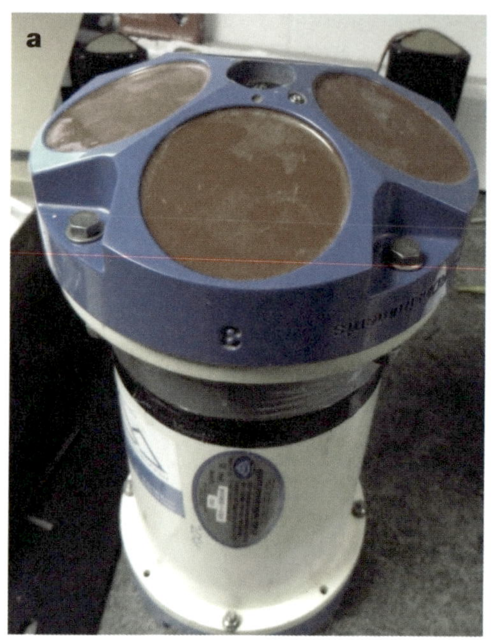

일러식 관측 방식으로 분류된다.

전통적인 해양 계류장치는 U자형 구조를 갖는다(그림 14_5B). 먼저 장비와 이를 지탱하는 라인을 떠받칠 수 있을 만큼 충분히 큰 수중 부표를 선박 측면에서 해상으로 내린다. 이어서 장비가 부착된 라인(또는 라이저riser)이 연속적으로 풀려 내려간다. 이때 장비가 바다로 들어가는 동안 라인이 팽팽하게 당기지 않기 때문에, 수작업으로 해상 투하가 가능하다. 이후 첫 번째 무게추가 선박의 윈치(winch)를 이용해 해저로 하강하며, 라인의 길이가 정확히 맞으면 수중 부표는 수면 아래로 사라진다. 선박

| **그림 14_6** | A) 음향 도플러 유속계(ADCP)—음향 송수신기가 내장되어 있음. B) 해저에 설치될 준비가 된 ADCP 프레임. 왼쪽의 큰 노란 부표는 해수면 표지 부표이다.

은 천천히 전진하면서 저층 라인을 풀고, 마지막으로 두 번째 무게추와 두 번째 라이저, 그리고 해수면 표지 부표를 투하한다. 장비의 회수는 이 과정의 역순으로 이루어지며, 회수 시에도 라인에 장력이 걸리지 않기 때문에 안전하게 장비를 회수할 수 있다.

U자형 계류 방식의 장점은, 선박이 수중 부표 위를 통과하더라도 장비가 끌려가거나 손상되지 않는다는 점이다. 그러나 최근에는 보다 간편한 방식으로, 단일 라이저에 음향식 해제장치를 부착하는 방식이 널리 사용되고 있다. 해저에 위치한 해제장치가 암호화된 음향 신호를 수신하면 잠금이 해제되고, 수중 부표가 부상하면서 장비들이 그 아래에 매달린 채 수면으로 떠오른다.

하나의 계류장치에 여러 개의 유속계를 서로 다른 높이에 설치하여 수심에 따른 유속 분포를 측정할 수도 있다. 그러나 보다 효율적인 대안으로는 음향 도플러 유속계(ADCP)가 사용된다(그림 14_6A). 그림 14_6B는 해저에 내릴 수 있도록 프레임에 고정된 ADCP의 모습이다. ADCP는 물속으로 음파 신호를 발사하며, 이 신호의 일부는 부유 입자들에 의해 산란

되어 반사파(echo)로 되돌아온다. 물이 이동하고 있다면, 이 반사된 신호의 주파수는 송신된 신호와 약간 다르며, 이를 도플러 편이(Doppler shift)라고 한다. 이 편이량으로 물의 유속이 계산된다. 서로 다른 높이에서 반사파를 수집하면, ADCP로부터 해저 위 수층의 수직 유속 프로파일을 구축할 수 있다.

연구선에는 선체 하부에 선체 부착형 하향식 ADCP를 설치하여, 선박이 항해 중일 때 선체 아래의 수층 유속 구조를 측정할 수 있다. 이때는 선박 자체의 속도를 측정값에서 제거하여 실제 해수 유속을 계산해야 한다. 만약 수심이 얕아 해저에서 반사된 음파 신호가 수신된다면, 그 반사파의 도플러 편이로부터 선박의 속도를 직접 산출할 수도 있다.

해류를 측정하는 또 다른 방식은 표류부표를 이용하여 물의 흐름을 그대로 따라가게 하는 것이다. 이러한 방식은 라그랑주 유속 측정이라 하며, 넓은 영역에 걸쳐 흐름이 일정하게 유지되는 해류를 추적하는 데 특히 적합하다. 표류부는 해류의 사행이나 소용돌이를 따라 이동하며, 고정식 유속계로는 얻기 어려운 공간적 정보를 제공한다(그림 6_9 참조). 표류부표

가 이동한 거리와 관측 시간 간격을 나누면 평균 유속을 구할 수 있다. 일반적으로 라그랑주 표류부표는 추적 대상 해류의 깊이에 맞춘 잠수식 돛을 달고 있으며, 표면부표는 육안 또는 무선 혹은 위성을 통해 추적할 수 있다.

최근에는 보다 혁신적인 해류 측정 기술들이 개발되고 있다. 예를 들어 영국의 왕립조류보호협회(RSPB)는 바닷새의 행동을 연구하기 위해 소형 추적 장치를 부착한다. 새들이 해상에서 휴식할 때, 이 장치는 수면 흐름을 기록하여 해당 지역의 해류에 대한 우연한 기회 관측 데이터를 제공한다(그림 14_7). 그림에 제시된 강한 조류 지역에서는, 새들이 썰물과 밀물 사이의 약 6시간 동안 20km 이상 이동할 수 있다.

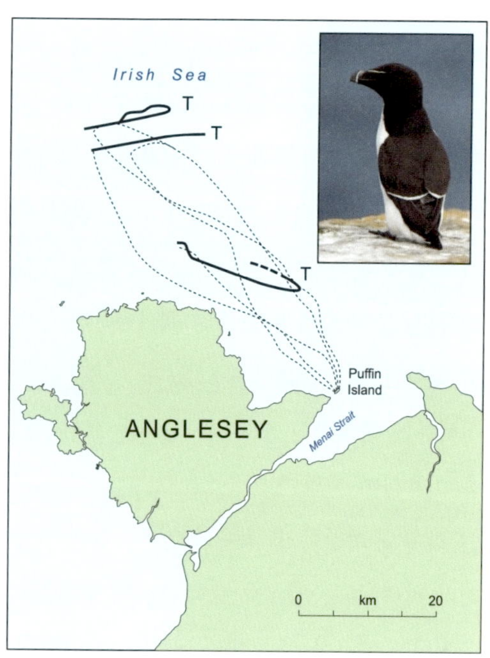

| **그림 14_7** | 웨일스의 앵글시섬 인근에서 한 마리의 레이저빌(Razorbill, 삽입 사진)의 위치가 2분 간격으로 기록된 결과. 이는 조력발전 기업들이 관심을 두는 지역이다. 새가 퍼핀섬의 둥지에서 날아갈 때 위치가 넓게 분포하지만, 밤에 해상에서 휴식할 때는 조류 흐름(T)을 따라 이동 궤적이 나타난다.

14_4 위성 원격탐사

해양은 매우 광대하기 때문에, 연구선이 한 번 항해하는 동안 관측할 수 있는 범위는 해양 전체의 극히 일부에 불과하다. 이에 반해 지구 궤도를 도는 위성은 매일 전 지구의 해양을 관측할 수 있다. 위성에 탑재된 관측 장비들은 수면으로부터 수백 킬로미터 상공에서 해수 표면의 물리적 특성을 측정할 수 있으며, 이러한 관측 절차를 원격탐사라고 한다.

수동적 원격탐사는 위성이 해수면을 떠나는 전자기복사를 측정하는 방식이다. 이 복사는 주로 가시광선과 적외선의 형태로 나타난다. 그림 14_8은 가시광선 영역에서 촬영된 북서

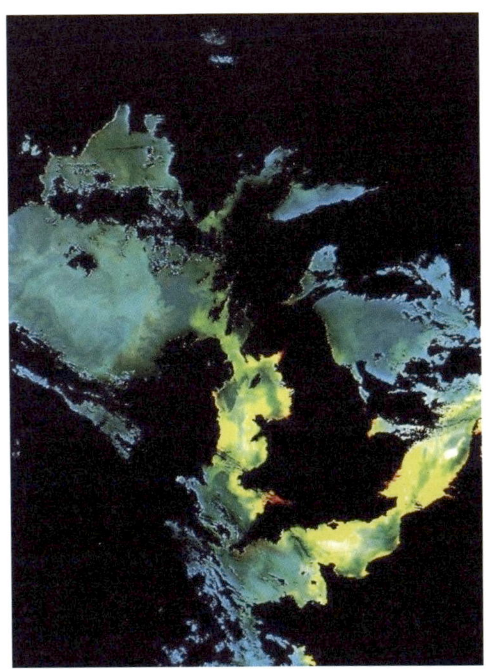

유럽 해역의 위성 영상을 보여준다. 영국해협과 아일랜드해의 밝고 다양한 색조를 띤 해역은 표층 부근에 부유 입자가 존재하기 때문이다. 이러한 영상들은 대륙붕 해역에서 부유 물질의 거동을 이해하는 데 큰 도움을 주었다.

6장에서 보았듯이, 적외선 영상은 해수의 표면 온도를 분석하는 데 활용될 수 있으며, 해수의 전선 탐지에도 유용하다. 또한 더 긴 파장의 복사선을 이용한 수동적 원격탐사는 외해의 표층 염분을 측정하는 데에도 응용될 수 있다.

반면, 능동적 원격탐사는 위성에서 전자기 에너지 펄스를 해수면으로 발사하고, 그 반사 신호의 특성을 측정하는 방식이다. 주로 레이더파(수 센티미터 정도의 파장)가 사용된다. 레이더 펄스의 비행 시간은 위성과 해수면 사이의 거리를 결정하며, 위성의 고도를 지상국을 통해 별도로 계산하면 해수면의 변화를 정밀하게 측정할 수 있다.

이러한 고도계 관측은 해양 조석, 해류, 그리고 파랑을 연구하는 데 매우 유용하다. 특히 해류의 흐름은 지형류 평형에 의해 해수면 높이의 작은 차이와 밀접하게 연결되어 있으므로, 위성 고도계는 해류 구조를 간접적으로 추정하는 강력한 도구가 된다. 레이더 반사 신호의 형태는 해수면의 조도에 따라 달라진다. 따라서 레이더를 이용하면 해수면의 미세한 거칠기 분포를 영상화할 수 있다. 이러한 영상은 해수면 유막이나 내파의 존재를 파악하는 데도 활용된다.

14_5 접근하기 어려운
해역에서 시료 채집

심해생물을 채집하는 일은 매우 어렵다. 흔히 이 작업은 비행기가 구름 위 2km 상공에서 열대우림을 향해 그물망을 늘어뜨려 끌어 올리는 것에 비유된다. 그물에 걸려 올라온 파편들만으로는 열대우림의 실체를 온전히 나타내기는 어려울 것이다. 그러나 심해 연구는 최근까지 이와 같은 방식으로 이루어져왔다. 예를 들어 수심 5,000m에서 저인망을 끌기 위해서는 선박과 그물 사이의 각도를 고려하여 약 두 배 길이의 케이블, 즉 10km에 달하는 중량 강철 케이블을 감아야 하며, 이는 대형 연구선에서만 수행할 수 있다.

심해, 특히 열수분출공과 같은 특수 해양 환경에 대한 우리의 지식 대부분은 유인 잠수정 덕분에 축적되었다. 대표적인 예는 미국의 앨빈(Alvin)으로(그림 14_9), 이 잠수정은 4,500m 깊이까지 잠수할 수 있다. 이와 유사한 심해잠수정(DSV)들이 다수 있으며, 일부는 6,000m 이상의 수심에서도 운용 가능하다. 이러한 잠수정들은 로봇 팔, 시료 채취 장치, 해수·생

| **그림 14_9** | A) 심해잠수정 앨빈(DSV Alvin)의 진수 장면. B) 샘플링 장치, 시료병, 센서, 카메라 장비 등이 복잡하게 배열된 근접 사진.(출처: NOAA)

| 그림 14_11 | A) AUV(자율형수중로봇)인 오토섭(Autosub). B) 남극해에서 이 장비를 호기심 있게 바라보는 고래.

물·퇴적물 시료 수집 장비 등을 탑재하고 있다. 가장 깊은 유인 잠수 기록은 1960년 트리에스테호(2인승)의 탐사로, 10,900m 깊이까지 도달한 것이다. DSV의 운용에는 막대한 투자와 인프라가 필요하며, 선박과 운용 인력의 지원 체계 역시 방대하다.

반면, 무인 잠수정(ROV)은 인간이 직접 잠수하지 않아도 되어 훨씬 단순한 기술이다(그림 14_10). ROV는 카메라, 비디오, 수중 채수기, 로봇 팔 등을 탑재하여 시료를 채집할 수 있으

| **그림 14_12** | A) 북대서양에서 투하 직전의 저층 착저장치. B) 심해 해면동물(스펀지) 연구용 랜더. 스펀지 위 서로 다른 높이에서 해수를 펌핑하여 와인 저장백과 유사한 백에 저장한다. 시료 내 세균 농도의 수직적 변화와 난류 확산 정보를 결합해 스펀지의 섭식 및 성장 속도를 추정할 수 있다.

며, 운용 수심 한계는 장비를 선박과 연결하는 케이블 길이에 의해 결정된다. 그러나 미국 우즈홀 해양연구소의 네레우스와 같은 장비는 ROV로 작동할 수도 있고, 케이블에서 분리되어 자율형수중로봇(AUV)으로도 운용될 수 있다. AUV는 사전 프로그램된 경로를 따라 조사·시료 채집을 수행하고, 미리 지정된 위치에

서 수면으로 부상한다(그림 14_11).

해저에서 장기 측정을 위해서는 저층 착저장치(Benthic lander)가 사용된다(그림 14_12). 랜더는 해저 퇴적물 위에 놓이도록 설계된 구조물로, 프로그래밍된 시간 간격에 따라 해수 시료를 채취하거나 물리·화학적 측정을 수행한다. 랜더에는 탐침, 센서, 시료 채취기 외에도 비디

로 이루어진다. 일반적으로 랜더는 며칠간 조사에서부터 수개월 동안 설치되어 운용된다.

또 다른 중요한 장비는 퇴적물 포집기로, 수직 물기둥을 통해 가라앉는 입자 플럭스(particle flux)를 포집하기 위해 사용된다(그림 14_13, 14_14). 퇴적물 포집기는 보통 거꾸로 된 원뿔형 구조로 되어 있어, 넓은 상단 면적이 가라앉는 물질을 수집하고, 하단 좁은 부분의 시료병에 농축 저장된다. 각 트랩에는 여러 개의 시료병이 장착되어 있으며, 장비는 프로그래밍된 주기에 따라 병을 교체하도록 설정된다. 이를 통해 하나의 트랩을 1년 이상 해수 중에 설치해두고, 매달 가라앉은 물질을 개별 병에 모을 수 있다. 시료병 내부에는 보존제가 주입되어 있어, 회수 전까지 시료의 분해를 방지한다. 이러한 트랩들은 하나의 계류선에 여러 깊이로 배열되기도 한다. 랜더와 마찬가지로, 트랩 회수 시에도 음향 신호를 이용한 해제 장치로 추에서 분리되어 수면으로 부상한다.

이러한 기술들은 매우 흥미롭지만, 여전히 선박의 운항 경로가 제한되어 있어 전 세계 해양의 대부분은 여전히 관측하기 힘들다. 따라서 필요한 것은 광범위한 수심과 거리에서 물

| 그림 14_13 | 북극해에서 투하 중인 퇴적물 포집기. 하부의 녹색과 주황색 유속계는 포집기가 작동하는 동안 해류 속도와 방향을 기록하는 데 사용된다.

오 및 타임랩스 카메라가 장착되어 있어 현장의 생물을 촬영한다. 일부 랜더는 오로지 이미지 촬영용으로 설계되며, 먹이 유인을 통해 생물을 끌어들인다. 랜더의 회수는 음향 신호를 보내 해저의 추로부터 장비를 분리하면, 부력을 이용해 장비가 수면으로 떠오르는 방식으

리적, 생물학적, 화학적 변수들을 장기적으로 측정할 수 있는 이동형 플랫폼이다. 1990년대 후반 이후, 다양한 형태의 AUV, 글라이더, 부유체가 개발되어왔다(그림 14_15). 이러한 배터리 구동 장치는 사전 설정된 경로를 따라 해양을 순항하며 데이터를 수집한다. 일정 시간마다 수면으로 부상하여, 수집한 데이터를 위성을 통해 지상 기지로 전송하고, 연구자들이 이를 다운로드한다. 현재 이러한 장치들은 주로 염분, 수온, 압력 등을 측정하며, 기술이 발전함에 따라 형광 및 영양염 센서들도 표준적으로 탑재될 것으로 기대된다.

14_6 생물 시료 채집

식물플랑크톤과 세균의 표준적인 채집 방법은 CTD 장치에 부착된 로젯샘플러 병을 이용하여 채수하는 것이다. 그러나 동물플랑크톤(심지어 소형 종 포함)과 어류는 보통 그물망을 이용하여 채집한다(그림 14_16A, B, C). 이러한 그물은 형태와 크기가 다양하며, 이동 중인 선박 뒤에서 예인하거나, 혹은 수직 방향으로 끌어 올리는 방식이다. 후자는 수층 내 생물의 수직 분포를 파악하는 데 필수적이며, 장비는 인양 중 원하는 수심에서 그물을 닫을 수 있도록 설계된 장치와 함께 사용된다.

일부 그물은 하나로 끌어 올리기도 하지만, 여러 개의 그물을 동시에 투하하여 서로 다른 깊이에서 시료를 채집하기도 한다. 물론 그물의 망목(그물코) 크기는 채집 가능한 생물의 크기를 결정하며, 일반적으로 정량적 채집을 위해서는 목표 생물의 최소 폭의 약 75%의 망목 크기가 필요하다. 예를 들어 요각류를 채집하기 위해서는 보통 200~500µm 크기의 망목을 사용한다.

그물에 포획된 생물은 장비를 회수한 후 분류와 계수 작업을 수행하기에 비교적 쉽다. 그러나 부유 미립자, 식물플랑크톤, 세균과 같이 크기가 작은 시료들은 훨씬 다루기 어렵다. 이들은 매우 적은 밀도로 존재하기 때문에, 먼저 시료를 농축해야 하며, 이를 위해 시료를 침전시키거나, 더 일반적으로 규격화된 공극 크기의 필터를 이용하여 여과한다.

한편, 용존 물질을 분석하려는 해양화학자들은 분석 전 반드시 시료 내의 입자상 물질을 제거해야 한다. 따라서 많은 해양 연구자들

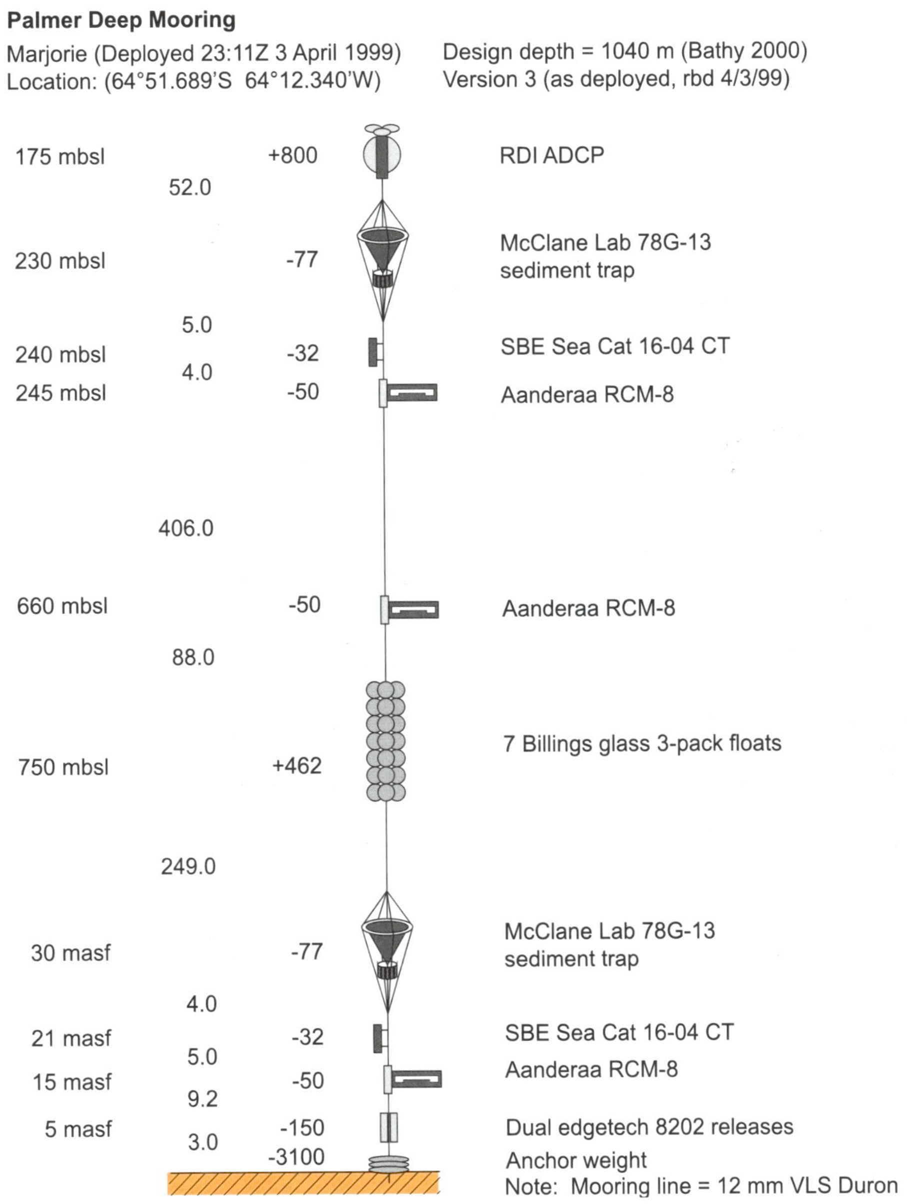

Palmer Deep Mooring

Marjorie (Deployed 23:11Z 3 April 1999)
Location: (64°51.689'S 64°12.340'W)

Design depth = 1040 m (Bathy 2000)
Version 3 (as deployed, rbd 4/3/99)

175 mbsl | +800 | RDI ADCP
52.0
230 mbsl | -77 | McClane Lab 78G-13 sediment trap
5.0
240 mbsl | -32 | SBE Sea Cat 16-04 CT
4.0
245 mbsl | -50 | Aanderaa RCM-8

406.0

660 mbsl | -50 | Aanderaa RCM-8

88.0

7 Billings glass 3-pack floats

750 mbsl | +462

249.0

McClane Lab 78G-13 sediment trap

30 masf | -77
4.0
21 masf | -32 | SBE Sea Cat 16-04 CT
5.0
15 masf | -50 | Aanderaa RCM-8
9.2
5 masf | -150 | Dual edgetech 8202 releases
3.0 | -3100 | Anchor weight
Note: Mooring line = 12 mm VLS Duron

| **그림 14_14** | 심해에 설치된 일련의 퇴적물 포집기와 유속계의 개략도.

| 그림 14_15 | 영국 이스트앵글리아대학의 연구진이 남극해에서 배치한 수중 글라이더(Sea glider). 남극 경사 전선의 역학 및 크릴 기반 생태계 유지 메커니즘을 연구하기 위한 것이다.

은 항해 중 상당한 시간을 들여 저압 진공하에서 천천히 시료를 여과하는 작업에 몰두한다. 이는 여과 과정에서 미세한 생물체가 압력으로 손상되지 않도록 하기 위함이다.

어류와 동물플랑크톤을 채집할 때 그물 대신 음향 장비를 사용하는 방법도 있다. 이러한 장치는 단일 주파수의 음파 펄스를 주기적으로 발사하며(수십~수백 kHz), 생물체에 부딪혀

반사된 음향 신호를 수신기로 감지한다. 특히 가스로 채워진 부레를 가진 어류는 매우 효과적인 반사체이지만, 이러한 음향 기술은 크릴과 같이 수층 내에 고밀도 층을 형성하는 많은 동물플랑크톤 종의 탐지에도 유효하다. 고정된 위치의 계류식 음향 장비는 동물플랑크톤과 어류의 일주기 이동을 기록하는 데 특히 유용하다.

| **그림 14_16** | A), B) 수직 방향의 플랑크톤 네트, C) 수평 방향으로 예인되는 그물의 다양한 유형.

위성기술은 대형 해양동물의 이동과 회유 경로를 추적하는 데 사용된다. 위성 송신 태그는 고래, 물범, 바다사자, 바다거북, 바닷새 등에 부착되어, 송신기가 작동하거나 탈락할 때까지 위성 링크를 통해 위치 정보를 연구자에게 전송한다(그림 14_17). 기술의 발전에 따라 태그에 탑재되는 센서의 종류도 확장되어, 수심 센서로 잠수 행동을 기록하거나, 소형 CTD로 해수의 염분과 온도를 측정할 수 있게 되었다. 또한 일부 태그에는 먹이 활동 센서가 부착되어, 동물이 어떤 수심에서 먹이를 섭취하는지를 확인할 수 있으며, 초소형 카메라를 통해 동물의 시점에서 본 수중 환경 영상을 기록하기도 한다.

심지어 해양 포유류 자체가 선박으로 접근하기 어려운 해역, 예를 들어 빙하 아래의 해양 환경 정보를 수집하는 데 활용될 수도 있다. 고래나 물범은 빙하 아래나 가장자리에서 장

| **그림 14_17** | 위치, 수심, 온도, 염분 센서를 등 털에 부착한 물범. 센서는 물범이 진정 상태일 때(배경의 작은 천막 안) 부착되며, 사진 속 개체들은 막 깨어난 상태이다. 물범이 털갈이를 하면 태그는 함께 떨어져나간다.

시간 머물 수 있지만, 주기적으로 숨 쉬기 위해 수면으로 부상해야 하므로 생물학적 자율수중로봇(AUV)으로 이상적이다.

한 연구에서는 두 마리의 벨루가(흰고래)에게 수심, 염분, 온도 센서를 부착하여 북극의 빙하로 덮인 피오르에서 데이터를 수집했다. 고래들이 최대 180m 깊이까지 잠수하면서 자료가 기록되었고, 수면으로 부상할 때마다 위성을 통해 자동 전송되었다. 두 개체 중 한 마리의 센서는 고장 났지만, 다른 한 마리로부터는 63일간의 데이터가 회수되어, 8000km²에 이르는 빙하 아래 수괴의 분포가 성공적으로 기술되었다. 이러한 데이터는 선박 운항으로는 경제적으로 불가능한 영역에서 얻어진 귀중한 해양 정보이다.

14_7 장기 관측

해양학자들이 해양의 장기적 변화의 영향을 고찰할 때, 가장 중요한 것은 장기적이고 포괄적인 관측 자료를 확보하는 일이다. 이러한 정보를 수집하는 방법은 두 가지가 있다. 하나는 동일한 해역을 정기적으로 방문하는 것이고, 다른 하나는 계류식 관측 장비를 설치하여 장기간에 걸쳐 데이터를 자동으로 수집하거나 시료를 채취하는 것이다.

장기 자료를 얻는 가장 창의적인 방법 중 하나는 정기적인 항로를 따라 운항하는 화물선이나 여객선을 활용하는 것이다. 이 선박들에 자동 해수 채수기나 센서를 설치하면, 장기간에 걸쳐 정밀한 데이터를 지속적으로 수집할 수 있다. 이러한 개념의 선구자는 영국의 해양학자 앨리스터 하디 경(Sir Alister Hardy, 1896~1985)이었다. 그는 연속 플랑크톤 채집기(CPR)를 고안했는데, 이 장치는 선박 뒤에서 약 10m 깊이로 예인되며, 플랑크톤을 비단 리본 위에 연속적으로 채집한다. 이 리본들은 영국 플리머스에 있는 앨리스터 하디 해양과학재단으로 보내져 분석된다(http://www.cprsurvey.org). 여기서 연구자들은 리본 위의 플랑크톤을 관찰하여 식물플랑크톤과 동물플랑크톤의 종 다양성과 색상을 측정함으로써 플랑크톤 밀도를 산출한다.

최초의 예인 관측은 1931년, 영국 헐에서 독일 브레멘까지의 항로에서 수행되었다. 이후 275척이 넘는 선박이 CPR을 예인하였으며,

1940년대부터 현재까지 북해와 북대서양의 여러 정기 항로에서 지속적인 표층 해양생물 관측이 이루어지고 있다. 지금까지의 총 예인 거리만 해도 660만 해리를 초과한다. 이는 단일 해양학적 조사로서는 매우 인상적인 수치다.

이와 더불어 해양의 계절적 변화와 생지화학적 과정을 이해하는 데 근본적인 역할을 한 두 개의 장기 관측 프로그램이 있다. 바로 하와이 해양 장기 시계열조사(HOTS)와 버뮤다 대서양 장기 시계열조사(BATS)이다. 이 두 프로그램은 각각 태평양 심해역과 대서양(버뮤다 인근)에서 1988년부터 현재까지 매월 정기적으로 수행되고 있으며, 수온, 염분, 주요 무기 영양염류, 용존 기체 함량, pH, 클로로필 농도, 세균 및 식물플랑크톤 생산성 등과 같은 변수들을 측정한다.

또한 두 관측소에는 장기 계류식 관측 시스템이 함께 운영되어 지속적인 데이터를 축적하고 있다. 이 두 시계열 프로그램은 막대한 재정적 투자와 과학적 노력을 필요로 하지만, 그 대가로 얻어진 자료는 단기 변동과 장기 변화를 구분하여 이해하는 데 매우 중요한 역할을 한다. 즉, 연간 변동을 장기적인 해양 변화 맥락에서 해석할 수 있으며, 오늘날 전 지구적 해양이 직면한 변화의 본질을 밝히는 데 핵심적인 기반이 되고 있다.

| **그림 14_18** | 지난 200년간 전 세계 수만 명의 헌신적인 해양학자들이 눈부신 진보를 이뤘음에도 불구하고, 심해에서는 여전히 놀라운 발견들이 이어지고 있다. 해양 탐사는 인간의 한계를 시험하는 도전이지만, 바다를 향한 탐구의 매력은 강력하다. 해양학 연구에 생애를 바친 이들에게 그 보상은 실로 막대하다.

용어사전

A

abyssopelagic 심해원양성(125): 심해수층, 표영구의 생태적 구분대의 하나로 해수면 아래 약 4,000m에서 6,000m에 이르는 해양의 깊은 층을 가리킨다. = abyssal pelagic

acoustic Doppler techniques 음향 도플러 기법(44): 수중 유속을 원격으로 측정하기 위해 사용되는 기술이다. 이 기법에서는 음파 펄스를 수중에 송신하면, 부유 입자에 의해 산란된 음파의 반향이 송신기로 되돌아온다. 송신과 반향 사이의 시간 지연은 산란 입자까지의 거리를 결정하며, 송신파와 반향파 간의 도플러 주파수 편이(Doppler frequency shift)는 입자, 나아가 물의 이동 속도를 산출한다. 서로 다른 거리에서의 반향 신호를 분석함으로써 수직적으로 변화하는 유속 분포를 산출할 수 있다.

albedo 반사율(202): 어떤 표면이 입사하는 단파 복사에너지 중 반사하는 비율을 의미한다. 눈과 얼음은 높은 반사율을 가지며, 반면 개방된 해수면이나 어두운 지표면은 낮은 반사율을 나타낸다. 반사율은 지구 복사에너지 균형 및 기후 체계에 중대한 영향을 미치는 요소이다.

amphidromic system 무조 시스템(88): 자전하는 지구 위의 분지 내에서 발생하는 조석파의 회전 운동을 설명한다. 이 체계에서 조석파는 무조점(amphidromic point)을 중심으로 순환하며, 북반구에서는 반시계 방향, 남반구에서는 시계 방향으로 이동한다. 무조점에서는 수면의 수직적 상승·하강이 거의 없으나, 분지의 가장자리 부근에서는 최대의 조류 흐름이 발생한다.

archaea 고세균(129): 세균(Bacteria)과 진핵생물(Eukaryotes)과 함께 생명의 세 주요 계통을 이루는 하나의 영역이다. 고세균은 유전적·생화학적·생리학적 특성에서 세균과 구별되며,

온천·염호·심해 열수분출공 등 극한 환경에서 흔히 발견된다.

Archimedes' Principle 아르키메데스의 원리(27): 물체가 유체 속에 놓였을 때, 그 물체는 자신이 밀어낸 유체의 무게와 동일한 크기의 부력을 받는다는 것이다. 부유체의 경우, 그 물체는 자신이 밀어낸 유체의 무게가 물체의 전체 무게와 정확히 같을 때 떠오르게 된다. 이 원리는 물체의 부상과 침몰 현상을 설명하며, 선박 및 잠수정의 설계에 필수적인 기초 원리다.

aspect ratio 종횡비(16): 대상이나 체계의 두 차원 간의 비율을 의미한다. 해양학에서 종횡비는 보통 수평적 길이(또는 폭)와 수직적 깊이의 비를 나타내며, 해분이나 해류와 같은 해양 구조의 형태와 규모를 파악하는 데 사용된다.

azoic hypothesis 무생설(187): 19세기 초중반에 제기된 가설로, 심해의 극한 조건(암흑, 저온, 고압)으로 인해 생명체가 존재할 수 없다는 주장을 담고 있었다. 그러나 이후의 심해 탐사와 연구를 통해 다양한 심해생물의 존재가 확인되면서 이 가설은 명백히 부정되었다.

B

baroclinic forces 경압력(39): 수평적인 밀도 변화로 인해 발생하는 압력 차이에 의해 형성되는 힘을 의미한다. 이러한 힘은 수심에 따라 변하며, 해수의 밀도 분포가 일정하지 않은 해양 환경에서 수온, 염분 등의 수평적 구배에 의해 발생한다. 경압력은 해류의 수직적 구조와 층상 순환의 형성에 중요한 역할을 한다.

barotropic forces 순압력(39): 해수면의 기울기로 인해 발생하는 압력 차이에 의해 형성되는 힘을 말한다. 이 힘은 수심에 관계없이 일정하며, 전 수층에 걸쳐 동일한 방향과 크기를 가진다. 순압 조건(barotropic condition)에서는 밀도가 깊이에 따라 변하지 않기 때문에, 해류의 흐름이 수직적으로 균일하게 나타난다.

barycentre 질량중심(76): 단일 물체 또는 복수의 물체들이 가진 전체 질량이 집중된 것으로 간주되는 가상의 중심점을 가리킨다. 지구와 달의 질량중심은 조석 현상 연구에서 중요한 위치를 차지하며, 지구와 달은 약 한 달 주기로 이 공통 질량중심을 중심으로 서로 공전한다.

bathypelagic 점심해성(대)(125): 해수면으로부터 약 1,000m에서 4,000m 사이에 해당하는 해양 수층을 일컫는다. 이 영역은 햇빛이 거의 도달하지 않으며, 수온이 매우 낮고 압력이 높다. 심해생물 중 많은 종이 이 깊이에 적응하여 서식한다.

benthic 저서성(125): 해저면(benthos) 위나 그 근처에 서식하는 생물을 지칭하는 용어이다. 저서생물에는 해면동물, 산호, 연체동물, 극피동물, 그리고 퇴적물 내에 서식하는 미생물이 포함된다.

buoyancy 부력(27): 물체가 유체 속에 놓일 때 작용하는 상향의 힘으로, 그 크기는 물체가 밀어낸 유체의 무게와 같다. 이는 아르키메데스의 원리에 의해 설명되며, 물체의 부상, 침몰 또는 부유 상태를 결정하는 주요 요인이다.

C

cabelling 등밀도혼합(31): 두 개의 차가운 해수 덩어리가 혼합될 때, 그 혼합수의 밀도가 원래의 두 수괴보다 더 커지는 현상을 말한다. 이 효과는 해수의 밀도가 온도와 염분에 따라 비선형적으로 변화하기 때문에 발생한다. 등밀도혼합은 해양에서 가장 밀도가 크고 깊은 심층수가 형성되는 과정에 기여하는 중요한 물리적 메커니즘으로 간주된다.

chaetognaths 모악동물(136): 플랑크톤 중에 흔히 존재하는 해양성 동물류로, 몸이 투명하고 좌우대칭의 화살 모양을 이루어 화살벌레로도 불린다. 동물플랑크톤을 잡아먹는 포식성 생활사를 갖는다. 이들은 해양 먹이망의 중간 포식자로서, 작은 동물플랑크톤을 섭식하고 어류 유생의 먹이가 되기도 한다.

chart datum 해도 기준면(80): 특정 지점에서 조위가 도달할 수 있는 최저 수위를 나타내는 기준면이다. 영국 해군성 해도(UK Admiralty charts)에서는 수심이 이 해도 기준면을 기준으로 표시된다. 이는 항해와 조석 예측의 표준으로 사용된다.

ciliates 섬모충류(130): 다수의 섬모(cilia)를 가진 원생동물(protozoa)의 한 무리로, 섬모를 이용하여 이동하거나 먹이 입자를 수집한다. 해양 및 담수 환경에서 널리 분포하며, 소형플랑크톤 군집의 중요한 구성원으로 일차생산자와 소비자 사이의 물질 순환에 기여한다.

coccolithophores 석회비늘편모류(133): 탄산칼슘판(코콜리스)으로 둘러싸인 단세포 미세조류로, 해양 표층에 서식한다. 이들은 광합성을 수행하며, 사멸 후 탄산칼슘판이 해저에 축적되어 석회질 퇴적물을 형성한다. 이는 해양 탄소 순환과 지질학적 시기의 기후변화 연구에서 중요한 생물 지표로 활용된다.

compensation irradiance 보상광량(164): 조류(algae)가 광합성으로 산소를 생산하는 속도와 호흡으로 소비하는 속도가 일치하는 광선량을 의미한다. 즉, 이 광도 이상에서는 산소의 순생산이 이루어지며, 이 이하에서는 순소비가 발생한다. 보상광량은 광합성 생물의 서식 깊이와 일차생산성을 결정하는 중요한 생태광학적 지표이다.

copepod 요각류(134): 미소 갑각류로 해양과 담수 모두에 분포한다. 플랑크톤 중 가장 풍부한 분류군으로, 식물플랑크톤을 섭식하며 상위 포식자의 먹이가 되는 먹이망의 핵심 연결고리 역할을 한다. 또한 해양생물량의 상당 부분을 차지하며 탄소 수송에 기여한다.

Coriolis effect 코리올리 효과(51): 자전하는 지구 위에서 운동하는 물체가 받는 겉보기의 편향을 의미한다. 외부 관성계(우주)에서 보면 물체는 직선 운동을 하고 있지만, 회전하는 지구 위에서는 북반구에서 오른쪽으로, 남반구에서는 왼쪽으로 휘어지는 것처럼 보인다. 코리올리 효과는 대기와 해양의 순환, 특히 무역풍, 제트기류, 해류의 방향 등을 결정하는 데 핵심적인 물리 원리다.

ctenophores 유즐동물류(135): 흔히 빗해파리(comb jellies)라고 불리는 해양 무척추동물로, 몸의 표면에 배열된 섬모판을 이용해 유영한다. 대부분 투명하고 젤라틴 질이며, 일부는 발광(bioluminescence) 능력을 가진다. 이들은 플랑크톤을 섭식하며, 연안 생태계의 먹이망에 중요한 역할을 한다.

cyanobacteria 남세균류(130): 핵막으로 싸인 핵 및 엽록체를 갖지 않는 원핵생물로 세균 종류이나 엽록소 a, 베타카로틴, 피코시아닌, 피코에리스틴 등의 색소를 가지고 광합성을 하여 남조류로 분류하기도 한다. = bluegreen algae

cyclonic gyres 저기압성 소용돌이(171): 해양에서 발생하는 대규모 수괴의 회전 영역으로, 북반구에서는 반시계 방향, 남반구에서는 시계 방향으로 순환한다. 이러한 순환은 코리올리 효과에 의해 수온약층 아래에서 밀도약층의 기울기가 형성되면서 심층수의 용승을 초래한다. 저기압성 소용돌이는 표층의 영양염 공급을 증가시켜 높은 일차생산성을 유도한다.

D

decibar 데시바(37): 해수면에서 대기압의 10분의 1에 해당하는 압력 단위다. 해양에서 수심이 1m 증가할 때마다 압력은 대략 1데시바씩 증가한다. 따라서 수심(미터)과 압력(데시바)은 거의 1:1의 비례 관계를 이루며, 해양의 수심 추정에 자주 활용된다.

density 밀도(27): 해수 시료의 질량을 그 부피로 나눈 값으로 정의되며, 단위는 kg/m^{3}이다.

해수의 평균 밀도는 약 1,000kg/m^{3}보다 약간 높으며, 이 초과분을 시그마-티(sigma-t)라고 한다. 예를 들어 해수의 밀도가 1,020kg/m^{3}일 경우, 그 시그마-티 값은 20kg/m^{3}이 된다. 밀도는 온도, 염분, 그리고 압력의 함수로서 해수의 안정성, 층화, 해류의 형성 등에 결정적인 역할을 한다.

density current 밀도류(34): 해수의 밀도 차이에 의해 발생하는 해류로, 밀도가 큰 해수는 아래로, 밀도가 작은 해수는 위로 흐르는 현상을 말한다. 이러한 흐름은 수온이나 염분의 차이에 의해 발생하며, 심해 순환과 중층수의 형성 등 해양의 수직 순환을 주도하는 중요한 동역학적 과정이다.

diapause 휴면기(138): 일부 동물플랑크톤에서 관찰되는 일시적 비활동 상태를 의미한다. 이 시기 동안 생물은 대사활동을 최소화하고 환경 조건(온도, 먹이, 빛)이 다시 적합해질 때까지 생존한다. 이는 계절적 변동이 큰 해양 환경에서 개체군의 생존 전략으로 작용한다.

diatoms 규조류(132): 규산질 외피로 덮여 있

는 단세포 미세조류이다. 이들은 해양 일차생
산의 주요 담당자로서, 광합성을 통해 유기물
을 생산하며, 그 세포벽은 규산염으로 구성된
대칭적 구조를 가진다. 규조류의 사멸 후 외피
는 해저 퇴적물로 축적되어 규질토를 형성한다.

diffraction 회절(71): 광선이나 파동과 같은
방사에너지가 물체의 가장자리에서 굽어지는
현상을 의미한다. 예를 들어 좁은 항구 입구를
통과한 파랑은 내부에서 원호형으로 퍼져나가
는 모습을 보인다. 파랑의 회절은 항만 구조물
설계와 해안 공학에서 중요한 고려 요소이다.

**diffuse attenuation coefficient 확산감쇠
계수(114):** (7장 기호 k 참조) 해수 내에서 자연광
(태양복사)이 깊이에 따라 감쇠하는 속도를 제
어하는 계수이다. 단위는 m^{-1}이다. 수심이 $1/k$
에 도달하면, 태양복사 세기는 수면값의 1/e(약
37%)로 감소한다. 이 계수는 해수의 탁도, 부유
물질, 색소 농도 등에 의해 달라지며, 해양광학
및 생물생산 연구에서 핵심적인 변수로 사용
된다.

dilution line 희석선(145): 해수의 농도 변화
에 따라 용질의 반응이 어떻게 달라지는지를
나타내는 관계선을 의미한다. 이는 화학적 반
응이나 생물학적 활성도가 염분 농도 또는 희
석 비율에 따라 어떻게 변하는지를 분석할 때
사용된다. 주로 해수 화학 실험에서 용질의 농
도-반응 관계를 평가하는 데 활용된다.

dinoflagellates 와편모조류(130): 두 개의 편
모를 가진 단세포생물군으로, 이를 이용해 이
동한다. 이들은 비피각성(naked) 형태와 피각
성(armoured) 형태로 구분되며, 후자의 경우 셀
룰로오스로 구성된 판 모양의 구조로 덮여 있
다. 많은 와편모조류는 광합성을 하지만, 일부
는 먹이를 포획하여 소화하거나, 두 가지 방식
을 병행하는 혼합영양생물(mixotrophs)이다. 일
부 종은 적조 현상을 유발하기도 한다.

diurnal tide 일주조(82): 하루에 한 번의 고조
와 한 번의 저조가 나타나는 조석 형태를 말한
다. 이러한 조석은 주로 열대 지역에서 관찰되
며, 태양 조석력의 영향이 상대적으로 클 때 형
성된다. 반면 하루에 두 번의 고조와 저조가
나타나는 경우는 반일주조라 한다.

E

Ekman spiral 에크만 나선(55): 개방해역에서 일정한 바람이 지속적으로 작용할 때 형성되는 해류의 이론적 구조를 설명한다. 북반구의 경우, 표층수는 바람 방향의 오른쪽으로 약 $45°$ 기울어 흐르며, 깊이가 증가할수록 해류의 속도는 점차 약해지고 방향은 시계 방향으로 점진적으로 회전한다. 이러한 속도와 방향의 수직적 변화를 도식화하면 나선형 패턴을 이루며, 이를 에크만 나선이라 한다. 남반구에서는 반시계 방향으로 회전한다.

entrainment 혼입(23): 해양의 난류층 구조에서 포용은 한 난류층이 인접한, 상대적으로 난류가 약한 층을 포함하여 확장되는 과정을 의미한다. 대표적인 예로, 폭풍 이후 바람에 의해 형성된 표층 혼합층(wind mixed layer)이 점차 심화되어 하부의 안정된 층을 포용함으로써 수온약층이 깊어지는 현상을 들 수 있다. 이는 해양의 열, 염분, 영양염 혼합에 핵심적인 역할을 한다.

epipelagic 표층성(125): 해수면에서 약 200m 깊이까지의 수층을 지칭한다. 이 영역은 태양광이 충분히 도달하는 유광층에 해당하며, 대부분의 해양 광합성 생물이 서식한다. 표층대는 일차생산이 활발한 해양생태계의 핵심 구역으로, 상위 영양 단계 생물의 서식 기반을 형성한다.

estuaries 하구(108): 하천수가 바닷물과 만나 혼합되는 지역을 의미한다. 하구 내의 염분 구조, 혼합 정도, 순환 패턴은 하천 유량, 조석의 세기, 바람의 영향 등에 따라 달라진다. 하구는 영양염이 풍부하고, 담수와 해수가 교차하는 고생산성 지역으로, 생태학적·지구화학적 전이대(ecotone)의 역할을 수행한다.

eukaryote 진핵생물(129): 핵막으로 둘러싸인 핵을 가지며, 일반적으로 여러 세포소기관(미토콘드리아, 엽록체)을 포함한 세포로 이루어진 생물을 의미한다. 원핵생물과 달리 유전물질이 핵 속에 존재하며, 진화적으로 더 복잡한 구조와 대사 과정을 수행한다. 진핵생물에는 동물, 식물, 진균, 원생생물이 포함된다(반의어 prokaryote).

Eulerian observations 오일러 관측(44): 해양 내 고정된 지점에서 이루어지는 시계열 관측을 의미한다. 예를 들어 특정 지점에서 온도를 연속적으로 측정할 경우, 그 변화는 국소적인 가열·냉각 효과뿐 아니라, 더 따뜻한 물을 운반하는 해류의 이동에 의해서도 발생할 수 있다. 이는 해류와 성층의 시간적 변동을 연구하는 데 사용되며, 이동하는 물체를 추적하는 라그랑주 관측과 대비된다.

eutrophication **부영양화**(207): 물리적 또는 화학적 환경의 변화로 인해 일차생산자(광합성 조류 및 세균)의 생장이 과도하게 증가하는 과정을 말한다. 일반적으로 수체 내의 영양염 농도(특히 질소와 인)가 증가함으로써 발생한다. 부영양화는 플랑크톤의 폭발적 증식(조류 대번성)을 초래하며, 산소 고갈, 수질 악화, 생물 다양성 감소 등 부정적 생태 영향을 미친다.

exoskeleton **외골격**(134): 생물체의 신체를 외부에서 지지하고 보호하는 골격 구조를 의미한다. 절지동물(갑각류, 곤충류)에서 흔히 나타나며, 주로 키틴이나 탄산칼슘으로 구성된다. 외골격은 물리적 방어 기능뿐 아니라, 체형 유지와 근육 부착의 기초 구조가 된다.

F

fetch **취송**(63): 바람이 해수면 위를 일정 방향으로 지속적으로 불어 작용하는 거리를 의미한다. 이는 파랑의 발달 과정에서 파고와 파장을 결정하는 주요 변수 중 하나이다. 바람의 세기와 지속 시간, 그리고 취송거리가 길수록 파랑은 더 크고 에너지가 높게 발달한다. 따라서 취송거리는 해양 파동의 에너지 스펙트럼 및 연안역의 파랑 역학을 분석하는 데 핵심적인 요소이다.

flagellum **편모**(130): (복수형 flagella) 운동성을 부여하는 섬유상 기관으로, 많은 세균, 원생생물, 조류 등에서 발견된다. 편모는 세포의 표면에서 회전하거나 진동함으로써 이동을 가능하게 하며, 세포 운동, 먹이 섭취, 환경 자극 반응 등에 관여한다. 하나 이상의 편모를 가진 생물은 편모성 생물이라 불린다.

foraminifera **유공충**(132): (약칭 Forams) 해양 플랑크톤에서 흔히 발견되는 원생동물의 한 분류군으로, 일부 종은 해저면에 서식하는 저서성 형태를 갖는다. 이들은 탄산칼슘($CaCO_3$)으로 이루어진 껍질을 가지며, 사멸 후 껍질이 침강하여 심해저에 축적된다. 이러한 퇴적물이 고농도로 집적될 경우 유공충니질(foraminiferal ooze)이라고 불린다. 유공충의 퇴적층은 고해양학 및 고기후학 연구에서 과거의 해양 환경과 수온을 복원하는 중요한 지질학적 지표로 활용된다

G

geostrophic balance 지형류 평형(52): 해수 덩어리에 작용하는 압력 구배력(pressure gradient force)과 지구 자전에 의한 코리올리 힘이 정확히 균형을 이루는 상태를 말한다. 이러한 상태에서는 해류가 등압선과 평행하게 흐르며, 이론적으로는 가속이 없는 정상 상태의 흐름을 형성한다. 이는 대규모 해류(난류, 해류 시스템)에서 근사적으로 성립하는 기본적인 해양 동역학 조건이다.

grease ice 윤빙(189): 해빙의 형성 초기 단계로, 미세한 얼음 결정들이 수주를 따라 상승하여 해수면에 부상하면서 서로 응집해 얇고 윤기가 있는 얼음막을 형성한 상태를 말한다. 윤빙은 바람과 표층 해류의 움직임에 크게 영향을 받으며, 해빙 발달의 가장 초기 형태로 간주된다.

group velocity 군속도(68): 서로 다른 파장을 가진 파들의 집단(파군, wave group)이 이동하는 속도를 의미한다. 이는 개별 파의 위상속도(phase speed)와 구별되며, 파동이 에너지를 전달하는 실제 속도를 나타낸다. 해양파의 에너지는 주로 군속도로 전달되며, 심해에서 군속도는 위상속도의 절반에 해당한다.

growth yield 성장수율(176): 생물이 섭취한 에너지 중 실제 성장(조직 생성)에 전환되는 비율을 의미한다. 일반적으로 10~30% 범위에 있으며, 나머지 에너지는 대사나 호흡에 사용되거나 열로 손실된다. 성장수율은 해양 먹이망 내 에너지 흐름의 효율성과 생태계 생산성의 척도로 사용된다.

H

hadalpelagic 초심해성(대)(125): 수심 6,000m 이하의 해양 영역을 의미한다. 이 구역은 해구와 심해골 등에서 발견되며, 지구 해양 중 가장

깊고 극한의 환경으로 분류된다. 초심해성대의 수온은 거의 0℃에 가깝고, 압력은 600기압 이상에 달한다.

halocline 염분약층(32): 수심에 따라 염분이 급격히 변화하는 수층을 가리킨다. 염분약층은 밀도약층의 주요 구성 요소 중 하나로, 해수의 수직 혼합을 억제하고 해양의 층상 구조를 안정화시키는 역할을 한다. 염분약층은 강수, 증발, 담수 유입 등의 지역적 요인에 따라 그 위치와 두께가 달라진다

haloplankton 종생플랑크톤(128): 생애 전 기간을 플랑크톤 상태로 보내는 생물군을 말한다. 이들은 부유 생활에 완전히 적응하여 해류를 따라 이동하며, 주로 미세조류나 미세동물 플랑크톤이 해당한다. 반면, 생활사 중 일부 단계만 플랑크톤으로 존재하는 생물은 일시플랑크톤(meroplankton)으로 구분된다.

ice pancakes 해빙 팬케이크(189): 난류가 강한 해역에서 형성되는 초기 해빙의 형태로, 대체로 직경 3cm에서 3m, 두께 30cm 이하의 원반형 얼음 조각이다. 가장자리가 융기된 특징적인 형태를 보이며, 파랑과 바람, 해류의 상호작용에 의해 서로 충돌하고 결합하면서 점차 두꺼운 얼음으로 발달한다. 극지 해역의 해빙 형성 초기 단계를 대표하는 형태이다.

internal waves 내부파, 내파(32): 해수 중 서로 다른 밀도를 가진 층 사이의 경계면에서 발생하는 파동을 말한다. 이러한 파동은 수면 위가 아니라 해수 내부에서 전파되며, 밀도 구배(수온약층 또는 염분약층)에 의해 유지된다. 내파는 에너지와 운동량을 심층으로 전달하여 해양 혼합과 난류 발생에 중요한 역할을 한다. 파장의 규모는 수십 미터에서 수백 킬로미터까지 다양하다.

intertidal 조간대(125): 간조 시 공기 중에 노출되고 만조 시 해수에 잠기는 연안 구역을 의미한다. 이 지역은 조석에 따라 주기적으로 수중과 대기 환경이 교차하기 때문에, 생물학적·화학적 스트레스가 큰 환경이다. 조간대는 해양과 육상의 생태계가 만나는 전이지대로서,

다양한 저서생물과 조류가 서식한다.

irradiance 복사조도(112): 단위시간당 단위면적의 수평면에 입사하는 광에너지의 양으로 정의된다. 단위는 W/m²이며, 해양광학에서 태양 복사에너지가 수심에 따라 어떻게 감쇠하는지를 기술할 때 사용된다. 복사조도는 광합성유효복사(PAR)와 연계되어 해양 일차생산 및 광합성 생물의 분포를 결정하는 주요 인자이다.

K

Kelvin wave 켈빈파(83): 지구 자전의 영향을 받는 진행파(progressive wave)를 말한다. 북반구에서는 파의 진행 방향을 바라볼 때, 파정(crest)은 오른쪽으로 높아지고, 파저(trough)는 오른쪽으로 낮아지는 형태를 보인다. 따라서 좁은 해협이나 해안을 따라 전파되는 켈빈파는 오른쪽 연안에서 진폭이 더 크게 나타난다. 켈빈파는 코리올리 효과와 경계 조건(해안선)에 의해 유지되며, 해류 변동, 조석파, 적도파, 엘니뇨 등 대규모 해양·대기 상호작용에서 중요한 역할을 수행한다.

kinematic viscosity 동적 점도계수(142): 유체의 점성을 그 밀도로 나눈 값으로, 유체의 '끈적임' 또는 흐름 저항을 나타내는 물리량이다. 단위는 m²/s이며, 일반적으로 20°C 물의 동적 점성계수는 약 1×10^{-6} m²/s 정도이다. 점성은 유체 내에서 운동량이 어떻게 확산되는지를 결정하므로, 해류의 난류 구조, 점성 경계층, 미세유체 운동 등을 해석할 때 필수적인 매개변수이다.

L

Lagrangian observations 라그랑주 관측(45): 유체의 흐름을 따라 이동하면서 수행하는 관측 방식을 말한다. 예를 들어 표류부표를 통해 해류를 추적할 때 사용된다. 라그랑주 관측에서의 온도 변화는 오직 국소적인 가열 또는 냉각 과정에 의해서만 발생하며, 이는 공간적 변화를 포함하는 오일러 관측과 대비된다. 이러한 방식은 유체 내 물질의 이동과 확산, 수송 과정을 연구하는 데 적합하다.

Lambert-Beer Law 람베르트-비어 법칙(114): 해수 내 복사조도가 수심에 따라 지수적으로 감소한다는 원리를 서술한다.

lock gate experiment 수문 실험(34): 밀도가 서로 다른 두 해수를 수문(lock gate)으로 분리한 뒤, 수문을 제거하여 밀도류가 형성되는 현상을 관찰하는 실험이다. 이 실험은 밀도 차에 따른 중력류의 발생, 유동 안정성, 층상 혼합 및 경계면 거동을 연구하기 위해 고전적으로 활용된다.

lunar hour 태음시(86): 반일주조의 12분의 1에 해당하는 시간 단위로, 약 1시간 2분(= 1시간 + 1/30일)에 해당한다. 조석 운동의 주기가 태양일과 약간 다르기 때문에, 매일 만조와 간조의 시간이 일정하지 않으며, 태음시는 조석 계산에서 시간적 기준 단위로 사용된다.

M

meroplankton 일시플랑크톤(127): 생활사 중 일부 단계만 플랑크톤 상대로 존재하고, 나머지 단계는 해저나 조간대에서 생활하는 생물군을 말한다. 예를 들어 해양 무척추동물이나 어류의 유생 단계가 플랑크톤으로 존재하다가 성장 후 저서성 또는 자유 유영성 생활로 전환되는 경우가 해당한다. 이러한 생애 전략은 해류를 통한 유생 확산과 종의 분포 확장에 중요한 역할을 한다.

mesopelagic 중층표영성(대)(125): 해수면으로부터 약 200m에서 1,000m 깊이에 해당하는 해양 수층을 의미한다. 이 영역은 햇빛이 매우 희미하게 도달하는 박광층(dysphotic zone)으로, 광합성은 거의 일어나지 않는다.

microbial loop 미생물 순환고리(178): 해양 먹이망 전체에서 생성된 유기물(용존유기물과 입자상유기물)이 세균에 의해 분해되는 경로를 의미한다. 이 과정에서 박테리아는 유기물을 무기화하여 질산염, 인산염 등 무기 영양염을 재생하며, 이는 다시 식물플랑크톤의 새로운 생장을 가능하게 한다. 또한 육상 기원 유기물도 유사한 방식으로 분해된다. 이는 해양생태계의 에너지 흐름을 폐쇄형 순환 구조로 유지시키는 중요한 생물지화학적 경로이다.

molluscs 연체동물문(136): 무척추동물의 주요 문 중 하나로, 전 세계 해양과 담수, 육상 환경에 걸쳐 분포한다. 대표적인 예로 조개류, 달팽이류, 오징어, 문어 등이 있으며, 대부분 연한 체벽과 석회질 외피를 가진다.

N

neap tides 소조기(80): 조차가 상대적으로 작은 시기를 의미하며, 한 달에 두 번 발생한다. 이는 달과 태양이 지구에 대해 직각을 이룰 때 (상현달과 하현달 무렵) 일어나며, 두 천체의 인력 효과가 서로 부분적으로 상쇄되기 때문이다. 소조기에는 만조와 간조의 수위 차가 작으며, 이에 대비되는 시기가 대조기(spring tides)이다.

nekton 유영동물(126): 해류의 흐름을 거슬러 자유롭게 유영할 수 있는 능동적 수중생물군을 가리킨다. 여기에는 대형 갑각류, 어류, 두족류(오징어, 문어류), 해양 포유류(고래 등)가 포함된다. 유영동물은 플랑크톤과 달리 운동 능력이 강하여 수층 간을 자유롭게 이동할 수 있으며, 해양 먹이망의 상위 소비자로서 중요한 생태학적 위치를 점한다

nitrogen fixing 질소 고정(154): 분자 상태의 질소(N_2)를 생물이 이용 가능한 질소 화합물 (암모니아, 질산염 등)로 전환하는 생물학적 또는 비생물학적 과정을 의미한다. 해양에서는 주로 남세균에 의해 수행되며, 해양 질소 순환의 핵심 단계로 작용한다. 이 과정은 일차생산자의 질소 공급을 유지하여 해양 생산성에 직접적으로 기여한다.

nodal line 정지파 마디선(85): 정지파(standing wave)에서 수면의 수직 운동이 일어나지 않는 선을 의미한다. 첫 번째 절선은 반사면으로부터 파장의 1/4 지점, 두 번째 절선은 3/4 지점에 형성된다. 절선에서는 수직 변위가 0이지만, 수평 유속은 오히려 다른 지점보다 빠르게 나타난다. 이러한 현상은 수조 실험이나 반폐쇄성 해역(만, 하구)의 공명 조건 분석에 활용된다.

O

orbitals 궤도 운동(63): 해양 파동 아래에서 해수 입자가 수행하는 운동 경로를 지칭하는 용어이다. 심해파의 경우, 입자들은 거의 원형의 궤도를 따라 움직이며, 깊이가 증가할수록

그 궤도 직경은 점차 감소한다. 반면 파가 천해로 이동함에 따라 궤도는 타원형으로 변하고, 더 얕은 수심에서는 수평 방향으로만 왕복하는 직선 운동 형태로 변화한다.

P

pelagic 표영성(125): 개방해역을 의미하며, 해수면에서 해저까지의 전 수층을 포함한다. 표영성 생물은 이러한 개방수역 내에서 생활하는 생물을 말하며, 이에 대비되는 개념인 저서성 생물은 해저면에 서식한다.

phase speed 위상속도(of waves)(62): 주어진 파장의 파동에서 파정(crest)이 이동하는 속도를 의미한다. 파동의 개별 위상이 이동하는 속도로, 파의 에너지 전달 속도인 군속도(group velocity)와는 구별된다. 심해파의 경우 위상속도는 파장과 주기에 따라 결정된다.

photic zone 유광층(117): 광합성을 수행하기에 충분한 빛이 도달하는 해양의 표층 구역을 의미하며, 일반적으로 수심 약 200m까지를 포함한다. 이 영역은 일차생산이 일어나는 주요 해양 생태 구역으로, 그 아래의 무광층과 구분된다.

photosynthetically active radiation 광합성유효복사(PAR)(112): 태양복사에너지 중 생물이 광합성에 사용할 수 있는 파장 범위(약 400~700nm)를 의미한다. 이는 인간의 가시광선 영역과 거의 일치하며, 해양생물의 일차생산성을 결정하는 핵심 광원이다. 해양광학에서는 PAR를 이용하여 식물플랑크톤의 광합성 깊이 및 에너지 이용 효율을 산출한다.

phytoplankton 식물플랑크톤(127): 광합성을 통해 유기물을 생산하는 플랑크톤 생물군을 말한다. 이들은 해양 일차생산의 주요 담당자로서, 태양에너지를 화학에너지로 전환하여 해양 먹이망의 기초를 형성한다. 주요 분류군에는 규조류, 와편모조류, 석회비늘편모류 등이 포함된다.

plankton 플랑크톤(126): 해류에 수동적으로 부유하거나 표류하는 생물군으로, 크기나 종에 따라 다양한 생물이 포함된다. 일반적으로 세균, 미세조류, 원생생물, 동물 유생, 그리고 유영 능력이 약한 소형 동물 등이 해당된다. 플랑크톤은 기능적으로 식물플랑크톤, 동물플랑크톤, 세균 플랑크톤, 바이러스성 플랑크톤으로 구분된다.

potential energy 위치에너지(36): 물체가 중력장 내에서 높이에 의해 가지는 에너지를 의미한다. 이는 수식 $E=mgh$(m: 질량, g: 중력가속도, h: 기준면으로부터의 높이)로 표현된다. 물체를 들어 올릴 때 에너지가 저장되며, 하강 시 그 에너지가 운동에너지로 전환된다. 해양학에서는 수층의 밀도 분포 및 안정성 분석에도 이 개념이 활용된다.

pressure 압력(36): 단위면적당 수직으로 작용하는 힘을 말한다. 해양에서의 압력은 수심이 1m 증가할 때 약 1데시바씩 증가하며, 수심과 압력은 거의 1:1 비례 관계를 가진다.

pressure differences 기압 차(52): 수평면 상에서 해류를 발생시키는 주요 원인이다. 예를 들어 해수면이 기울어져 있을 경우 높은 수위 쪽에서 낮은 수위 쪽으로 압력 구배력이 작용하여 흐름이 형성된다. 또한 수온 및 염분에 따른 밀도 차이 역시 압력 차를 유도하여 밀도류의 발생을 초래할 수 있다.

prokaryote 원핵생물(125): 핵막과 막성 세포 소기관이 결여된 단세포생물군을 의미하며, 세균과 고세균이 속한다. 이들은 진핵생물보다 단순한 세포 구조를 가지지만, 지구상의 모든 생태계에서 필수적인 생화학적 역할을 수행한다.

pseudopod 위족(130): 세포 또는 단세포생물이 일시적으로 돌출시키는 세포질 확장부를 의미하며, 먹이 포획이나 이동에 사용된다. 유공충의 경우, 위족을 망상위족이라 하며, 이는 그물망 형태로 확장되어 먹이 입자를 포획한다. 위족은 세포 운동성과 섭식 기능을 동시에 수행하는 구조적 특징을 가진다.

pteropods 익족류(136): 자유 유영성의 표영성 연체동물로, 연체동물문 복족강 후새아강(Opisthobranchia)에 속하며, 유각익족목(Thecosomata)과 무각익족목(Gymnosomata)으로 나뉜다. 일반적으로 '바다나비(sea butterfly)'라 불린다. 이들은 발이 날개 모양으로 변형되어 물속을 부드럽게 유영하며, 표층에서 식물플랑크톤을 섭식한다. 패각은 탄산칼슘으로 이루어져 있으며, 해양 탄산염 순환과 관련된 생지화학적 지표 종으로도 중요하다.

pycnocline 밀도약층(32): 해수의 밀도가 수심에 따라 급격히 변화하는 수층을 의미한다. 일반적으로 수심이 깊어질수록 밀도가 증가해야 수직적 안정성이 유지된다. 밀도약층은 주로 온도약층과 염분약층의 결합에 의해 형성되며, 수직 혼합을 억제하고 해양 성층화의 핵심 구조를 이룬다.

R

reduced gravity 환원중력(27): 물체가 유체(물) 속에 있을 때 부력을 받아 공기 중에서보다 가볍게 느껴지는 현상을 수학적으로 표현한 개념이다. 부력(아르키메데스의 원리 참조)에 의해 실질적인 중력 효과가 감소하므로, 이를 나타내는 환원중력 g'는 해류의 안정성, 내부파, 밀도류 계산 등에서 중요한 변수로 사용된다.

refraction 굴절(70): 파동의 속도 변화에 따라 진행 방향이 바뀌는 현상을 의미한다. 얕은 수심의 해역에서는 파속이 수심에 의존하므로, 동일한 파정의 일부가 깊은 물에서보다 느리게 이동한다. 이로 인해 파정이 굽어지며 해안선과 점차 평행하게 정렬된다. 이 현상은 스넬의 법칙에 의해 수학적으로 표현되며, 해안선 파랑 에너지 분포와 침식 패턴을 해석하는 데 핵심적이다.

resonance 공명, 공진(87): 해역이나 수조 등 경계가 있는 수체가 고유의 진동 주기를 가질 때, 동일한 주기의 외력이 지속적으로 작용하면 진폭이 급격히 증폭되는 현상을 말한다. 예를 들어 하구나 만(灣)에서는 조석 주기와 수체의 고유 진동 주기가 일치할 경우 조위의 변동이 커지는 조석 공명이 발생한다.

Reynolds number 레이놀즈수(142): 레이놀즈수는 유동의 관성력과 점성력의 상대적인 크기를 나타내는 무차원수로, 유속(flow velocity)과 대표 길이 척도(flow length scale)의 곱을 유체의 동점성계수(kinematic viscosity)로 나눈 값으로 정의된다. 레이놀즈수가 큰 경우(고레이놀즈수 영역)에는 난류가 지배적이 되며, 반대로 레이놀즈수가 작은 경우(저레이놀즈수 영역)에는 점성력이 우세하여 흐름은 층류

(laminar flow)에 가까워진다. 실제로 해양에서는 미세 규모를 제외한 대부분의 흐름이 높은 레이놀즈수 조건에 속하므로, 난류 효과가 항상 중요한 반면, 미세한 해양생물의 운동에서는 점성력이 지배적이다.

river plume 담수 흐름(107): 육상에서 유입된 담수가 해수보다 밀도가 낮아, 해수면을 따라 수평으로 퍼져나가는 현상을 말한다. 북반구에서는 코리올리 효과에 의해 오른쪽으로, 남반구에서는 왼쪽으로 편향되어 연안을 따라 흐른다. 하구역 강물 퍼짐 현상은 연안 수괴의 염분 분포, 영양염 농도, 그리고 일차생산성에 중대한 영향을 미친다.

Rossby radius 로스비 반경(108): (정확히는 로스비 변형 반경, Rossby radius of deformation)은 지구 자전에 의해 유동이 편향되는 공간적 스케일을 정의하는 척도이다. 유속 U와 위도 ϕ에 따라 다음과 같이 근사적으로 표현된다. $Rd = U/f$ 여기서 $f = 2\Omega\sin\phi$는 코리올리 매개변수이다. 예를 들어 위도 50°에서 U=1m/s인 해류의 로스비 반경은 약 9km이다. 로스비 반경은 회전 효과가 중요해지는 최소 공간 규모를 나타내며, 해류, 와류(eddy), 내부파의 해석에 중요한 역할을 한다.

S

salinity 염분(17): 해수 내에 용해된 염류의 총량을 의미한다. 염분은 실용 염분 단위(Practical Salinity Unit, PSU)로 표현되며, 이는 비차원 단위로 사실상 비율에 해당한다. 대부분의 경우 PSU값은 1kg의 해수에 포함된 염의 질량(그램 단위), 즉 천분율과 거의 일치한다.

salps 살파(136): 젤라틴 질의 해양 군체생물 (gelatinous marine colonial organisms)로, 투명한 원통형 체형을 가지며 해수 중을 부유한다. 이들은 여과 섭식을 통해 식물플랑크톤을 섭취하며, 군체를 형성하여 이동한다. 살파는 빠른 번식력과 짧은 생애주기를 가지며, 해양 탄소 순환에서 중요한 역할을 한다.

salt fingers 염지(38): 따뜻한 고염의 물이 찬 저염의 물 위에 있을 때 염보다 더 빠르게 열의 확산이 발생함으로써 불안정성이 증가하며 마치 손가락 모양으로 염분이 확산되는 현상이다. 이 현상은 염분-온도 확산율 차이로 인한 미세 혼합 과정의 대표적 사례이다.

'sea' 해파(61): 국지적인 바람에 의해 생성된 비교적 짧은 파장의 파동을 일컫는다. 바람이 부는 해역 근처에서 형성되어 아직 완전히 발달하지 않은 파랑 상태를 의미하며, 원거리에서 전파되는 장파(스웰파)와 구별된다.

sea ice biota 해빙생물(188): 해빙 내부 또는 그 표면 근처에서 일시적 혹은 계절적으로 생활하는 생물 군집을 말한다. 이들은 '빙서생물(sympagic biota)'이라고도 하며, 미세조류, 세균, 원생생물, 갑각류 유생 등이 포함된다.

seasonal thermocline 계절성 수온약층(95): 온대 해역에서 봄철에 형성되어 여름과 초가을 동안 지속되는, 표층 혼합층과 심층 냉수층 사이의 경계층을 의미한다. 가을과 겨울에는 표층 냉각과 강한 바람에 의한 혼합으로 이 경계가 붕괴된다. 계절성 수온약층은 표층 열 저장, 해양생물의 수직 분포, 일차생산성 조절에 중요한 역할을 한다.

Secchi disc 세키 디스크(117): 해수의 투명도를 간단히 측정하기 위한 원형의 흰색 원반으로, 눈금이 표시된 줄에 매달아 해수에 천천히 내린다. 관측자가 더 이상 원반을 시각적으로 구분할 수 없게 되는 깊이를 세키 깊이라 하며, 이는 해수의 탁도와 광투과도를 간접적으로 나타낸다.

semi-diurnal tide 반일주조(80): 하루에 두 번의 만조와 두 번의 간조가 주기적으로 나타나는 조석 형태이다. 이는 달과 태양의 중력 효과가 주기적으로 반복되어 발생하며, 대부분의 해역에서 일반적으로 관측되는 조석 유형이다.

siphonophores 관해파리목(138): 군체를 형성하는 해양 무척추동물로, 히드로충강(Hydrozoa)에 속한다. 여러 개체가 기능적으로 분화된 형태로 연결되어 하나의 유영성 개체처럼 행동하며, 대부분 투명하고 젤라틴 질이다.

Snell's Law 스넬의 법칙(71): 파동의 굴절 현상을 설명하기 위해 광학에서 도입된 법칙으로, 해양파동학에서는 파정(crest)이 해안선과 이루는 각도 변화에 적용된다. 이 법칙에 따르면, 파정이 해안선과 이루는 각도의 사인값을 파속으로 나눈 비율은 일정하게 유지된다. 따라서 파가 해안 근처의 천해(shallow water)로 진입하면서 수심이 감소하면 파속이 줄어들고, 이에 따라 스넬의 법칙에 의해 파정이 점차 해안선과 평행하게 정렬된다. 이 현상은 해안에서 파랑 에너지 집중, 굴절에 의한 파고 분포 변화, 그리고 해안 침식 및 퇴적 패턴을 이해하는 데 중요한 물리적 원리를 제공한다.

spring tides 대조기(80): 조차가 매우 큰 시기로, 달과 태양이 지구와 일직선상(삭망)에 위치할 때 한 달에 두 번 발생한다. 대조기에는 만조와 간조의 수위 차가 극대화되며, 소조기와 대비된다.

standing wave 정상파(85): 서로 반대 방향으로 진행하는 두 개의 동일한 파가 중첩될 때 형성되는 파동 형태이다. 정상파에는 수직 운동이 상쇄되어 변위가 0이 되는 절선(node)과 변위가 최대가 되는 배(antinode)가 존재한다. 이러한 파동은 호수, 만 또는 수조 내 공명 현상 분석에 사용된다.

Stokes' Law 스톡스 법칙(143): 점성 유체 내에서 입자가 낙하할 때 최종적으로 일정 속도(종단 속도, terminal velocity)에 도달하는 원리를 설명하는 법칙이다. 이때 입자의 무게는 유체 저항(마찰력)에 의해 균형을 이룬다. 낙하 속도는 입자 직경의 제곱에 비례하여 증가한다. 이 법칙은 해양에서 침강하는 플랑크톤, 퇴적물, 미립자의 속도를 계산하는 데 활용된다.

stratification 성층(31): 밀도가 서로 다른 해수가 수직 방향으로 층을 이루는 상태를 말한다. 일반적으로 수온과 염분의 구배에 의해 형성되며, 수직 혼합을 억제하고 해양의 안정성을 결정한다. 성층의 강도는 해양생태계의 수직 순환, 영양염 공급, 산소 분포 등에 직접적인 영향을 미친다.

subtidal 조하대(125): 가장 낮은 간조선 아래에 위치하여 항상 물에 잠겨 있는 연안 지역을 의미한다. 조석의 직접적인 노출을 받지 않으며, 해조류와 저서생물이 풍부하게 서식한다.

surface mixed layer 표층 혼합층(95): 태양 복사에 의해 가열되고 바람에 의해 교반되는 해수의 표층 수층을 말한다. 혼합층의 두께는 계절, 풍속, 열교환 조건에 따라 달라지며, 해양의 열·염분 분포 및 일차생산성에 중요한 영향을 미친다.

Sverdrup 스베르드루프(45): 해류 유량(volume transport)의 단위로, 1스베르드루프(Sv)는 1초당 100만 세제곱미터(10^6 m³/s)의 해수를 수송하는 양에 해당한다. 대규모 해류(멕시코만류, 쿠로시오 해류)의 유량 계산에 표준적으로 사용된다.

swell 스웰파(61): 장파장을 가지며 규칙적이고 주기적인 파랑으로, 원거리의 폭풍이나 바람에 의해 발생하여 에너지가 감쇠되지 않은 채 전파되는 형태이다. 해안 접근 시 굴절과 천수(shoaling)에 의해 파고가 증폭되며, 흔히 '너울파도'로 불리기도 한다.

T

temperature/salinity (T-S 다이어그램) diagram 수온-염분도(20): 특정 수심에서의 해수 온도와 염분을 좌표축에 각각 나타낸 그래프로, 해수의 물리적 특성을 시각화하기 위한 기본적인 해양 관측 도구이다. 이러한 다이어그램은 수괴를 구분하고, 서로 다른 수괴의 혼합 과정을 추적하는 데 유용하다. 수온과 염분의 관계는 밀도 분포와 밀접히 연관되어 있어 해양 순환 및 성층 구조 연구의 핵심적 도구이다.

temperature staircase 수온계단구조(38): 수온-수심 관계 그래프에서 관찰되는 계단형(단층적) 온도 분포 형태를 의미한다. 이는 해수 중 염분과 열의 확산율 차이에 의해 형성된 것으로 해석된다. 즉, 따뜻하고 염분이 높은 층이 차갑고 염분이 낮은 층 위에 있을 때, 염지(salt fingering) 현상이 발생하며, 그 결과 일정한 온도 구배를 가진 층이 반복적으로 형성된다.

tests 유공충 껍질(130): 유공충이 형성하는 탄산칼슘($CaCO_3$)으로 이루어진 다실성의 외피 구조를 말한다. 각 개체는 여러 개의 방으로 구성된 껍질을 가지며, 생물 사후 이 껍질은 침강하여 해저에 퇴적된다.

thermocline 수온약층(18): 해수 온도가 수심

에 따라 급격히 변화하는 구간을 의미한다. 주요 해양 수온약층은 태양복사에 의해 가열된 표층의 온난한 해수층과 심층의 한랭한 해수층을 구분하며, 전 지구 해양에서 수직적인 열구조를 결정한다. 수온약층은 밀도약층과 함께 해양의 수직 혼합을 억제하고, 에너지 및 물질 교환의 경계를 형성한다.

thermohaline circulation 열염순환(20): 해수의 온도와 염분의 차이에 의해 발생하는 밀도 구배로 인해 일어나는 심해의 느린 순환을 말한다. 밀도 차이는 고위도에서의 냉각과 증발, 혹은 해빙 형성에 따라 증가하며, 이로 인해 형성된 고밀도 해수가 침강하여 심층 순환을 이끈다. 열염순환은 전 지구적 해양 열수송과 탄소 순환의 핵심 메커니즘으로, 흔히 '전 지구 해양 컨베이어 벨트(global conveyor belt)'라고도 불린다.

tidal bore 조석해일(93): 조차가 큰 하구에서 특정한 지형 조건이 맞을 때, 만조가 빠르게 상승하면서 물 높이가 갑작스럽게 뛰어오르는 현상이다. 이때 수면 위로 이동하는 파상 전면이 형성되며, 강 상류를 따라 진행하는 조석파

의 형태를 띤다.

tidal mixing fronts 조석혼합 전선(102): 온대 대륙붕 해역에서 여름철에 형성되는 수온구조 경계로, 수직 혼합이 활발한 해역과 열적으로 성층된 해역을 구분하는 경계선이다. 전선의 형성은 조석에너지, 수심, 지형, 바람 조건에 따라 결정되며, 해양의 영양염 분포, 일차생산성, 어류 분포 등에 큰 영향을 미친다.

tidal range 조차(80): 한 조석 주기 동안 만조와 간조 사이의 수직 높이 차를 의미한다. 조차는 달과 태양의 인력, 해역의 지형, 그리고 공명 효과에 따라 달라진다. 대조 시에는 조차가 커지고, 소조 시에는 작아진다.

tidal prism 조량(108): 조석 주기 동안 하구나 만(灣) 등 반폐쇄 해역으로 유입되는 해수의 총부피를 의미한다. 이는 해역의 수면적(surface area)과 조차의 곱으로 근사적으로 계산할 수 있다. 조석 체적은 하구의 수체 교환율, 염분 변화, 오염물질 희석 등에 영향을 미치는 중요한 물리적 변수이다.

tide-generating force 기조력(77): 달이 지

구에 미치는 중력의 세기 차이에 의해 발생하
는 힘을 의미한다. 즉, 지구 표면의 한 점에서
달의 인력과 지구 중심에서의 인력 간의 차이
가 조석 기력으로 작용한다. 이 힘은 지구의 해
수에 변형을 일으켜 조석 현상을 발생시키는
근본적인 원인이다.

trade winds 무역풍(169): 적도를 기준으로
북반구와 남반구에서 각각 동쪽에서 서쪽으로
규칙적으로 부는 지속적인 바람을 의미한다.
이 바람은 아열대 고기압대에서 적도 저기압대
(수렴대, ITCZ)로 향하는 공기의 이동에 의해 형
성된다. 무역풍은 과거 범선 무역로의 항해를
돕는 바람으로 알려졌으며, 오늘날에도 해류
(북적도 해류, 남적도 해류)의 형성에 핵심적인 역
할을 한다.

transfer efficiency 에너지 전달 효율(176):
먹이사슬 또는 먹이그물의 인접한 영양 단계
간에 에너지가 전달될 때, 그 에너지의 이용 효
율을 의미한다. 일반적으로 10~20% 수준으
로, 나머지는 호흡이나 열 손실로 소모된다.

trophosome 영양기관(194): 심해 열수분출공
등 극한 환경에서 서식하는 동물의 체내에 공
생 세균(symbiotic bacteria)이 밀집되어 있는 기
관을 말한다. 이 세균들은 화학합성을 통해 유
기물을 생산하며, 숙주 동물은 이를 에너지원
으로 이용한다.

tsunami 지진해일(쓰나미)(61): 해저 산사태나
지진과 같은 수중 교란에 의해 생성된 파동에
붙여진 이름이다. 쓰나미는 긴 파장을 가지므
로, 그 속도는 심해에서도 천해파 속도 방정식
(shallow-water wave speed equation)으로 주어
진다. 쓰나미의 파고는 심해에서는 매우 작지
만, 연안 근처의 천해로 이동하면서 극적으로
커진다.

turbidity current 탁류(34): 현탁 입자에 의해
밀도 차가 발생하여 형성되는 밀도류의 일종이
다. 해저 사면을 따라 중력에 의해 하향 이동하
며, 퇴적물을 운반하여 심해 퇴적층을 형성한다.

U, V

upwelling 용승(56): 물의 수직적인 상향 이
동을 말하며, 흔히 표층수의 발산에 의해 발생

한다. 예를 들어 해안에서 표층수가 바다 쪽으로 이동하면, 그 자리는 아래쪽의 깊은 물이 상승하여 채워진다.

virioplankton 바이러스성 플랑크톤(128): 플랑크톤 내에 존재하는 바이러스를 말한다.

volume transport 체적수송량(45): 해류에 의해 단위시간당 운반되는 해수의 부피를 의미한다(스베르드루프 단위 참조).

W

wave dispersion 파 분산(68): 심해에서 파의 속도가 그 주기에 의존함으로써 나타나는 현상의 결과이다. 따라서 주기가 긴 파는 주기가 짧은 파보다 앞서 나가며, 폭풍으로부터 멀리 이동하는 동안 서로 다른 주기를 가진 파들이 분리된다.

wave height 파고(62): 파의 마루(crest)와 골(trough) 사이의 수직 거리를 말한다.

wavelength 파장(62): 한 파정과 그다음 파정 사이의 수평 거리를 의미한다.

wave period 파주기(63): 하나의 파봉(파곡)이 통과한 후 다음 파봉(파곡)이 고정된 한 지점을 통과할 때까지 경과하는 시간을 말한다.

western intensification 서안 강화(42): 해양의 서쪽 가장자리에서 좁고 빠르게 이동하는 해류가 형성되는 현상에 붙여진 이름으로, 이에 비해 해양의 동쪽 가장자리의 해류는 더 약하고 폭이 넓다. 이러한 효과는 각운동량을 보존해야 하는 필요성에 의해 발생한다.

wind waves 풍랑(61): 바람의 작용에 의해 바다 위에서 생성된 파를 말한다.

Z

zooplankton 동물플랑크톤(127): 플랑크톤 종류 중 동물성 플랑크톤에 해당하며, 여기에는 미세한 원생동물부터 크기가 더 큰 동물 유생까지 포함된다.

※일부 용어 설명 중 이해를 돕기 위한 역자 보완 기재 사항이 있음.

참 고 문 헌

해양학의 모든 측면을 다루는 탁월하고도 종합적인 저서들이 매우 많으며, 이들 가운데 일부는 물리적 측면에 보다 중점을 두고, 다른 일부는 생물학 또는 화학적 측면을 더 깊이 다룬다. 다음은 본 도서에서 제시된 기본 개념과 이론을 적절하고 균형 있으며 더욱 심도 있게 다룬 문헌들이다.

우수한 온라인 자료로는 미국 우즈홀 해양연구소(Woods Hole Oceanographic Institute)에서 발행하는 Oceanus가 있으며 (https://www.whoi.edu/oceanus/), 또 다른 유용한 자료로는 영국 챌린저 해양과학협회(Challenger Society for Marine Science)에서 발행하는 Ocean Challenge가 있다(https://challenger-society.org.uk/Ocean_Challenge).

Bigg, G. (2012) *The Oceans and Climate*. (2nd Edition) Cambridge University Press.

Bowers, D.G. and Roberts, E.M. (2019) *Tides: A very short introduction*. Oxford University Press.

Cockell, C., Corfield, R., Edwards, N. & Harris, N. (2008) *An Introduction to the Earth–Life System*. Cambridge University Press.

Denny, M. (2008) *How the Ocean Works*. Princeton University Press.

Emerson, S.R. and Hedges, J.I. (2008) *Chemical Oceanography and the Marine Carbon Cycle*. Cam- bridge University Press.

Falkowski, P.G. and Raven, J.A. (2007) *Aquatic Photosynthesis*. (2nd Edition) Princeton University Press.

Gasol, J.M. and Kirchman, D. L. (2018) *Microbial Ecology of the Oceans*. (3rd Edition) Wiley Blackwell.

Kaiser, M.J, Attrill, M., Jennings, S., Thomas, D.N., Barnes, D.K.A., Brierley, A.S., Graham, N.A.J., Hiddink, J.G., Howell, K., and Kaartokallio, H. (2020) *Marine Ecology – Processes, Systems and Impacts*. (3rd Edition) Oxford University Press.

Kirk, J.T.O. (2010) *Light and Photosynthesis in Aquatic Ecosystems*. Cambridge University Press.

Lalli, C.M. and Parsons, T.R. (2004) *Biological Oceanography: An Introduction*. (2nd Edition) Butterworth-Heinemann.

Lenn, Y-D. & Green, M. (2021) *30-Seconds Oceans: 50 key ideas about the sea's importance to life on earth*. The Ivy Press.

Mann, K.H. and Lazier, J.R.N. (2006) *Dynamics of Marine Ecosystems: Biological–physical interactions in the oceans*. (3rd Edition) Wiley Blackwell.

Miller, C.B. and Wheeler, P.A. (2012) *Biological Oceanography*. (2nd Edition) Wiley Blackwell.

Mladenov, P.V. (2020) *Marine Biology: A very short introduction*. Oxford University Press.

Nybakken, J.W. and Bertness, M.D. (2005) *Marine Biology: An ecological approach*. (6th Edition) Ben- jamin Cummings.

Open University. (1995) *Seawater, its Composition, Properties and Behaviour*. Butterworth-Heinemann.

Open University. (2000) *Waves, Tides and Shallow- Water Processes*. Butterworth-Heinemann.

Open University. (2005) *Marine Biogeochemical Cycles*. Butterworth-Heinemann Publishing.

Pinet, P.R. (2019) *Invitation to Oceanography*. (8th Edition) Jones & Bartlett Publishing.

Pugh, D. and Woodworth, P. (2014) *Sea-Level Science: Understanding tides, surges, tsunamis and mean sea-level changes*. Cambridge University Press

Sarmiento, J.L. and Gruber, N. (2006) *Ocean Biogeochemical Dynamics*. Princeton University Press.

Simpson, J.H. and Sharples, J. (2012) *Physical and Biological Oceanography of Shelf Seas*. Cambridge University Press.

Stow, D. (2017) *Oceans: A very short introduction*. Oxford University Press.

Talley, L.D., Pickard, G.L., Emery, W.J. and Swift, J.H. (2011) *Descriptive Physical Oceanography: An Intro- duction*. (6th Edition) Elsevier Science & Technology.

Wells, N.C. (2012) *The Atmosphere and Ocean: A physical introduction*. (3rd Edition) Wiley-Blackwell.

Williams, P.J. LeB, Evans, D.W., Roberts, D. and Thomas, D.N. 2015. *Art Forms from the Abyss – Ernst Haeckel's images from the HMS Challenger Expedition*. Prestel Publishing.

There are two works that have inspired us greatly, and although a bit dated, both are worth reading to get a sense of the excitement of studying oceanography:

Hardy, A. (1967) *Great Waters. Harper & Row, London*, New York.

Fogg, G.E. (1991) Tansley Review No. 30. The phyto- plankton ways of life. *New Phytologist* 118: 191–232.

There are many research institutes and university departments around the world where oceanographic research is carried out. Here is a list of just a few, where useful, up-to-date information can be obtained with links to other web resources:

Alfred Wegener Institute Helmholtz Zentrum for Polar and Marine Research, Germany – https:// www.awi.de/en/

Australian Institute of Marine Science – https:// www.aims.gov.au/

Bigelow Laboratory for Ocean Sciences, USA – https:// www.bigelow.org/

Centre for Environment, Fisheries and Aquaculture Science, UK – https://www.cefas.co.uk/

Challenger Society for Marine Science – https:// www.challenger-society.org.uk/

French Research Institute for Exploration of the Sea – https://wwz.ifremer.fr/en/

GEOMAR, Germany – https://www.geomar.de/en/ Institute of Marine Research, Norway – https:// www.hi.no/en

Institute for Marine and Antarctic Studies – https:// www.imas.utas.edu.au/imas

Intergovernmental Panel on Climate Change – https://www.ipcc.ch/

Marine Biological Association, UK – https://www. mba.ac.uk/

Marine Biological Laboratory, USA – https://www. mbl.edu/

Marine Institute – https://www.marine.ie/Home/ home

Max Planck Institute for Marine Microbiology, Germany – https://www.mpi-bremen.de/en/ Home.html

Monterey Bay Aquarium Research Institute, USA – https://www.mbari.org/

National Aeronautics and Space Administration (NASA) Oceanography, USA – https://science.nasa. gov/earth-science/focus-areas/oceanography

National Institute of Water and Atmospheric Research, New Zealand – https://niwa.co.nz/our- science/coasts-and-oceans

National Oceanography Centre, UK – https://www. noc.ac.uk/

National Oceanic and Atmospheric Administration (NOAA), USA – https://www.noaa.gov/

National Snow and Ice Data Center, USA – https:// nsidc.org/

Royal Netherlands Institute for Sea Research – https://www.nioz.nl/en

Scientific Committee on Oceanic Research (SCOR) – https://scor-int.org/

Scientific Committee on Antarctic Research (SCAR) – https://www.scar.org/

SCRIPPS Institution of Oceanography, USA – https:// scripps.ucsd.edu/

Stazione Zoologica Anton Dohrn, Italy – http:// www.szn.it/index.php/en/

United Nations – https://www.un.org/en/sections/ issues-depth/oceans-and-law-sea/index.html

United Nations Decade of Ocean Science for Sustainable Development –https://www.oceandec- ade.org/

Woods Hole Oceanographic Institute, USA – https:// www.whoi.edu/

이 미 지 출 처

다음의 개인 및 기관들은 본 도서에 삽입된 이미지 자료(그림 번호는 괄호 안에 제시)를 매우 흔쾌히 제공해주었으며, 각각의 그림에 대해 원본 저작권을 보유하고 있다.

Alice Alldredge, University of California, Santa Barbara (11.9), Argo Information Centre (http:// www.argo.ucsd.edu) (3.3), Sunwoo Kim (8.10–8.14), Riitta Autio (8.4), Elanor Bell (8.7B), David G. Bowers (1.2, 1.4– 1.9, 2.1, 2.4–2.5, 2.8–2.9, 3.1, 3.6–3.9, 4.1, 4.4–4.8, 5.1–5.5, 5.8–5.11, 5.13, 6.2–6.6, 6.10–6.11, 7.2–7.4, 7.5A, 7.6, 7.7A, 7.7B, 7.9–7.10, 7.12, 14.3–14.6, 14.7, 14.12B), Mark Brandon, Open University, UK (14.11B), Andrew Brierley (8.15, 14.11A), Dudley Chelton (Fig.i.iii), Finlo Cottier (8.16A), Gerhard Dieckmann (8.17A, 14.13, 14.16A, B), Daniel Eriksson/Ålandstidningen (12.9), Luis Gimenez (8.3), Päivi Hakanen (8.5, 8.8B, 10.1B), Karen Heywood (14.15), Kevin Horsburgh (6.9), Cecil Jones (6.7A), Andrew Juhl and Christopher Krembs (9.3), Christopher Krembs (12.6), Amy Lev- enter (14.14), Ian Lucas (8.18), Jonathan Malarkey (5.6–5.7), Michael Meredith (9.7), National Oceanic and Atmospheric Administration (3.4, 9.1, 9.6, 9.8– 9.9, 11.3, 12.8, 13.7, 14.9–14.10), NASA GSFC (2.6), NASA JPL, courtesy E. Armstrong (3.10), Jonathan Sharples, University of Liverpool (6.1), National Snow and Ice Data Center, Boulder, Colorado, USA (13.2– 13.4), Anna Pienkowski (8.6), Stefan Rahmstorf (3.2), Robin Raine, NUI Galway (7.8), Niklas Röber (Fig. i.ii), David Roberts (2.3, 2.7, 4.3, 5.12, 10.1A, 11.2, 14.1B, C), SeaWiFS Project/ NASA/Goddard Space Flight Center/GeoEye (8.9, 13.9A), SeaWiFS Project/NASA/Goddard Space Flight Center/ ORBIMAGE (7.10, 10.5–10.6), Mariano Sironi (11.1), Craig Smith, University of Hawaii (11.11), Howard Spero (8.7C), Will Stahl-Timmins (Fig. i.i), Jacque- lin Stefels (8.8A), Hope Sutherland (9.4), David N. Thomas (1.3, 2.2, 4.2, 6.7B, 7.1, 7.5B, 7.11, 8.1, 8.16B, 8.17B, 11.7, 11.8, 11.10, 12.1–12.5, 13.5, 13.8– 13.9, 13.10B, 14.1A, 14.1D, 14.2, 14.12A,14.16C, 14.17, 14.8), Naomi J. Thomas (8.17B,C), Woods Hole Oceanographic Institution (12.7).

Satellite data were received and processed by the NERC Earth Observation Data Acquisition and Analysis Service (NEODAAS) at Dundee Univer- sity and Plymouth Marine Laboratory (www. neodaas.ac.uk). SeaWiFS data courtesy of the NASA SeaWiFS Project and Orbital Sciences (6.8, 14.8).

Figure i.i was designed by Will Stahl-Timmins, from Lora Fleming et al. (2019) Fostering human health through ocean sustainability in the 21st century. *People in Nature*. doi: 10.1002/pan3.10038

Figure 1.1 is based on the GEBCO_2020 Grid, GEBCO Compilation Group (2020) GEBCO 2020 Grid (doi:10.5285/a29c5465-b138-234d-e053-6c86abc040b9), kindly provided by Pauline Weath- erall of the British Oceanographic Data Centre.

Figure 3.5 was adapted from Sannino, G., Bargagli, A. and Artale, V. (2002) Numerical modelling of the mean exchange through the strait of Gibraltar, *Journal of Geophysical Research* 107 (C8), 3094, doi 10.1029/2001JC000929.

Figure 7.8 was adapted from Ni Rathaille, A. (2007) PhD thesis, National University of Ireland, Galway.

Figure 11.4 was taken from Link, J. (2002) Does food web theory work in marine ecosystems? *Marine Ecology Progress Series*, 230, 1–9.

Figure 13.6 was adapted from Wolf-Gladrow, D.A., Riebesell, U., Burkhardt, S. and Bijma, J. (1999) Direct effects of CO2 concentration on growth and isotopic composition of marine plankton. *Tellus B*, 51, 461–476.

We are grateful to Sandra Mather for redrawing many of the images.

WeBook 위북은 '함께'의 '가치'를 소중하게 생각합니다.
독자 여러분들의 소중한 의견이나 투고 원고는
we-book@naver.com으로 보내주시기 바랍니다.

해양학 개론 바다와 지구를 이해하는 첫걸음

ⓒ 위북, 2025

초판 발행	2025년 12월 19일
지은이	데이비드 N. 토머스 데이비드 G. 보어스
옮긴이	배진호 박소예나
감수	목정임
만든 사람들	
편집주간	추지영
디자인	남상원
마케팅	PAGE ONE
지원	김익수 김태윤 정현주 최영완
제작총괄	이건번 이옥희
물류	북앤더
펴낸이	강용구
펴낸곳	위북(WeBook)
출판등록	2019. 10. 2 제2019-000271호
주소	서울시 마포구 포은로8길29 105호
전화	02-6010-2580
팩스	02-6937-0953
이메일	we-book@naver.com
ISBN	979-11-91618-30-3 (03450)